ディジタル情報流通システム
コンテンツ・著作権・ビジネスモデル

東京電機大学出版局

本書の全部または一部を無断で複写複製（コピー）することは，著作権法上での例外を除き，禁じられています。小局は，著者から複写に係る権利の管理につき委託を受けていますので，本書からの複写を希望される場合は，必ず小局（03-5280-3422）宛ご連絡ください。

まえがき

NII国立情報学研究所 情報流通基盤研究系　教授　曽根原 登

　わが国のインターネット利用人口は約7000万，ブロードバンド利用人口は約2000万に達している（2002年度末現在）。この普及を見ると，情報技術（IT）革命は新たな段階を迎えているように思われる。ディジタル情報，インターネット，ブロードバンドは，ともにディジタル技術を基盤とする。そのディジタル・インフラを用い，WWW，映像配信，コンテンツ流通，eコマース，といった様々な情報流通ビジネスが行われるようになってきた。このディジタル技術が本質的に持つ特質によって，物の流通にはなかった新たな課題が顕在化してきた。例えば，ディジタル・インフラでの著作権や特許権など知的財産権の管理や，ネットワーク流通，情報の消費・利用の各場面で起こっている緒問題である。

　このような状況のもと，IT革命はどのようなブロードバンド・ネットワーク社会を形成するのか，そして，ブロードバンド・インフラによる情報経済システムはどうあるべきかをあらためて考えることが重要になっている。本書は，ITの本質を分析し，そこから，これからのブロードバンド社会にむけた技術開発の方向を明らかにすることを目的とする。コンテンツ・アプリケーション，ブロードバンド・ネットワークの両方の側面から，ディジタル・コンテンツの生産，流通，消費の技術とサービスの課題を明らかにし，その技術的解決方法について述べる。

　本書の構成は，まず，ブロードバンド社会とディジタル流通技術について述べ，次に，ディジタル時代の著作権のあり方，著作権管理技術，コンテンツの個体化，セキュリティ技術として不正アクセスついて述べる。そして，ディジタル・インフラを構成するブロードバンド・アクセスネットワーク，IPネットワーク，ディジタル情報家電の課題と技術について述べ，ディジタルコンテンツの生産・流通のコア技術としての符号化・メタデータ化技術

について述べる。最後に，ブロードバンド産業のキラーアプリケーションとしての様々なコンテンツに関連する流通等各サービスについて述べる。

以下，それぞれの担当執筆者による概要を基に，本書のあらましを述べる。

第1章「序論－ディジタル流通技術」（曽根原登，小松尚久，酒井善則）。IT産業の活性化と市場形成の課題は，単に科学技術ばかりでなく，産業政策，ビジネスモデル，法制度，人材育成，教育，さらには情報倫理といった社会科学の課題まで幅広く，しかもそれが複雑に入り組んでいる。そこで，情報の生産・流通・消費に関わる技術，サービス，ビジネスモデルの諸側面について，法と技術や情報経済システムなどの観点からの整理を試る。

第I部では，ディジタル著作権とセキュリティ，およびその技術的背景について述べる。

第2章「ディジタル時代の著作権」（林　紘一郎）。本の出版から始まった著作権制度は，新しいメディアである映画やテレビ，コピー機やコンピュータ・システムの誕生に合わせて適用領域を拡大して，数世紀を経た今日もなお生き続けている。しかし，'90年代に入ってからのインターネットの急速な進展と，最近のブロードバンドの普及は，長い歴史を持つこの制度を根本から揺さぶっている。この難局に対処するには，二つの対立する方法がある。一つは現在の制度を前提に，その弱点を補い補強すること。他の一つは，「ゆらぎ」を所与のものとして，それをも取り込んでしまう柔構造に制度を変えていくことである。この章で述べるのは，後者の方法論により「創造的破壊」という作業を通じて，ディジタル時代にふさわしい柔らかな著作権制度を創出しようという，思考実験である。

第3章「ディジタル著作権管理（DRM）技術」（高田智規，山本隆二，阿部剛仁，曽根原登）。情報のディジタル化とブロードバンドネットワークの普及は，音楽著作物などの価値ある情報（コンテンツ）の不正コピー問題を顕在化し，コンテンツの提供者，利用者，仲介者，技術提供者などを巻き込んだ複雑な議論を呼び起こしている。利用者は，容易なコピー手段とネットワーク環境を所有することで，より自由なコンテンツの流通が可能になると

考えたが，その一方，提供者や仲介者は，自らの権利を保護するために，コンテンツのコピーや視聴を制限する技術を採用するとともに，法的手段を用いてコンテンツの不正利用抑止を強化する動きを見せている．この章では，コンテンツの不正利用に関する現状をまとめるとともに，コンテンツ保護技術，および経済・社会的な不正利用抑止方法について紹介する．最後に，緩やかな権利保護に基づいてコンテンツ流通を促進させようという新しい動向について述べる．

第4章「ディジタルコンテンツの個体化技術」（青木輝勝，安田 浩）．本章では，コンテンツ個体化の概念ならびに必要性とそれを実現する技術について述べる．非ディジタルの世界では，コンテンツ（例えば書籍）は1冊ずつ個数を数えることができるのに対し，ディジタルコンテンツの場合，その性質として劣化なしにコピーができるため「個数の概念」が成り立たないことはよく知られた事実である．しかし，この「個数の概念」なしにディジタルコンテンツの著作権を保護することはそもそも不可能だということは明らかではないだろうか？ あるコンテンツがもともといくつ存在し，いくつ流通しているのかを把握することは，不正利用防止抑制技術の基本中の基本であり，それなしにいくら不正利用の防止抑制を行おうとしても限界があることは明らかである．そこでコンテンツを一つずつ数えられるようにすること，これこそが「コンテンツ個体化」の基本概念，すなわち，あらゆるコンテンツに世界中でただ一つのユニークなID(以下，これをCoFIP: ContentFIngerPrintと呼ぶ)を付与することにより，あらゆるコンテンツを唯一無二の存在とすること，である．

第5章「不正アクセスとその対策技術」（森井昌克）．不正アクセスとは，ネットワークの外部から，あるいは権限のない内部のものが，ネットワークをとおしてコンピュータに許可なくアクセスする行為である．インターネットのブロードバンド化にともなって，不正アクセスの被害が急増し，組織，個人を問わず，また通信サービス事業者のみならずエンドユーザ自ら，その対策を施す必要性が指摘されている．この章では，ネットワーク，およびそれを介するサーバに対する不正アクセスについて概観し，その対策を支える技術，およびそれらの技術をふまえての総合的対策の指針について述べる．

第II部では，ディジタル・インフラを構成するブロードバンド・アクセスネットワーク，IPネットワーク，およびその品質保証の課題と技術について述べる。

第6章「アクセスネットワーク技術」（佐藤 登，佐野浩一）。ブロードバンド環境の中でも，利用者に最も近い足回りとなるのが「アクセスNW」である。ADSLやFTTH技術の進展により，従来はビジネスユーザに限られていたMbpsクラスの高速回線が一般ユーザにも急速に普及しつつある。しかしながら，アクセスNW設備は電気通信設備の中で多くの割合を占めることから，その高度化を経済的に実現するために解決すべき課題も数多く残っている。本節では，柔軟なエリア展開で高品質で信頼性の高いサービスを可能とするアクセスNW技術の現状および今後の展開について述べる。

第7章「IPネットワークの動向」（藤生 宏，星 隆二）。わが国のADSL/FTTHなどのブロードバンドアクセス利用者の数は現在も急速に増加しており，この勢いは現在も継続している。インフラの整備も軌道にのり，インターネットに代表されるIPネットワークは当初のインターネット接続にとどまらず，今後は通信キャリアによって企業向けの様々なアプリケーションサービス，企業向けのIP-VPNサービス，VoIPサービス，コンテンツ配信サービスなどがIPネットワーク上で大きく拡大されてくるだろう。その中でも注目の高いVoIPに関しては音声品質の向上がめざましく，またVoIPを利用したアプリケーションが続々と市場に投入されてきている。このような状況の中で，より高速で信頼性の高いサービスを提供していくことと，ユーザーニーズに対応した多彩なアプリケーションを提供していくことが必須となってきている。本章では，現在，通信キャリアにより続々と市場に投入されてきている様々なアプリケーションを通して，ブロードバンドIPネットワークの動向について述べる。

第8章「IPネットワークの品質保証（QoS）技術」（山岡克式）。インターネットのブロードバンド化が急速に進みつつある昨今，VoIP(インターネット電話)やビデオカンファレンス(テレビ電話)などのいわゆるストリーミングアプリケーションに代表される，広帯域性を活かした様々な新しいネットワ

ークアプリケーションが，家庭の一般ユーザに対して普及しつつある．しかしその結果，元来データ通信網であるインターネットにとって以前ではそれほど重要ではなかった，ユーザ端末間で生じる遅延やジッタ(遅延揺らぎ)が，これらのストリーミングアプリケーションには悪影響を及ぼすことになった．そのため，従来の電話網では当然のように実現されている通信品質の保証(QoS保証)制御がインターネットに対しても新たに要求されることとなり，インターネットでQoS制御を実現するネットワークアーキテクチャがいくつか提案されるに至っている．この章では，インターネットがブロードバンドになる以前にすでに芽生えていた，現在ブロードバンドアプリケーションと呼ばれているアプリケーションの当時の利用状況と，その当時の電話網で実現されていたQoS制御技術，および，それに対比させる形でインターネットにおけるQoS制御技術を，わかりやすく解説する．

第III部では，ディジタルコンテンツの生産・流通のコア技術としての符号化・メタデータ化技術，およびその受け手に位置するディジタル情報家電技術について述べる．

第9章「ディジタル映像符号化技術」(妹尾孝憲)．近年，進展の顕著なネットワークブロードバンド化に伴い，それと平行して進化してきたコンテンツ符号化技術とその産業応用について，国際標準化機構(ISO)の動画像符号化グループ(MPEG)他の活動に沿いながら解説する．符号化の流れはコンテンツの圧縮符号化技術から出発し，符号化次元の拡大へと進み，次には流れを大きく変えて，コンテンツを受信する端末特性への適合やインタラクティブ性実現への展開が行われた．さらには著作権の保護・管理のための符号化へと展開しつつある．本章では，MPEGを中心とする符号化技術の標準化動向について述べる．

第10章「ディジタル情報家電技術」(大野良治)．DVDメディアの普及によりディジタルメディアが認知され，書込み可能なDVDメディアの登場により，蓄積メディアはテープからディジタルメディアへの移行が加速されてきた．また，放送インフラのディジタル放送開始に伴い，テレビ受像機は，薄型，高画質化の技術展開が進み，HDD，DVDを用いたディジタルレコーダ

も各社電気メーカから商品化されてきている．このような，環境の変化に伴う情報家電としてのディジタルレコーダの現状と今後の展開について述べる．

第11章「ディジタルTVのメタデータ技術」（岸上順一）．放送が変わろうとしている．2003年末に地上波ディジタル放送が始まった．さらに，通信あるいはブロードバンドの動きが活発になってきている．2000年から始まっている衛星を用いたディジタル放送では，EPGなどのデータ情報を見ることができるだけでなく，簡単なインタラクティブ性も経験できる．また，ADSLや光ファイバが安価に提供されることによりインターネットのインフラが整ってきたことを受け，インターネット放送やブロードバンドコンテンツ流通が始まっている．現在のところビジネスモデルが確立していないこともあり，まだ多くはトライアル段階であるが，確実に新しいメディアとしての地位を確立しつつある．2003年9月に行われたIBCでも，メタデータの利用，地上波ディジタル放送などが注目されていた．ここではコンテンツ流通，特にブロードバンドビジネスから見た今後のメタデータへの期待と役割を中心に述べる．

第12章「次世代のセマンティックウェブ技術」（赤埴淳一）．セマンティックウェブは，情報をその意味に基づいて処理する次世代のウェブである．ブロードバンド社会の実現という観点から，セマンティックウェブ技術は大きな役割を担うと考えられる．そこで，将来のブロードバンド社会について考察し，セマンティックウェブ技術がその実現にどのように寄与できるのかを考察する．この章では，セマンティックウェブの概要を紹介し，セマンティックウェブ技術が拓く将来のブロードバンド社会像について，情報流通基盤，コンテンツと情報，コミュニケーション環境の三つの観点から考察する．

第13章「メタデータ管理技術」（林　徹）．インターネットとブロードバンドの普及により，コンピュータの利用形態が大幅に変化した．従来はネットワークで配信できなかった大容量コンテンツも，ネットワークでの提供が開始され，新たなビジネスが始まった．これに伴い多種多様なデータが交換されデータベースで管理されている．この章では，データベースで扱えるデータ形式の概要を紹介し，特にマルチメディアデータと位置情報について詳しく解説する．さらにブロードバンドによるコンテンツ配信で，どのようにメ

タデータを活用したか紹介する．

　第IV部では，ディジタル・インフラの上位で提供される，コンテンツ配信・蓄積・流通サービスや，具体的サービスとしての，ディジタルシネマなどの高精細映像の配給サービス，映像制作のコラボレーション，ITを活用した教育サービスへの適用など，システム，サービス，ビジネスの側面について述べる．

　第14章「コンテンツ流通ビジネスモデル」（大村弘之，堀岡 力，曽根原 登）．ブロードバンドサービスの普及に伴い，コンテンツ流通ビジネスの発展が期待されている．この章では，コンテンツ流通サービスをビジネスの観点から価値流通サービスと情報流通サービスの二つのレイヤに分類し，そのビジネスの活性化の要件について考察する．さらに，コンテンツ流通サービスの実現に重要な権利流通プラットホームの目的，機能要件，実現例について述べる．

　第15章「ディジタルアーカイブ・コンテンツ流通モデル」（萬本正信，堀岡 力，山本 奏，黒川 清）．近年，ネットワークを用いた音楽配信ビジネスが成立しつつある中で，博物館・美術館や放送局といったコンテンツホルダが，既存の文化財や映像資産を蓄積・保存するアーカイビングを行う動きが活発になってきている．これまでは，著作権を含む権利処理の煩雑さやアーカイビングにコストがかかることから内部利用するに留まっていたが，ブロードバンドの普及や政府主導のIT戦略の推進により，蓄積したコンテンツの活用方法の検討が始まっている．しかし，コンテンツごとに適した利用を実現するためには，各コンテンツホルダの連携を促す仕組みや，利用者が容易にコンテンツの情報を知り得るシステムが必要である．この章では，ディジタルアーカイブに関してコンテンツホルダの取り組みを報告するとともに，今後必要となってくるアーカイブシステムの方向性について提案を行う．

　第16章「P2Pコンテンツ流通モデル」（阿部剛仁，塩野入 理，曽根原 登）．P2Pは不正なコンテンツ交換の道具であるとのイメージが，一般に定着しているように思われる．たしかに，P2Pファイル共有サービスの普及により引き起こされている著作権の侵害やネットワーク帯域の占有は重大な問題

であるが，コンテンツの保護・管理強化とユーザの意識改革を唱えるだけでは，その解決は難しい．ブロードバンド時代のコンテンツ流通を実現するためには，クリエータ・ユーザ双方の希望に適合するきめ細かなコンテンツの提供形態の実現と，それらに柔軟に対応可能なシステムが必要である．P2Pファイル共有システムについての基礎的な技術と問題点について述べるとともに，今後のシステムの方向性について議論し提案を行う．最後にP2P分野での注目すべき新たな取り組みについても紹介する．

第17章「超高精細（SHD）映像配信サービス」（藤井哲郎）．光通信技術の急速な進展により，フレキシブルで非常に広帯域なブロードバンドNWが実現され，従来の放送の概念では考えられなかったような超高品質，かつ超大容量映像コンテンツのネットワーク配信が可能となりつつある．コンテンツの王様である映画もすでにディジタル化され，ネットワークを介した配信実験が多数行われている．最高品質のディジタルシネマとして，HDTVの4倍の解像度を有する800万画素超高精細ディジタルシネマが開発され，ハリウッドを巻き込んでエンターテイメントの世界に新しい流れを生み出そうともしている．さらに超高精細動画カメラも開発され，サッカー，野球のようなスポーツから，オペラ，ミュージカル，演劇，オーケストラのエンターテインメントまでが超高精細映像の対象となり，鑑賞に値する映像を遠く離れた場所まで伝えることが可能となりつつある．まさに，ネットワークのブロードバンド化により，高臨場感をキーワードにした新しいエンターテインメントの世界が作り出されようとしている．このような，超高精細な映像コンテンツを流通させるための，ブロードバンドNW時代の映像流通プラットホームの現状について述べる．

第18章「映像通信(TV会議)サービス」（石橋聡）．この章では，TV電話・TV会議サービスを中心に，普及の兆しが見えてきたブロードバンドネットワークを利用した双方向映像通信のサービス，および技術動向について紹介する．ブロードバンド通信を，ADSL以上の高速アクセスによるIPネットワーク上での通信と定義し，その上でのTV電話・TV会議端末がどのようにして呼接続し，リアルタイムに双方向通信を行うのか，その仕組みを解説する．呼接続では，IP上での映像通信方式を規定するH.323と，呼接

続制御方式を規定するSIPプロトコルを取り上げる．また，音声・映像信号を送受するための符号化技術についても簡単に説明する．最後に，ブロードバンドTV電話・TV会議の製品やサービス動向，今後の技術課題などについて述べる．

　第19章「e-Learningサービス」(髙橋時市郎)．ブロードバンドネットワークの到来によって，教育はその活躍の場を広げつつある．一方で，実時間の講義やゼミなどの同期型と，WBTに代表される非同期型の二つに大別する従来の分類は意味を失いつつある．IT技術によって講義アーカイブにインタラクティブ性を高める工夫や，学習時間を制限するかわりに，指定した時間帯にメンターをオンラインで常駐させて行き詰まりを解消する方式など，両者の融合を目指す動きが活発である．この章では，ブロードバンドネットワークがe-Learningシステムにもたらしたインパクトと，最新のe-Learningシステムを紹介する．

　第20章「コラボレーション映像制作サービス」(渡部保日児)．ブロードバンドによる「コラボレーション映像制作」とはどのようなものを想定しているかをまず示す．次に，「コラボレーション映像制作」にかかわるツールについて概観し，ブロードバンド普及以前から展開された，いくつかの「コラボレーション映像制作」を列挙する．これら初期の「コラボレーション映像制作」が普及しなかった原因を分析し，その後，ブロードバンドにおいて利用されている「コラボレーション映像制作」の形態と動向を示す．ここでは，数少ない事業としての継続事例および新規事業を挙げ，ブロードバンドにおいて求められる「コラボレーション映像制作」サービス形態を分析する．最後に，今後の予想を述べる．

　本書の出版企画，編集方針において，画像電子学会誌連載開始時の編集委員長・小松尚久先生（早稲田大学理工学部教授），企画・編集担当の福島理恵子氏に多大のご支援・ご協力を戴いたので感謝したい．また，東京電機大学出版局の徳富 亨，植村八潮両氏には，本書の出版にご協力戴き，ここにあらためて感謝したい．

2004年12月

目　次

まえがき（曽根原 登）……………………………………………… i

第1章　序論―ディジタル流通技術（曽根原 登，小松尚久，酒井善則）… 1
  1.1　ブロードバンド社会とは ………………………………………… 1
  1.2　ディジタル技術の特質 …………………………………………… 2
  1.3　ディジタル技術の研究課題 ……………………………………… 4
  1.4　ディジタル・ネットワークの特質と流通技術 ………………… 6
  1.5　P to P ディジタル流通 ………………………………………… 12
  1.6　ディジタル流通市場の実現へ向けて ………………………… 15

第Ⅰ部　ディジタル著作権とセキュリティ

第2章　ディジタル時代の著作権（林 紘一郎）………………………… **18**
  2.1　はじめに …………………………………………………………… 18
  2.2　有形財の保護と無形財への応用 ………………………………… 19
  2.3　著作権制度の暗黙の前提とディジタル化の影響 ……………… 21
  2.4　近未来の著作権制度 ……………………………………………… 25
  2.5　ⓓマークの提唱と各種システムの比較 ………………………… 28
  2.6　柔らかな著作権制度に向けて …………………………………… 32

第3章　ディジタル著作権管理(DRM)技術（高田智規，山本隆二，阿部剛仁，曽根原登）… **35**
  3.1　はじめに …………………………………………………………… 35
  3.2　不正コピー問題 …………………………………………………… 36
  3.3　DRM 技術 ………………………………………………………… 37
  3.4　法的保護手段 ……………………………………………………… 43

3.5　不正コピーを超えて ……………………………………… 44
　3.6　今後の著作権管理 ………………………………………… 46

第4章　ディジタルコンテンツの個体化技術（青木輝勝，安田　浩）…… 49
　4.1　わが国のディジタルコンテンツ流通の状況 ……………… 49
　4.2　ディジタルコンテンツの著作権管理保護技術とそれらの課題 …… 51
　4.3　コンテンツ個体化の必要性とその実現手法 ……………… 54

第5章　不正アクセスとその対策技術（森井昌克）………………… 61
　5.1　はじめに …………………………………………………… 61
　5.2　不正アクセス ……………………………………………… 62
　5.3　不正アクセス対策 ………………………………………… 70
　5.4　今後の技術的課題 ………………………………………… 75

第Ⅱ部　ディジタル・インフラ

第6章　アクセスネットワーク技術（佐藤　登，佐野浩一）………… 80
　6.1　はじめに …………………………………………………… 80
　6.2　光アクセス方式 …………………………………………… 81
　6.3　ワイヤレスアクセス方式 ………………………………… 89
　6.4　ブロードバンド・ユーザNW …………………………… 92

第7章　IPネットワークの動向（藤生　宏，星　隆司）……………… 95
　7.1　はじめに …………………………………………………… 95
　7.2　インターネットの動向 …………………………………… 95
　7.3　VPN（Virtual Private Network）プラットホーム ……… 97
　7.4　IP電話（VoIP）…………………………………………… 100
　7.5　コンテンツ配信ネットワーク（CDN）………………… 102
　7.6　その他のプラットホーム ………………………………… 105
　7.7　課題と展望 ………………………………………………… 106

第8章　IPネットワークの品質保証(QoS)技術 (山岡克式) …………… **107**

- 8.1　はじめに ……………………………………………………… 107
- 8.2　ブロードバンド以前の状況 ………………………………… 108
- 8.3　インターネットのQoS制御技術 …………………………… 111

第Ⅲ部　ディジタルコンテンツの符号化・メタデータ化

第9章　ディジタル映像符号化技術 (妹尾孝憲) ………………… **126**

- 9.1　はじめに ……………………………………………………… 126
- 9.2　最初の民生機器用符号化 (MPEG-1) ……………………… 127
- 9.3　本格的な符号化 (MPEG-2) ………………………………… 129
- 9.4　さらなる飛躍を求めて (MPEG-4) ………………………… 132
- 9.5　ブロードバンド化対応 (光コンソーシアム) ……………… 137
- 9.6　コンテンツ記述の必要性 (MPEG-7) ……………………… 138
- 9.7　MPEG-21と著作権保護 ……………………………………… 140
- 9.8　今後の展望 …………………………………………………… 142

第10章　ディジタル情報家電技術 (大野良治) ………………… **145**

- 10.1　はじめに ……………………………………………………… 145
- 10.2　ディジタル放送の特徴 ……………………………………… 146
- 10.3　ディジタルレコーダの特徴と展開 ………………………… 147
- 10.4　今後のレコーダの展開 ……………………………………… 152

第11章　ディジタルTVのメタデータ技術 (岸上順一) ………… **155**

- 11.1　放送の動きとブロードバンド ……………………………… 155
- 11.2　メタデータの標準化 ………………………………………… 157
- 11.3　メタデータの構造 …………………………………………… 158
- 11.4　TV Anytime Forumにおけるモデル ……………………… 159
- 11.5　メタデータとコンテンツの融合とは ……………………… 164
- 11.6　高度コンテンツ流通実験 …………………………………… 165

第12章　次世代のセマンティックウェブ技術（赤埴淳一） **169**

12.1　はじめに …………………………………………………… 169
12.2　セマンティックウェブとは …………………………………… 171
12.3　ブロードバンド社会の情報流通基盤 ………………………… 174
12.4　ブロードバンド社会のコンテンツと情報 …………………… 176
12.5　ブロードバンド社会における新たなコミュニケーション …… 178
12.6　意味的情報理論に向けて …………………………………… 180

第13章　メタデータ管理技術（林 徹） **183**

13.1　はじめに …………………………………………………… 183
13.2　位置情報 …………………………………………………… 184
13.3　ブロードバンドによるコンテンツ配信 ……………………… 189
13.4　今後のデータベースの動向 ………………………………… 195

第Ⅳ部　コンテンツ流通サービス

第14章　コンテンツ流通ビジネスモデル（大村弘之, 堀岡 力, 曽根原 登） **198**

14.1　はじめに …………………………………………………… 198
14.2　コンテンツ流通サービスにおけるビジネス ………………… 199
14.3　権利流通プラットホーム …………………………………… 204

第15章　ディジタルアーカイブ・コンテンツ流通モデル（萬本正信, 堀岡 力, 山本 奏, 黒川 清） **213**

15.1　はじめに …………………………………………………… 213
15.2　ディジタルアーカイブへの取り組みと問題点 ……………… 214
15.3　ディジタルアーカイブの取り組みに対する解決策 ………… 218
15.4　ディジタルアーカイブとネットワーク連携 ………………… 221
15.5　ディジタルアーカイブの今後 ……………………………… 223

第16章　P2Pコンテンツ流通モデル（阿部剛仁, 塩野入 理, 曽根原 登） **225**

16.1　はじめに …………………………………………………… 225

16.2 P2Pファイル共有 …………………………………………… 226
16.3 P2Pコンテンツ流通と著作権問題 …………………………… 229
16.4 P2Pコンテンツ共有システム ………………………………… 235
16.5 P2Pその他動向 ………………………………………………… 238
16.6 新しい流通モデルの創造 ……………………………………… 240

第17章 超高精細(SHD)映像配信サービス （藤井哲郎） ………… **243**
17.1 はじめに ………………………………………………………… 243
17.2 ブロードバンドNW映像流通プラットホーム ……………… 244
17.3 超高精細映像に関する標準化の進展 ………………………… 249
17.4 超高精細ディジタルシネマの配信実験 ……………………… 252
17.5 生ライブ中継実験 ……………………………………………… 258

第18章 映像通信(TV会議)サービス （石橋 聡） ………………… **263**
18.1 まえがき ………………………………………………………… 263
18.2 映像通信の変遷 ………………………………………………… 263
18.3 ブロードバンド映像通信とそのしくみ ……………………… 265
18.4 IPネットワーク上での呼接続 ………………………………… 268
18.5 双方向映像通信 ………………………………………………… 271
18.6 会議支援機能 …………………………………………………… 273
18.7 TV会議製品とサービスの動向 ………………………………… 274
18.8 今後の方向 ……………………………………………………… 275

第19章 e-Learningサービス （髙橋時市郎） ……………………… **277**
19.1 e-Learningの問題点 …………………………………………… 277
19.2 遠隔講義 ………………………………………………………… 279
19.3 遠隔協調学習システム ………………………………………… 282
19.4 アーカイブ型講義配信 ………………………………………… 283
19.5 アーカイブと連携した遠隔添削システム …………………… 285
19.6 WBT学習者の同期式学習支援方式 …………………………… 287

19.7　e-Learningの将来と課題 ……………………………………… 289

第20章　コラボレーション映像制作サービス（渡部 保日児）………… **291**
20.1　はじめに …………………………………………………… 291
20.2　グループウェア …………………………………………… 292
20.3　コラボレーション映像制作の歴史 ……………………… 293
20.4　コラボレーション映像制作の動向 ……………………… 295
20.5　これからのビジネス動向と技術 ………………………… 300

索　引 ……………………………………………………………… 303

第1章

序論－ディジタル流通技術

NII国立情報学研究所　曽根原 登
早稲田大学理工学部　小松尚久
東京工業大学大学院　酒井善則

1.1 ブロードバンド社会とは

　情報技術(IT)の進歩とインターネットの普及を見ると，IT革命は新たな段階を迎えたようである。総務省の情報通信白書によれば，平成14年度末でのインターネット利用人口は約7000万(携帯インターネット契約数6246万契約)，ブロードバンド利用人口は約2000万(回線契約数943万契約)に達している。インターネットとそれを支えるブロードバンドは，これからの情報社会インフラとしての重要さを増していくことは間違いない。IT革命は，どのようなブロードバンド社会を形成していくのか，そして，ブロードバンド・インフラによる情報経済システムはどうあるべきなのかをあらためて考えてみることとする。そこで，ITの本質を分析し，そこから，これからのブロードバンド社会に向けた研究開発の方向を明らかにするため，本書の出版を企画した。

　本来，ブロードバンドという言葉の意味は，広い帯域，高速ディジタル伝送路を指しているが，これがブロードバンド社会の本質をとらえているとは言い難い。IT産業インフラとしてのブロードバンド，情報経済システムでのコンテンツ・サービスの両方の側面から，ブロードバンド社会像を考える。そのなかで，ブロードバンド社会を実現するための技術課題，国際競争力のある研究開発の方向性を第一線の研究者，技術者の技術分析，予測から明らかにしていくことが本書の目的である。

1.2 ディジタル技術の特質

1.2.1 コンテンツとは

情報社会では，情報の制作や発信欲求，情報を媒体としたコミュニケーションやコミュニティ欲求，情報の共有や享受欲求がますます増大していくものと考えられる。本章では，この情報という言葉を，ホームページ，音楽や映像，さらには知恵や知識，スキルやノウハウといった，広義の情報の意味で使う。最近，このような広義の情報と同じような意味合いでコンテンツといった言葉が使われている。そこで，コンテンツを社会の要請から，文化形成手段，帰属・連帯手段，自己表現手段としてのコンテンツに分類した。

(1) 文化形成手段としてのコンテンツは，社会の形成と維持に必要となる，監視・集団統制・世代間伝承のための「情報共有」を目的とする。例えば，新聞や放送メディア，教育，アーカイブなどがそれにあたる。

(2) 帰属・連帯手段としてのコンテンツは，個々の人間が集団の中で効率良く，あるいは，「上手く生きていく」ために，生産や流通，娯楽にかかわるものである。ゲーム，ソフトウエア，企業情報，広告宣伝，カタログ，映画や音楽などがこれにあたる。

(3) これらとは別に，自己表現手段としてのコンテンツがある。これは，人が「深く生きていく」ために，経験や記憶，創作活動などでの表現，発信をしていくコンテンツで，ホームページ，映像日記，芸術作品などである。

このようにコンテンツは，本，映画，放送番組，音楽，カタログ，ゲーム，ホームページといったものから，知識や知恵，ノウハウやスキル，経験や記憶情報そのものまで，目的や手段に応じて拡張していっても構わない。

本書では，情報とコンテンツを区別せず，広い意味で用いる。それを総称して「情報財 (Information goods)」ということにする。ディジタル化された情報，つまりビットの一連の流れとして符号化されたものなら何でも「ディジタル財 (Digital goods)」とする。一方，ディジタル化されていない，音波，電波，電気信号など時間や信号強度に対して連続な波形情報を「アナログ財 (Analog goods)」と呼ぶことにする。したがって，情報財は，ディジタル財とアナログ財からなるものとする。

1.2.2 ディジタル財

ディジタル・コンテンツ，すなわち，ディジタル財の流通における様々な課題は，「ディジタル技術」の特質に依存していると考える。インターネットとコンピュータの普及によってもたらされたディジタル財の流通市場は，これまでの形ある「モノ」の生産，流通，消費の市場メカニズムとは本質的に異なる。

ディジタル財は，情報発生源からのデータを物理量と比較して，"1と0"の記号列に変換することを基本としている。ディジタル財には明らかに，その「意味や価値や効果」の概念は含まれていない。また純粋なディジタル財には，所有の概念を表現できるような余地がない。

1.2.3 ディジタル技術の特徴[1)～3)]

ディジタル技術は，エレクロニクス技術の一部である。アナログ財であっても，その電子的な情報は光速で伝搬する。この情報伝達の即時性は，「時間の克服」を実現した。さらに，信号の物理量と分離した形式での情報伝達は，「劣化することなく情報を再生産できる」というディジタル技術の特質により，「距離の克服」を実現した。このようにディジタル財は，再生産コストが限りなく小さく，「普遍恒久的な，時空間での局在性のない存在」である。

一方，有体物には，時間の経過とともに劣化する，コストなしには同一の複製物ができない，大きさや重さがあって移動距離に応じて経費や時間がかかる，時間や場所でその存在が明らかである，という性質がある。このような有体物の性質は，無体物であるディジタル財にはない。ディジタル財の流通では，鮮度，個体差，劣化を伴う複製，局在性にかかわる課題は，本質的に解くことが困難な問題である。

このような通信や放送，情報処理や情報共有といった側面とは別に，情報財の流通や取引の場面では，異なる次元の問題がある。物は，独占排他的に所有でき，その物を使っているときは他の人は使うことができないという競合関係が成り立つことである。一方，ディジタル財の流通では，その財は誰が保有するのか，流通市場に出したときの譲渡関係や，財の購入対価に見合う独占的な使用が保障されるのか，といった問題がある。ディジタル財の流

通では，「所有形態での独占排他性の制御」や，劣化なく複製できリソースリミットがないため，「使用形態での競合関係の制御」もまた技術的解決が困難な課題なのである。

1.2.4 ディジタル技術の研究開発の方向

このような問題を解決する方向性としては，

（1）物理世界，アナログ世界で実現されている性質や機能を，ディジタル世界で踏襲できるような技術を実現していく

（2）ディジタル技術の性質を根本から見直し，ディジタル世界での新たな流通秩序を形成する技術を開発していく

が考えられる。

前者は，物理機能，アナログ機能のディジタル世界への焼き直し技術である。

一方，コンピュータのコピー機能は，情報財の生産性を上げるのに有効な手段となっている。しかも，誰でもリソースが自由に使えるという便利さが売りものでもある。ディジタル財の生産・流通・消費には，その各段階でディジタル技術のメリットが極めて大きい。したがって，後者の立場は，ディジタル財の特質を生かす方向として，「ディジタル財の流通・取引，所有，利用の概念など，新しいディジタル財の流通秩序の形成」に向けた技術開発をしていこうとするものである。その方向としては，科学技術だけではなく，法と経済学的など社会科学の技術によって，新たな流通基盤を創って行こうとするものである。

1.3 ディジタル技術の研究課題

これまで述べたディジタル技術の特質をふまえ，以下のような研究課題がある。

1.3.1 コンテンツID，著作権保護技術[9],[10],[11]

現状のアナログとディジタル世界が混在する世界での，ディジタル財の流通においては，ITを駆使した著作権保護技術が必要である。それには，ネットワークを流れるコンテンツを個々に識別できるユニークIDの付与，コ

ンテンツIDとコンテンツをバインドする電子透かし技術，不正コピー防止など暗号技術を用いて視聴・利用制御を行うDRM (Digital Rights Management) 技術，電子透かしを用いた不正コピーの探索技術などは，これまでの情報経済社会を維持・発展させていく上で重要な技術である．

1.3.2 ディジタル知財情報の保護技術

法と経済学の立場からは，ディジタル時代の著作権，特許権など知的財産権における「所有や利用」のあり方，また，ディジタル財の「オリジナリティ，同一性」のあり方，を考えることも重要になっている．

ディジタル化された1，0の記号列には，名前を書くことも，時間の刻印を押す余地もない．コンテンツの生年月日・住所といった時空間情報を刻印することによって，ディジタル財のデータ管理を行うことが考えられる．一意にコンテンツの生年月日・住所を瞬時に識別して，ディジタル財のオリジナリティ管理といった技術が必要である．

1.3.3 ディジタル財の同一性証明技術

個人が情報発信していく環境では，ディジタル財の同一性証明技術も重要な課題である．この場合，コンテンツ自体が内在している特徴情報によって，ディジタル財の同一性を評価することが考えられる．しかし，データ列の同一性は，厳密に計算機によって判定できるが，画像あるいは音楽といったメディア系のディジタル財は，人が視聴覚など感覚器から知覚された情報からその同一性，類似性を判別している．そこで，人間科学，認知科学的なアプローチから，同一性や類似性を証明する評価技術が必要になる．一方，ソフトウエアの世界では，OS (Operating System) の複製が問題となり，1，0のオブジェクト・コードを逆アセンブルして，その一致度で類似性が判断されたことがある．プログラムの類似度は，その実行結果によって評価されるため，「機能，動作の類似度」の同一性証明技術が必要である．

1.3.4 ディジタル財の計量技術

テレビ電話で映し出される映像は，表情，主に相手のプレゼンスを伝達するのに用いられる．これに対し，映画など高精細画像では，映像が運搬する情報は，リアリティ，没入感，感動などを，制作者の意図に沿って忠実に伝達することが要求される．このため，適用する符号化技術の水準や，通信回

線の品質，配信システムの安定性に対する要求は高い．つまり，本来伝達しているデータ集合が，人やコンピュータに与える効果，結果によって，同じ1，0のデータ列であって，ビットの単価は異なる．要求される品質，精度，安全性，信頼性に応じたディジタル価値の計量技術を開発していくことも必要である．

1.3.5 映像ワープロ技術

ブロードバンドは，個人が簡単に情報制作，発信していけるような環境にしないと，真のブロードバンド社会は到来しない．ワープロ文化，電子メール文化の発展のコア技術として，「仮名漢字変換」技術が挙げられる．この技術が，携帯メールのように，「10キー・ワープロ」というモバイル・メール文化を創ってきた．ブロードバンドのネットワーク環境で，文字やテキスト情報と同じように，映像メディアをコミュニケーションやコミュニティの手段として活用できれば，映像発信，映像通信の「映像文化」が加速される．そこで，映像の言語化技術，言語の映像化技術からなる「映像ワープロ」の研究開発を加速していく必要がある．

1.4 ディジタル・ネットワークの特質と流通技術

1.4.1 ブロードバンドとは[5),6)]

情報流通社会の進展とIT産業のインフラとして大きな役割を果たすのが，ブロードバンド・ネットワークである．ブロードバンドという言葉は，本来広い帯域，高速ディジタル伝送路を指す．酒井は，「ストレスを感じないシステム」ということが，広い意味のブロードバンドシステムの本質としている．通信ネットワークおよびコンピュータを用いたシステムにストレスを感じないためには，

　(1) 応答速度が早い（遅延が小さく帯域も十分）
　(2) 使いやすい（マンマシンインタフェースが優れている）
　(3) 料金を気にしないでよい（定額制あるいは非常に安い料金）
　(4) どこでも使え，使い方が場所により異ならない（ユビキタス・ネットワーク）

(5) 信頼性が高く，セキュリティも完全である

ことが必要である。広い意味のブロードバンド社会はこれらが全部実現できる社会を指しているとしている。

ブロードバンド・ネットワーク技術には，帯域制御・品質保証技術，情報家電技術，ヒューマンインタフェースやユニバーサルデザイン技術，ユビキタス・ネットワーク技術，アクセス権や視聴権のローミング技術，認証，課金などを含めた広義のセキュリティ技術がある。このようなブロードバンド・ネットワークと端末の技術課題については，特集の中で詳しく述べられる。

1.4.2　ブロードバンド・インフラの特質

ブロードバンドは，広帯域ディジタル通信ネットワークと，高速ディジタル処理のコンピュータを広域に相互に接続する。ディジタル・ネットワークの特徴は，時間と距離の壁を克服したことに特徴がある。通信ネットワークとその上位層で運ばれる情報内容，コンテンツ，アプリケーションとは直交関係，つまり，運ぶネットワークと運ばれる情報内容は独立していることも特質の一つである。その意味で，ネットワークが提供する基本は，

(1) 線と線をどうつなぐかという「接続の制御」
(2) つながった線路の「帯域の制御」
(3) その間で安定した信頼性の高いデータ伝送を行う「信頼性の制御」

にある。もちろん，こういった機能を効率良く，経済的に達成するには，様々な技術開発が必要となることは言うまでもない。ここでは，そういったネットワーク技術の上でどのような情報経済システムが実現できていくのかを考える。

1.4.3　流通の局在性[4],[7],[8]

このようなブロードバンド・インフラを用いた情報流通，情報経済システムの課題を整理する。歴史的に見て，物流には市場の「属地性」があった。例えば，物の流通価格は，その地域に張り付いており，地域の価格と，遠く離れた場所の価格を，同時に知ることが簡単にはできなかった。物の流通は，価格情報の属地性により，「一物多価」の市場を作り出した。これにより，差額利潤が存在し，流通業は価格格差による利潤を得ることができた。大き

さや質量のある物自体には，当然属地性がある．物流は，物の移動が必要になるのでその影響は少ないものの，価格情報格差の減少とともに，差額利潤も減少する傾向にある．

物の移動を伴わないディジタル財の流通では，情報格差がないため「一物一価」に収束し，ディジタル財の提供者は，最も安い価格を提示しないと市場，eコマースに参入できない状況になる．このため，ブロードバンドによるディジタル財の流通市場では，一物一価としないための技術が求められている．

これまで，ブロードバンド流通のキラーは，映像配信と言われてきた．しかし，ネットワークでしか視聴することができない，いわゆる「ネット固有のコンテンツ」が不足しているため，市場が大きく成長していないという現状がある．これに対し，携帯インターネットでの，着メロや待ち受け画面といった個人の趣味・嗜好と強く結合した「属人性の高いコンテンツ」や，レストランなど場所と強く結合した「属地性の高いコンテンツ」などは，携帯でしか見ることができないコンテンツであり，ネットワーク流通がうまく回りだした事例である．

こういった現状と，ディジタル財とそのネットワーク流通の特質からの技術開発の方向性としては，

（1）流通の個別化
（2）時空間の局在化
（3）消費者主導の価格決定

が考えられる．

1.4.4　流通の個別化・局在化技術

ブロードキャスティングのようなメディアは，同一のコンテンツを等しく分配することを基本としてきた．逆に，ディジタル財の流通では，時間，品質，内容，そして場所を，消費者よって個々に異なるようにするようなディジタル財の個別化技術が必要となっている．ディジタル財は，幸いにして，加工編集，個別化がしやすいので，唯一の存在が組み合わせ論的に無限に生産できる可能性がある．

一方，ネットワークには，情報の発信・配信・アクセスに際し，時間と空

間の限定性を持たせるなどの工夫が必要である．ちょうど，現実世界での時間限定，場所限定のバーゲンのような仕組みに対応するものである．ネットワークが提供する接続制御機構として，時間や場所を限定して接続するような時空間接続制御技術が必要となる．さらに，ネットワークでグローバルな接続性が実現できても，ディジタル財が運ぶ意味や解釈の仕方には，共通言語を持つコミュニティの地域性，意味解釈の共通性という文化の地域性が存在する．言語の壁を克服する翻訳や，言語翻訳だけでは伝わらない，意味解釈といった属地性に依存した付加価値をつけて個別化してことも必要である．

このように「一物を多物」にしたり，「価値の格差」を新たに作り出したりしていくことがまず必要とされる．次に，生産者・流通者主導でディジタル財の価格を決定していく仕組みから，「一価から多価」，つまり多様な消費者の価値観に応じて連続的に価格を決定していくようなeコマースの機構も，新たな流通の課題として必要になっている．例えば，ネットオークションのように，消費者の言い値，申し出価格でディジタル財の価値を決定する秩序を新たに創っていくような研究が必要である．この課題については，P to P流通とディジタル財の証券化の中で述べる．

1.4.5 コスト構造の変革[7]

こういった情報流通，情報経済システムを考えるようになった大きな要因に，料金体系の変革がある．ブロードバンド・ネットワークに，低額の「定額制」が導入されたことによる，ディジタル流通への影響は大きい．インターネットでのブロードバンドの効用は，WWWアクセスである．WWWに簡単にアクセスして，かつ「料金を気にせずに」情報アクセスやコンテンツのダウンロードができるようになった．これまで電話は，発信者課金，距離と時間に応じた「従量制」課金であった．「定額制」は発信者課金という概念を変えた．個人が情報発信していく文化を創っていくには，発信すればするほど料金がかかるようでは，誰も情報発信しなくなってしまうので，その壁を破った意味は大きい．

ブロードバンド社会では，「一億総クリエータ論」のように，誰もが情報生産と発信を手軽にできるような世界観が望ましい．この場合，情報生産や

発信がビジネスになるような仕組みがないとIT産業は活性化しない。また，情報発信者は，等しく情報享受者でもある。人気のある情報発信局になればなるほど，情報アクセスされやすくなり，自分の情報消費行動にストレスを感ずるようではいけない。情報発信と情報消費の流通のバランスをとるような，情報の対称化の仕組みも必要である。

　次に，ディジタル流通における生産・流通・消費のコスト構造の変化を考えてみる。知的情報生産活動においても，ディジタル財の生産コストは情報財のそれと同じであると考えてよい。ディジタル財の流通における，再生産，複製，流通コストは，限りなく小さくなってきた。これにより，有り余る情報を次々と使い捨てていく「大量情報消費時代の到来」と言われた。ブロードバンドの普及により，逆に増えてきたコストは，コンピュータやコンテンツ，アプリケーション，ソフトウエアの使い方を習熟するための学習や，情報の探索，発見などの消費コストである。

　情報がどこにあるのか，どうしたら必要な情報に到達できるのか，というコストが増大している。生産者側からは情報存在の「お知らせ，通知，周知」，消費者側からは情報の「発見，検索」に費やすコストの割合が増加している。また，膨大な情報から必要な情報を適切に選択したり，「信頼」のおける相手や情報を探し出すといった選択，与信コストも増大している。

1.4.6　メタデータ接続制御技術

　ネットワークでの，探索や発見の対象も拡大している。「いつ暇なのか，どこからなら来られるのか」といった会話によって，人が集まり，買い物に行ったりする。このため，接続対象は，どこの場所か，どこから近いのか，そして，空いている時間帯はいつか，といった「時間ニッチ，場所ニッチといった対象」を探索，発見し，接続する技術が必要になる。情報環境は，放送のようなブロードキャスティング，掲示板や会議，コミュニティなどのナローキャスティング，そしてポイントキャスティングが，状況に応じて使いこなされていくように進化していくと考えられる。何が必要とされているのかという「消費者が持つ需要」を発見し，それをネットワークの接続制御に反映することが必要となる。

　情報の探索や発見，情報の意味や解釈，情報の信頼性や選択性を支援して

いくには，時空間制御情報，意味や解釈の仕方，選択規範や信頼性評価の情報などを表すメタデータ（Meta Data）をディジタル財に付加していくことが必要になっていく。このようなメタデータとネットワークの接続制御技術を結びつけていく，メタデータ接続制御技術の開発が必要である。

1.4.7 取引の認証と匿名技術[13]

ディジタル財が流通している，ネットワーク環境そのものの特性について考える。現実世界の小売店で，現金を使って物を買うときは，商品，現金，店員，購入者が1カ所に集まる。つまり，取引の局在性がある。また，十分な情報を交換してお互いに確認しながら売買を成立させている。これが商取引における認証と与信の機能である。このとき暗黙のうちに，商品や取引に関与する人々の局在性や，物が容易に移動できない特性などが利用されている。

しかし，ディジタル世界の取引にはこうした局在性がない。情報の伝達範囲を間違えたり，売買の状況を盗聴されたりしただけで，簡単にコンテンツを持ち逃げされたり，個人情報が流出したりする危険性がある。

これとは別に，現実世界では，人混みに紛れる，顔を隠す，人と会わない，などのプライバシー保護の自衛手段と，その手段を実行するか否かということが個人の判断に委ねられている。コンピュータが相互に接続されたネットワークは，物理的につながっている。このため，時空間属性情報，利用者属性情報，機器番号などの属性情報は，原理的には手繰れるシステム構造である。

そこで，消費者からの視点で，氏名，年齢などの個人属性情報，口座番号，残高，購入額，購入品名など認証決済属性情報，購入時間や場所のアドレスなどの時空間属性情報を秘匿することが必要になる。また，その秘匿の行使が消費者に委ねるような仕組みも必要になる。利用者が安心して，ストレスを感ずることなく，ショッピングやコンテンツ視聴ができるeコマースの実現に向けて，誰が，誰から，いつどこで，何をいくらで，どのように購入したかということなどを，目的ごとに隠ぺい化できる技術が不可欠となっている。

eコマースを確実に実行するには，認証，与信，課金，決済基盤が不可欠である。一方，利用者が不安やストレスを感じないようするにはプライバシー保護，個人情報保護も同じく必要である。これら相反する技術課題を，バランスよく解決していける匿名技術，属性情報隠ぺい化技術，個人情報活用

技術が，eコマースの活性化に必要となる．

1.5 P to P ディジタル流通

　ブロードバンド利用形態も，WWWからP to Pに移りつつある．P to Pでは相手に直接情報を送るため，ネットワーク帯域とともに相手アドレスが必要となる．インターネット上でのP to Pでは接続相手の粒度はますます細かくなる．情報家電では家庭の家電機器一つひとつが対象となり，さらにICタグなどにIPv6を用いてIPアドレスを割り付けた場合には，一層その粒度が細かくなる．接続対象を拡大してブロードバンド情報社会を発展させていくには，このような新たな取り組みも重要である．

　ユビキタス・ネットワークは，いつでも，どこでも，誰でも，通信やサービスができる，コンテンツが視聴できるような環境を目指している．このためには，コンテンツの視聴権やサービス利用権を購入すれば，パソコン，携帯，情報家電，テレビで見たり，聞いたりできるよう，機器によらない視聴環境，eコマース環境が必要になる．現状の視聴権のライセンス管理は，端末固有の番号にくくりつけられており，ユビキタス環境でシームレスにライセンスの継承ができない．機器にくくりつけられているライセンスを一旦浮かしてライセンス管理できるような，ユビキタスDRM技術が必要になる．

　P to P通信では，ネットワークの帯域といったリソースや，個人や家庭のコンピュータの計算処理能力や記憶容量などのリソースを互いに共有することも可能である．ブロードバンド・インフラは，コンピュータを相互接続するバスと見なせる．個人の保有するリソースが空いている場合に，互いに共有し合い，より効率的なコンテンツの配信ネットワーク（**CDN**）やネットワーク・ストレージ・システム，超分散大規模コンピュータシステムを構成することもできる．このような場合，自分が使っていないときの帯域や，余っているコンピュータ・リソースを市場に出して使ってもらえるような，ネットワーク・リソースのライセンス流通ができるようなeコマース環境も必要になる．

1.5.1 ディジタル財の証券化技術

このようにブロードバンド・インフラでは，コンテンツばかりでなく，ディジタル財の複製権，利用権，改変権，頒布権，氏名表示権などのライセンスや，ネットワーク財の帯域，品質，アクセス権，コンピュータ・リソースなどのライセンスが，市場で取引されるようになれば，ライセンスを流通対象とすることができ，だれでも，いつでも，どこでも，「(流せるものなら)なんでも」ネットワーク流通ということが可能となっていく。こういった分野での規制緩和も進んでいる。信託業法が改正され，信託可能な財産に，著作権や特許権など知的財産権が加えられることになれば，情報制作，発信，配信における信託機能を活用した資金調達の道が広がっていくものと考えられる。

P to P でのディジタル財の流通では，個人が，ディジタル財の生産者にも，流通者にも，そして消費者にも，場面，場面で，その役割を担うことができることに特徴がある。ディジタル財の生産とその資金調達，ディジタル財の流通，そして自らが消費者となる一人四役のプレーヤーになれる。二者間の相対流通，つまり知人，隣人といった隣接近傍の流通が，大域的な流通になっていくことも可能である。このことが P to P による e コマースなのではないかと考える。

1.5.2 P to P ディジタル流通技術

信託技術により，特許権や著作権などの知的財産権を活用して有価証券を発行し，資金調達を図ることなどが，これまでより簡単にできるようになる。しかし，現状の投資スキームでディジタル財を投資対象にした証券化を行ったとしても，ディジタル流通が活性化するわけではない。そこには新たな技術，ブレークスルーが必要となる。

資金調達の多様化が，ネットワーク流通チャネルの多様化を生むことになると考える。例えば，資金調達と連動した掲示板や，コミュニティを用いた口コミ，出会いサイト，ファンクラブなど，「ネットでのつながり」から流通チャネルが多様化する。

これまで，比較的短期での投資回収，リターンを期待するといった文化から，長期でのリターン，さらに言えば，いつか返ってくるのか，投資に見合

う回収でないかもしれないといった，「新たな投資と回収スキーム」が成り立つのではないかと考える。このスキームは，ネットワークに接続された膨大な投資家の数の論理で資金調達を実現する「ネット投げ銭モデル」である。歴史的に見て，ごく少数の資本家が有名な芸術家を囲い込んで，芸術文化を謳歌した。この仕組みから，多数の少額資本を元に，芸術文化財を共有できるということがインターネット，PtoPディジタル流通環境の特徴である。この，言うなればインターネット・パトロニズムが，これからのディジタル財の証券化の未来像とすれば，ブロードバンド文化も実り多いのではないかと考える。

1.5.3　PtoP仲介技術[12)]

　個人個人が流通の一翼を担う流通方法が考えられる。隣人に，視聴中のコンテンツに関連するメタデータや，他のコンテンツを「紹介」することによりインセンティブが得られるような仕組みである。ここで言うメタデータとは，コンテンツが表現する意味を補填する情報で，例えば，権利情報，歌詞カード，評論，意見，感想，推薦などである。ディジタル財の仲介は「アフィリエイト」と呼ばれる。アフィリエイトとは，eコマース・サイトを紹介し，紹介の結果eコマース・サイトで買い物が行われたら，eコマース・サイトから紹介者に手数料が支払われる仕組みである。アフィリエイトでは，ディジタル財を買いたい人が集まりそうな場所，コミュニティや，購入者を選んで紹介情報を通知するから効率的である。また，消費者の選択を事前に行うため，取引率が高いという特徴がある。アフィリエイトは成功報酬型の支払い形態が多いことも，費用対効果を高める効果がある。また，この仕組みは，興味のない商品を紹介される可能性が減るから，ディジタル財を売る提供側だけではなく購入者にも利点がある。

　このように二者間通信で，近傍の取引と仲介により，新たなディジタル流通が実現できる。流通の手伝いをしたり，付加価値を付けたり，知り合いに紹介したりすることで，インセンティブが得られたり，ディジタル財が安価に購入できるような，PtoP環境でのeコマースの仕組みを開発していかなければならない。

1.5.4　PtoP知価流通技術

　流通の多様化により資金回収が可能になると考えている。現在は一物一価だが，これが一物多価になれば，現状より効率的な資金回収が可能となる。これは，最初はハードカバーで次にペーパーバックで販売するようなモデルである。高くても購入してくれる人には高く販売し，安くならないと購入できない人には安く提供することで，最高の販売利益を生み出せる可能性がある。一定の価格と販売数の積で売り上げが決定される仕組みから，個人の需要の多様性に基づく連続的な価格と，それぞれの販売数の積分が売り上げとなり，きめ細かなディジタル財の流通が可能となる。

　これに加え，著作権の支分権の個別販売による販売の多様化によっても一物多価の環境を作り出せる可能がある。著作権はライセンスという形で視聴権の管理がされているが，このライセンスには複製，改変や氏名表示などの支分権にかかわってくる。こういったライセンスを，コンテンツ実体と分離させて，つまり証券化して，市場に流すことができれば，誰でも映画上映や，コミュニティ放送などができるようになり，コンテンツ産業も活性化される。

　このようなディジタル流通秩序を実現するには，アプリケーションとネットワークを連携する技術ばかりではなく，法学や経済学的な技術と連携して市場メカニズムを実現していかなければならない。映像配信といったメディア系の情報流通から，著作権や特許権などのライセンス流通へ，そして，ブロードバンド社会が，知恵，ノウハウ，アイデア，知識といった「知恵の価値」を自由に生産・発信，販売・購入，活用・消費できるような「知価流通社会」へと進化していくような技術開発を進めたいものである。

1.6　ディジタル流通市場の実現へ向けて[14]

　情報技術（IT）立国，IT産業を基幹産業にしていくには，競争力の高いITコア技術を保有しなければならない。その方向性として，ディジタル世界での新たな流通秩序を世界に先駆けて実現し，自らのディジタル流通市場を活性化すれば産業競争力を強化していくことができる。これには，ディジタル・コンテンツの生産，流通，消費の各部分での研究課題を明らかにしてい

かなければならない．それには，科学技術ばかりでなく，情報経済学的視点や法学的な観点からの研究成果も取り込んでいく必要がある．本書が，夢のあるブロードバンド社会，ネットワーク社会，情報流通社会を実現するにあたり，科学技術，社会科学の研究開発，技術開発の手助けになれば幸いである．

参考文献

1) 佐藤 洋：「情報理論」裳華房（1975）．
2) 坂井利之：「情報基礎学－通信と処理の基礎工学」コロナ社（1982）．
3) 瀧 保夫：「情報論」（情報伝送の理論1）岩波全書（1980）．
4) 吉川元忠：「情報エコノミー」文藝春秋（2001）．
5) 酒井善則, 植松友彦：「情報通信ネットワーク」昭晃堂（1999）．
6) 酒井善則："ブロードバンド社会の実現", 映像情報メディア学会誌（2003）．
7) ノベルト・ボルツ：「世界コミュニケーション」東京大学出版会（2002）．
8) カール・シャピロ, ハル・バリアン：「ネットワーク経済の法則」IDG（1999）．
9) 安田 浩, 安原隆一 監修：「コンテンツ流通」アスキー（2003）．
10) 曽根原登, 茂木一男："安全なコンテンツ流通を実現する権利流通プラットフォーム", NTT技術ジャーナル（2002）．
11) 大村弘之 他："ディジタルコンテンツの著作権管理・保護プラットフォーム", NTT技術ジャーナル（2002.10）．
12) 片山 淳 他："コンテンツを起点に電子商取引き誘導するサービス仲介ゲートウェイ", NTT技術ジャーナル（2002.10）．
13) 高倉 健 他："提供者の意思に基づく情報流通のための開示制御技術", NTT技術ジャーナル（2002.10）．
14) 日本工学アカデミー・日本学術会議："2010年コンテンツ産業に必要な8つの条件－d-commerce宣言", アスキー（2004）．

第Ⅰ部
ディジタル著作権とセキュリティ

第2章 ディジタル時代の著作権
第3章 ディジタル著作権管理(DRM)技術
第4章 ディジタルコンテンツの個体化技術
第5章 不正アクセスとその対策技術

第2章

ディジタル時代の著作権

情報セキュリティ大学院大学　林　紘一郎

2.1 はじめに

　私は2001年の正月に「著作権法は禁酒法と同じ運命をたどるか?」と題する、いささかプロボカティブな論稿を発表した[1]。当時はまさに、音楽をインターネットで配信する行為をめぐって、著作権法という既存の制度を盾に「違法コピー」のまん延を心配する意見と、仲間うちでの情報財のやり取りは「私的使用」で自由なはずだという意見とが、対立の渦中にあった。

　Real NetworksのCEOであるロブ・グレーザーは、この争いを1920年代の「禁酒法」になぞらえ、「認可を受けた正規のバーの数が少なく、酒を飲むのに苦労しなければならないとすれば、手軽な密売屋から酒を買う人が増えるのは当然だ。著作権者の保護にのみ重点をおけば、著作権法は禁酒法と同じくやがて廃れるに違いない」と述べていた。

　私は音楽の趣味がないので、本件について断定的なコメントをする資格がないが[2]、グレーザーが言う「違法状態を是正するには取り締まりを強化するだけではなく、望みの品が容易に手に入るようにしなければならない」という点には共感を覚えた。その対策として私が提示したのは、1999年春から提唱している ⓓ マークであった[3]。これは現行制度を前提にしつつも、ネット上の著作物については、アナログを基礎にした制度とは別の扱いをしようというもので、それなりの意義はあったかと考える。しかし当時の私の考察は、まだ十分な高みに達していなかったので、著作権制度の将来像がどのような形になるかまでは、予見できないでいた[4]。

その後，上記の対立は解消に向かったかというとまったく逆である。アメリカでは従来の権利保護期間（一般の著作物については，著作者の存命中と死後50年。映画の著作物などについては公表後75年）を，それぞれ20年間延長する「権利期間延長法」（正式には提案者の名を冠してソニー・ボノ法，俗称ミッキー・マウス法）は憲法裁判で合憲とされた。しかし，立法論としては賛否両論の激しい論議が戦わされていて，調停不可能な状態にある[5]。そこで私の見方もまだまだ洗練されていないと知りつつ，この難題に対処するための俯瞰図を提供してみよう[6]。

2.2 有形財の保護と無形財への応用[7]

　著作権が保護しているのは，「著作物」すなわち「思想または感情を創作的に表現したもの」（著作権法2条）である。その際，体化（法律用語では「化体」）とりわけ「固定」はごく限られた著作物について要件とされているだけで，一般的な要件ではない。例えば即興演奏のように瞬時に消え去るものでも，創作性があれば音楽の著作物としての保護が及ぶ[8]。しかも，一般には誤解されやすいが，固定された「モノ」の「所有権」と，そこに体化されている「情報財」の「著作権」とは別である。例えば私が，さる高名な画家の絵を購入したとしても，契約前に著作権のうち写真による出版権がすでに第三者に譲渡されていれば，私が自分で絵を鑑賞したり他人に見せることは自由だが，自分で写真をとって出版することはできない[9]。

　このように知的財産制度（著作権もその一部）は，見たり触ったりすることのできない無形財を保護するものであるが，一般的な法律は有形財のことしか考えていない。近代法の基本原理とされる「所有権の優越性」「契約自由（私的自治）の原則」「過失責任の原則」などは，工業（産業）社会を前提にしたもので，その後の社会の変化につれて微調整されてきたが，有形財を中心とする民事法体系の根幹は，ほとんど変化していないのである。民法85条において，「本法において物とは有体物をいう」とあるのが象徴的である。

　そしてそれには，法的にも十分な理由がある。「有形財」の場合には，「自己のためにする目的をもって物を所持する」ことが可能で，法的にはこの

「占有」(民法180条)を前提に，権利者の絶対的排他権を認めたものが「所有権」(民法206条)であり，これを(第三者を含む)社会一般に担保する仕組みが，登記や引き渡しなどの「対抗要件」である。ところが「情報財」は，本人でさえ触って確認することができない実体のないものだから，他人の使用を排除することはきわめて難しい。また，誰かに「情報財」を引き渡したつもりでも，私の手元には同じものが残っている。つまり，法的には「占有」状態が不明確だし，明確な移転も起らないのである[10]。

このことは次の例を考えてみれば，理解しやすい。いま私がここに書いている原稿は，著作権についての私の思想を述べたもので，他の人とは違った意見を含んでいるので「著作物」に該当するだろう。良く書けているとすれば，この原稿を読んで下さる方には，私の思想は容易に伝達されるだろう。しかし，そのことによって私自身の思想は減って失くなってしまうことはない。むしろ逆で，賛同者が増えれば増えるほど，私の思想は補強され補足されて，豊かになっていく。

このような特質を持つ，無形の財貨を保護し育てていくことは，文化の発展にとって望ましいことであろう。それでは，どのような保護のあり方が望ましいだろうか。一方で，ある思想を生み出した人に何の権利もなく，他人は勝手に使ってよいことにすれば，創作をしようというインセンティブに欠けることになろう。また，有形の財貨を盗めば窃盗罪に問われることに比べて，著しく正義にもとる感は否めない。しかし他方で，創作者に与えられる権利が絶大で，有形財の所有権と同程度だとしたら，どうだろうか。文化の発展は，まず先人の業績に学び，それを模倣することによって発展してきたという歴史にかんがみれば，最初の創作を強く保護することは，次の創作を困難にし独創性を窒息させてしまうかもしれない。

したがって現在の著作権制度が，著作者にインセンティブを与えるために，所有権に近似した強い権利を与えつつ，利用者の側の使用・利用の自由度とのバランスを取ろうとしていることは，賢明な解決策というべきであろう。われわれの日常生活との関連で見ても，①「アイディア」を保護する特許法と違って，著作権で保護されるのは「表現」であること，②自己のためにする「使用」は禁止されていないこと(本屋での「立ち読み」をしても，本屋に叱

られることはともかく，著作権法違反になることはない），③物に体化した場合は，その物を最初に売った時点で，以後の著作権は「消滅」すると考えられていること（消尽理論あるいは First Sale Doctrine。ゲームソフトの中古品販売で問題になった）は，こうしたバランス論の具体例と考えることができる。

もっとも，「情報の保護」と真正面から銘打たなくても，実効上これに近い効果を与えてくれる規定は存在する。例えば民法の「不法行為」においては「他人の身体，自由または名誉を害したる場合」に「財産以外の損害に対しても」損害賠償の責任を課している（民法710条）から，名誉など「非財産的損害」も保護されていることになる。

しかし，不法行為によって事後的に救済される場合（一般不法行為規制，アメリカ法では Liability Rule）よりも，事前に排他権が与えられていて他人の利用や妨害を排除できる場合（権利付与法制 Property Rule）の方が，保護の程度が強いことは明らかである[11]。知的財産制度はこの後者の代表例と言える。この中間に，保護されるべき利益を害する行為を特別に禁止する方法（特定行為規制，たとえば不正競争防止法）があるが，この三者を比較して見ると，権利付与＞特定行為規制＞一般不法行為規制と権利の強弱が異なることがわかる[12]。

ここで無体物に権利を付与しようとすれば，それを他と区別する必要があるから，体化と固定は保護を受けやすくする手段として有効である。前述の即興演奏のケースでは，いかに権利があっても，それを裁判で証明しようとすれば，とてつもない困難に遭遇するであろう。したがって，現在の法体系が有体物を中心に構成されており，無体物についてはそれを援用（準用？）しているのも不思議ではない。

2.3 著作権制度の暗黙の前提とディジタル化の影響

本の出版から始まったコピーライトあるいは著作権は，新しいメディアである蓄音機・映画やテレビ，コピー機やコンピュータ・システムの誕生に合わせて適用領域を拡大して，数世紀を経た今日もなお生き続けている。しか

し，90年代に入ってからのインターネットの急速な進展は，長い歴史を持つ著作権制度を，根本から揺さぶっているようだ。

　近代著作権制度は，①「著作物」という言葉に表されるように創作の結果は「モノ」に体化される，②オリジナルは特定できる，③複製にはコストや時間がかかり品質は必らず劣化する，④伝送による複製は品質の劣化で不可能か，極度に高くついたり時間がかかりすぎる，という暗黙の前提の上に成り立っていた。

　これはアナログ技術の制約と言い換えてもよいが，その制約が逆に制度の安定をもたらしていたともいえよう。なぜなら，「モノ」に体化されたオリジナルが存在するということは，本物と偽物（コピー）を見分けることを可能にするし，複製すれば品質が劣化することは，違法コピーの蔓延にも技術的な上限があることを意味することになるからである[13]。

　ところがディジタル技術においては，①創作物を「モノ」に体化させず，ディジタル的素材のまま交換することができ，②複製することは瞬時にほぼ無料ででき，かつ品質も劣化せず，③これを伝送しても条件は同じ，ということになってしまう。例えば，作曲をパソコンで行って，そのまま電子ファイルで保存しているとしよう。ある日，気が変わって，一部を手直しして上書き保存したとすると，修正済みのものが新しい創作物になって，前のものはなくなってしまう。もちろんバージョンの管理を厳密に行っていれば，新作・旧作ともに自分の著作物だと主張することは可能だが，通常は絶えず更新を続けることが多く，どれがオリジナルかは本人もわからない場合がある。

　また，この楽曲を誰かに送信する場合を考えてみよう。親しい友人がいて，彼もまた作曲の才がある場合には，お互いに無償で交換するかもしれない。しかし，中には互恵主義を守らない者がいて，第三者に送信してしまうかも知れない。かつてのアナログ時代には，このようなコピーや伝送を繰り返せば必ず品質は劣化するから，オリジナルとは価値が違った別商品に転化してしまったとして，違法コピーを目こぼししても問題は少なかった。しかし，ディジタルではオリジナルと同じ品質のものが再生されるので，創作者の被害は甚大になる。

　これを法的に言い換えれば，上述の三つの実体上の困難性に加えて，①侵

2.3 著作権制度の暗黙の前提とディジタル化の影響

表 2.1 体化と複製の難易度による著作物の分類

体化(縦軸) ＼ 複製(横軸)	容易	困難
容易	実演	ディジタル財
困難	初期の出版，彫刻	音楽，CG

害者を特定することが難しい，②侵害者本人ではなく，それを可能にする手段の提供者に法的効果を及ぼさざるを得なくなる，③侵害者が極端に多く，救済の実効性が乏しい場合がある，④侵害額の算定が難しい，といった手続き上の困難が生ずることになる。

しかし，創作物の種類によって，その度合いに差があることにも留意しておこう。先の三つの困難性のうち，「伝送」は「体化」または「固定」のそれと連動する面が強いので，今後の制度設計に当たっては，体化の困難度と複製の困難度を両軸に，著作権の対象になる創作物を分類してみることが有効であろう（表2.1）。

この表の原点に近い「体化困難」・「複製困難」の代表が，かつての出版や，古くからある彫刻である。この対極にあるのが，「ディジタル財」とでも呼ぶべきもので，「体化も複製も容易」であることから，従来の著作権の概念だけでは律せられない問題を提起している。

その両者の間に，「体化は容易だが複製が困難」な例として，実演（パフォーマンス）などがある。かつて実演は体化するのも困難であったが，ディジタル録画装置などの発達によって，体化そのものは容易になった。しかし，そのような方法で体化されたものが，実演そのものと同等の価値を伝えているかとなると，いささか疑問である。ベンヤミンのいう「アウラ」が伝わらないからである[14]。同様の意味で，絵画にも本物と複製の差がありそうである。

もう一つの中間的存在は，「体化は困難だが複製は容易」のパターンで，CG（Computer Graphics）が代表例である。CGの作業は，コンピュータへの入力に時間・労力と創造力が必要だが，いったん制作されたものを複製するのは，いとも簡単である。したがって著作権侵害に最も弱いメディアと考えられ，作者は学者寄りの道を歩むかアーティストに徹するか迷うことになる[15]。

一方，ディジタル化の影響は流通段階にも及ぶ。著作物がアナログ技術に支えられ，「モノ」に体化されることが一般的であった時代には，著作物の流通について格別の注意を払う必要はなかった。なぜなら，それは一般的な財貨の流通と異なるものではなかったからである。

ところが，著作物がディジタル情報として生産され流通・消費される場合には，二つの大きな変化が生ずる。一つは流通機能の変容で，うかうかしていると流通業者は中抜きされて不要になってしまう。なぜなら，アナログ時代には有体物の流通なくして著作物が流通することは不可能なので，最低でも物流業者としての仲介業者が必要であった。ディジタルになると，この部分が要らないからである。

しかし逆に，仲介業者が存在しなくなると，代金の回収を誰に頼ったらよいか，という問題が発生する。eコマースがゆっくり立ち上がろうという間に，携帯電話を使った情報サービスが急速に成長したのは，（他の要因もあろうが）電話会社の代金回収代行力が有効だったからと思われる。つまり流通機能は，まったく新しい視点からのものに変化していくであろう。

大きな変化の第二は，流通業者の機能変化の陰で，生産者と消費者が直結する動きが出てくることである。しかもトフラーの指摘するように，消費者は時として生産者にも変化し得る（プロシューマー）ので，この変化は一方的ではなく，相互依存的になる。その例として，著作権管理は強化に向かうのか，緩和に向かうのかを考えてみよう。

世間では，いわゆるDRM（Digital Rights Management）技術の登場によって，著作権管理は徹底的に細分化され，どこまでも追跡可能になるから，著作者（＝生産者）の権利が強化され，いわゆる違法コピーは撲滅されるし，されるべきだとする向きがある。Lessigのようなコモンズ派は，反対にそのような管理社会の到来を危惧している。

しかし本当にそうだろうか。DRMの完徹は，比喩的にいえば本の立ち読みにしても，その量に応じて課金するということだが，それでは立ち読みをする人が減少するだけでなく，本屋に入る人の数自体も減ってしまうことにならないだろうか。この小論の冒頭に掲げた「禁酒法」の比喩は，まさにそのような状況を暗示している（なお法律的にいえば，本のあらゆる小部分に

著作権を表示する ID を付与することは，創作性がない非著作物にも権利を付与することになり，現行著作権法に違反する！) [16]。

しかも，著作者の権利を強化することは，次の著作者の権利を制限することに他ならないが，第1の著作者＝第2の著作者というケースもあれば，第1の消費者＝第2の著作者というケースもあり，利害関係は従来以上に錯綜してくる。ここで著しく一方だけを利する法改正は難しく，結局のところはバランス論への回帰，つまり現行の保護レベルの微調整にとどまらざるを得ないのである。

このような状況の下では，従来どおり著作者や著作権者の権利を守ることは，極めて難しい。問題がいち早く顕在化した音楽の分野では，デビット・ボウイが自分自身を証券化して売り出し，保有者にライブ・チケットを優先的に割り当てることで価格を上げ，逸失利益の回収を図っている。

ディジタル・マルチメディアの環境の下では，一つの出力フォーマットを著作権で守ることに腐心するより，若干の違法コピーには目をつぶり，そこで得たポピュラリティを利用して，他のメディアで稼ぐことを工夫した方が賢い。つまりワン・ソース・マルチ・ユースの発想でいくべきであり，またそれ以外のビジネス・モデルは考え難い。

2.4　近未来の著作権制度

ディジタル化がさらに進展する近未来において，著作権制度[17]はどのような変容を遂げるだろうか。即断はできないが，四つの大きなトレンドは変らないと思われる。

第一に，複数のサブ・システムが併存することにならざるを得まい。現在の著作権制度は，印刷技術以降の複製技術の登場を，すべて一つの制度の中に取り込んできたところに特徴がある。またその権利処理についても，複製権を中心としつつも，各種の細分された権利（支分権）を活用することによって，複雑な制度をなんとか維持してきた。しかし，ディジタル技術の登場は，これらの「要素還元主義」を無意味にしてしまう。と同時に，権利者の側も必ずしも一枚岩ではない。ソフトウェアの世界では，一方でマイクロソ

フトに代表される「権利死守型」と，他方でフリーソフトウェアやシェアウェアを通じて「コモンズ」を目指す人々がいる。

　このような中で，唯一絶対の法的システムを維持することは不可能に近く，一枚岩のシステムはいくつかのサブシステムに分解して行かざるを得ないだろう。またディジタルの特性は，システムをいかようにも設計できる弾力性にあるのだから，各種システムの併存はデメリットではなく，メリット（選択肢の拡大）と考えるべきであろう。

　第二点として，権利存続期間の弾力化がキーになると思われる。著作権制度の導入当初は，権利の存続期間は10年強でさほど長いものではなかったが，法改正のたびに延長されている。これは平均寿命が延び，ドッグ・イヤーで社会が変化する状況とは逆行するものである。この期間の長さを実感していただくため，次のような例を考えてみよう。仮に私があと30年生きて2035年に死んだとすると，わが国の現行著作権法では，私の著作権は2085年末まで続くことになる（著作権法51条，57条）。これがアメリカ法のように「死後70年」に延長されたとすれば，私の著作権の終期は2105年末となり，22世紀初頭まで存続することになる（実質的な権利保護期間は100年）。

　これを妥当な期間と見るか，長すぎると見るかは個人の価値観に依存していると言わざるを得ない。しかし私のように，長年コンピュータの世界に住んできた者には，100年という期間は夢のようである。コンピュータが発明されてからまだ50年強だし，インターネットに至っては商用化を起点にすればまだ10年そこそこである。しかし，その短期間の間に生じた社会変化は，想像をはるかに越えたものであった。新技術の登場に伴って時代は加速しており，「ドッグイヤー」（犬の寿命は人間の約7分の1なので，1年が7年分に相当する）という考え方は，多忙な現代を表す適切な標語であろう。

　だとすれば，経済現象などにおける「名目」と「実質」という概念を使って，次のように表現できるのではなかろうか。「ソニー・ボノ法」は名目的には創作発後30年生きる人の権利を通算100年間保護しているが，ドッグイヤー換算の実質ベースでは700年間保護していることになるのだ！と。

　しかも，ここで注意を要するのは，それによって著作（権）者の利益が最大になるとは限らないという矛盾を抱えていることである。中泉拓也の分析

によれば，著作権を強化すれば，第二，第三の創作は難しくなるので，著作者の厚生（生産者余剰）と利用者の厚生（消費者余剰）を併せた社会全体の厚生（社会的余剰）を最大にする点（均衡）は，死後70年よりは短い点にあるだろう，ということが示唆されている[18]。

また権利存続期間の最大の問題点は，それが著作物の種類や著作者の意思に関係なく，一律に適用されることである。このことは一見法的安定性の面では有効に機能しているように見えるが，実はそうではない。なぜなら，現に市場価値は失っていても，権利は消滅していない多数の著作物を生み出してしまったからである。これらを何らかの形で再利用しようにも，権利者が不明だったり，いつ権利を主張されるかも予測できないという状況では，利用に対しては著しいディス・インセンティブになっている。したがって今後は，権利存続期間を弾力的に運用する仕組みが必要になろう。

その際に第三点として，分散処理型の緩やかな登録制度が関連を持ってくる。著作権は登録を要する特許と違い，何らの手続きを経ないで権利が発生する点（無方式主義）に特徴があるが，これは権利関係を曖昧にする欠陥がある。

インターネットが通信の主たる手段になり，それを介して著作物が無形財のまま交換されるような事態を想定すれば，権利の確定のためにはどこかのサーバに著作物を「仮留め」（現行著作権法が想定するような「固定」ではないが，やや緩やかな形での「体化」とでも言おうか）することが便利である。この際，権利関係の表示を併せて行えば，それが即，分散型の著作権管理システム（ECMS = Electronic Copyright Management System）の原型になるだろう。

もっともここで，この制度が国家権力とは無縁であることを強調しておく必要があろう。特許の場合には，①特許庁に申請し，②審査に合格し，③登録し公示して，④毎年登録料を払わなければならない，仕組みになっていて，これらをまったく要しない著作権と著しい対照をなしている。したがって，技術系がほとんどの本書の読者からすれば，著作権も特許と同じようにすれば，いたずらに権利だけ主張する人々を排除できるのではないか，との指摘が生ずる可能性があろう。

しかし，特許が「発明」という客観的な技術情報（アイディア）を保護する制度であるのに対して，著作権は「思想または感情」という主観的な創作を保護するもので，「言論の自由」と密接に関連している。したがって「言論の自由」がそうであるように，国家の関与はできればゼロ，できなくても最低限にすることが望ましい。このような意味では，ウェブサイトを利用した自主的な登録システムが，ギリギリの妥協点ではないかと思われる[19]。

そして最後に第四点として，著作者人格権が見直されるだろうと予測しておこう。アメリカ法ではごく限られた範囲でしか人格権を認めていないが，表現行為の成果としての著作権が重視される度合いが高まれば，人格権の重要性が高まるだろう。

ただし，私がここで念頭に置いているのは，主として氏名表示権のことであって，公表権と同一性保持権は創作者の自由意志にゆだね，場合によっては放棄できるものと考えてよいだろう。というのも，著作物が勝手に複製されても，氏名表示権さえ守られていれば，それがパブリシティ的効果を発揮するからである[20]。

また，この人格権の発動は，財産権の主張のみでは侵害された利益が十分には回復されない場合に限って，例外的に認められるものと考えるべきである。いわば最後の拠り所（last resort），あるいは法的には最後まで残る権利（residual right）と考えるべきであろう。なぜなら，大陸法系に属するわが国では，人格権は創作者の死後も存続するとされている一方で，英米法の諸国では，実行上は人格権単独での救済はごく限られた範囲でしか認められておらず，国際間の不均衡をもたらしかねないからである。

2.5 ⓓマークの提唱と各種システムの比較

現在，著作権制度が直面している難局に対処するには，二つの対立する方法がある。一つは現在の制度を前提に，その弱点を補い補強すること。他の一つは，「ゆらぎ」を所与のものとして，それをも取り込んでしまう柔構造に制度を変えていくことである。以下に述べるのは，後者の方法論により「創造的破壊」という作業を通じて，ディジタル時代にふさわしい柔らかな

2.5 ⓓマークの提唱と各種システムの比較

表 2.2 ⓓマーク：Mark II

ⓓ-5×N, April 1, 2004, Koichiro HAYASHI（林紘一郎）

- ⓓ：Web上の公表であることを示す
  後の部分は0か5の倍数で，15年までの権利期限を示す
- 5×N：N=0, 1, 2, 3のいずれか
  つまり5N=0, 5, 10, 15のいずれか
- April 1, 2004：公表年月日を示す
- Koichiro HAYASHI：著作者名を示す
- 林紘一郎：著作者名の日本語表示（オプション）

著作権制度を創出しようという，思考実験である。

　私は，ウェブ上で発表する著作物については，現行著作権法をベースにしながらも，まったく新しい発想を採り入れるべきだと考え，1999年春以降「ディジタル創作権」（ⓓマーク）という大胆な私案を提案中である。その基本思想は当初から変わっていないが，後述する creative commons との重複を避けるため，現在では第2版（Mark II）として，表2.2のような案を考えている。

　これは，「私はこの作品をウェブ上で公開しました」と宣言するものである。ⓓの後ろに0, 5, 10, 15年の4パターンを用意しており，そのいずれかを記入する。この例では「0」と書いたので，「私がウェブ上に公表したこの部分はパブリックドメインに属します」ということを示している。5, 10, 15年は著作権の権利保護期間を，それぞれの年に対応する期間に限定しようというものである。

　日本の現行著作権法には，著者または著作権者による著作権の放棄（すなわちパブリックドメインにする）の明文の規定がない。実際上は権利を行使しなければ，自由に複製することができるので，権利の放棄と同じことになると説く人もいる。しかし，権利不行使の場合には，権利者がいつ翻意するかもしれないので，法的安定性の点で問題がある。そこで本提案は，その部分を明確化しようとするものである。また併せて，権利存続期間を最長でも公表後15年として，ドッグイヤーに対応（先の説明では，これでも旧人類年では公表後105年相当になる）させようとするものである。なお，15年と

いう期間は特許権の存続期間（申請後20年）も念頭においたものである。

そして，公表の年月日を記入する。今までの著作権管理では通常，年単位でしか管理していないが，そろそろ年月日単位（場合によっては時間単位）が必要ではないかということである。

著作者名をわざわざ英語で書いたのは，国際デファクト標準にしたいという野心からである。

ⓓマークという私案は，①ウェブ上の公表という分散型の緩やかな登録システムであり，②権利存続期間を最長15年までの4パターンに制限する，③氏名表示権を重視する，という点に特徴がある。これは，将来の著作者へのインセンティブの付与（何らかの見返りなしでは，人はあまり生産しない）と情報の公的な特質（より普及され，分かち合われた情報こそ価値が高まる）のバランスをもたらそうとするものである。

ⓓマークに類似のものとして，すでにいくつかの提案がある。それらは，ECMSという点では似かよっているが，①現行法に忠実（L=Loyal型）か，独立志向（I=Independent型）か，②原著作物に関する権利情報をデータベースとして蓄積するか（D=Data Base），それともウェブ・サイトによるリンク形式のようなものを用いるか（この中がさらに狭義のハイパー・リンクH=Hyperlinkと，現在のウェブ型=Wに分かれる），さらにIDを埋込み型にして追跡していく型を取るか（T=Traceable），という二つの軸で分類可能である（表2.3）。

表 2.3　ECMSの提案比率

現行法との関係 処理方式	忠　実（L）	独　立（I）
データベース型（D）	Copymart	
狭義のハイパーリンク型（H）		Transcopyright
ウェブ式リンク型（W）	（ⓓマーク）	GPL ccマーク ⓓマーク
IDによる追跡型（T）	cIDf	Superdistritution cIDf

個々の例を挙げれば：

①北川善太郎教授の"copymart"は，コンピュータによる現行著作権の保護，つまりL型でしかもD型。〈http://www/kclc/or.jp/cmhome.htm〉

②Ted Nelson氏の"transcopyright"は，ハイパーリンクの創始者らしく，I＝H型。〈http://www.sfc.keio.ac.jp/~ted/transcopyright/transcopy.html〉

③Free Software FoundationのGPL (General Public License) は，私にⓓマークについてのいくつかのアイディアを与えてくれたが，I＝W型の典型である。〈http://www/gnu/org/licenses/licenses.html〉

④Harvard Law SchoolのBerkman Centerの提案したccマークは，同じくI＝W型である。〈http://cyber.law.harvard.edu/cc/cc.html〉

⑤私のⓓマークは，基本はI＝W型ではあるが，工夫をすればL＝W型にも使える点に特徴がある。

⑥森亮一教授の"super-distribution"は，典型的なI＝T型。〈http://sda.k.tsukuba-tech.ac.jp/SdA/〉

⑦Content ID Forum (cIDF) は，L＝T型にもI＝T型にも使える普遍的なシステムを目指したものである。〈http://www.cdif.org〉

ところで2002年に入ってから，上記の分類にも「融合現象」が生じている。例えばccマークを始めたLaurence Lessigは，ハーバードからスタンフォードに移ると同時に，cc＝counter copyrightという否定的な活動から転じてcc＝creative commonsととらえ直したプロジェクトを開始した。〈http://www.creativecommons.org〉

そこで提案されているマークは，さしあたりAttribution (氏名表示権重視)，Noncommercial (非商業利用)，No Derivative Works (完全同一性保持)，Share Alike (相互主義) の四つである。このうち第一のもの (マークとしてはBYマーク) は，私のアイディアに近いばかりか，さらにそれを実現するソフトウェアも実装しようという意欲的な試みで，その将来性が注目される。

一方，わが国においても，著作物を自由に利用できることを示すマークを制定することによって，複雑な法体系を知らない人でも利用しやすい仕組み作りが考案された。今のところコピー可，障害者に利用可，学校教育利用可

の三つだけであるが，文化庁という主務官庁自身が，利用者の側に立った施索を打ち出した点が注目される。〈http://www.mext.go.jp/b_menu/shingi/bunka/gijiroku/014/021204e.htm〉

このようにして，ディジタル時代の著作権のあり方については百花斉放の観がある。しばらくはこれらの提案が「システム間競争」を繰り広げつつ，併存していくであろう。しかし大勢としては，当初「印刷業者の特権」であったものが，市民革命を経て「創作者の人格権の発露」と考えられ，やがて経済の成熟とともに「創作者へのインセンティブの付与」ととらえ直されていったという歴史は逆転するまい。その延長線上には「情報の円滑な流通論」があり，ⓓマークはその流れに沿っていると考えている[21]。

2.6 柔らかな著作権制度に向けて

従来の制度は「ディジタル化」と「ネットワーク化」によって大きく揺らいでおり，強度の地震に対して建築学で言うところの剛構造ではなく柔構造で対応すべきではないか，というのが私の主張である。柔構造にしないと著作権制度そのものが全壊してしまうので，せめて全壊しないためには柔構造にした方がよい。だが，生き延びるのは全部ではない。これまでは，制度はこれしかないと法律が決めていたが，そろそろ市場主義を導入し，制度（システム）間競争をする時代ではなかろうか。

いろいろな法律がすべて，有体物中心の法体系から無体財を相当取り込んだ法体系に，少しずつ変らざるを得ないとすれば[10]，今は大システム間競争をしていると言えるのではなかろうか。私はかつて，AT&Tと独立系の電話システムが，19世紀最後の10年あるいは20世紀初頭の10〜15年の間に，どのようなシステム間競争をしたかについて，かなり注意深く調べる機会があった[22]。ほぼ同じ時期に電力ビジネスにおいても，交流と直流のシステム間競争があり，優劣はすぐにはわからなかった[23]。それが大システム間競争の末，あるところに落ち着いた。

ひょっとすると，著作権についても大システム間競争をすることになり，そうした競争を経て統合システムができればそれで善し，あるいはサブ・シ

ステムがいくつか生き残り，それらが互換性を持っていればそれも善し，というように柔らかな発想で考えるべき時期だろう[24),25)]。

参考文献

1) 林紘一郎："著作権法は禁酒法と同じ運命をたどるか？"，「Economic Review」富士通総研，Vol.5, No.1, (2001).〈http://www.fri.fujitsu.com/open_knlg/review/rev051/review01.html〉
2) 林紘一郎："ナップスター，グヌーテラの潜在力"，「Net Forum」No.5, 第一法規出版, (2001).
3) 林紘一郎："ディジタル創作権の構想・序説――著作権をアンバンドルし，限りなく債権化する"「メディア・コミュニケーション」No.49, (1999).〈http://www.mediacom.keio.ac.jp/pdf/hayashi.pdf〉
4) "ⓓマークの提唱――著作権に代わるディジタル創作権の構想"，「Glocom Review」Vol.4, No.4（1999）.〈http://www.glocom.ac.jp/odp/library/gr199904.pdf〉
5) 〈http://eldred.cc/〉
6) "ⓓ-mark: A Flexible Copyright System（FleCS）Proposal" presented to the Invisible College（2002）.〈http://lab.iisec.ac.jp/~hayashi/d_mark_flecs.pdf〉
7) 林紘一郎："情報財の取引と権利保護"，奥野正寛・池田信夫（編）「情報化と経済システムの転換」東洋経済新報社（2001）.
8) 斎藤博,『著作権法』有斐閣（2000）.
9) 斎藤博，半田正夫（編）「著作権判例百選（第二版）」中の"顔真郷自書建中告身帖事件"（阿部浩二評釈）(1994).
10) 林紘一郎："デジタル社会の法と経済"，林敏彦（編）「情報経済システム」NTT出版（2003）
11) Guido Calabresi&Douglas Melamed 'Property Rules, Liability Rules and Inalienability: One View of the Cathedral' "Harvard Law Review"Vol.85,（1972）.
12) 中山信弘：「ソフトウエアの法的保護（新版）」有斐閣（1993）.
13) 牧野二郎："デジタル著作権とは何か?" デジタル著作権を考える会「デジタル著作権」ソフトバンクパブリッシング(2002).
14) Walter Benjamin: "Werke Band 2"Suhrkamp Verlag(1936), 佐々木基一（編・解説）『複製技術時代の芸術』昌文社（1970）.
15) 河口洋一郎："あるべき創造の世界―魅力的なサイバースペースを求めて―"デジタル著作権を考える会「デジタル著作権」ソフトバンクパブリッシング(2002).
16) 名和小太郎：「変わりゆく情報基盤―走る技術・追う制度」関西大学出版部（2000）.
17) 尾崎孝良："デジタル著作権の基礎知識"，および名和小太郎"インターネット時代の著作権制度"，デジタル著作権を考える会「デジタル著作権」ソフトバンクパブリッシング(2002).
18) 中泉拓也："権利保護期間の最適化"，林紘一郎（編著）「著作権の法と経済学」勁草書房(2004).

19) 林紘一郎："ウェブ上の著作権管理"青弓社編集部(編)「情報は誰のものか？」青弓社（2004）．
20) 林紘一郎："氏名表示権のパブリシティ効果",著作権シンポジウム用資料(2001)．
21) 林紘一郎(編著)：「著作権の法と経済学」勁草書房(2004)．
22) 林紘一郎：「ネットワーキング――情報社会の経済学」NTT出版（1998）．
23) Paul A. David and Julie Ann Bunn:'The Economics of Gateway Technologies and Network Evolution: Lessons from Electricity Supply History,' Information Economics and Policy, No.3, (1988).
24) 林紘一郎："ⓓマークの提唱―柔らかな著作権制度への一つの試み―",デジタル著作権を考える会「デジタル著作権」ソフトバンクパブリッシング（2002）．
25) 〈http://www/glocom/org/debates/200204 hayashi proposal/index.html〉

第3章

ディジタル著作権管理(DRM)技術

NTTサイバースペース研究所　高田智規，山本隆二，阿部剛仁
NII国立情報学研究所　曽根原 登

3.1 はじめに

　コンテンツのディジタル化とブロードバンドネットワークの普及により，エンドユーザはその利便性を存分に駆使し，コンテンツ流通文化が開花するかに見えた。しかし，この急速な変化は技術的，法的，ユーザのモラル教育などの側面が十分に整備されているとは言いがたい状況下で進み，その結果，悪意あるユーザや意識の低いユーザによってコンテンツが不正に利用され，その不正な複製(コピー)がまん延するという大きな問題を発生させている。コンテンツの提供者や仲介者はこの問題を重要視し，不正利用を防止する技術を開発するとともに，法的な側面からも不正を抑止するための活動を行っている。一方で，権利強化の動きに対して，比較的緩い制限を持つ権利のみを主張することで，コンテンツの自由な流通・利用を促進しようとする動きも生まれている。

　これらコンテンツ流通における動向に関して，以降，3.2にて不正コピー問題の経緯と現状について述べ，3.3にて不正利用防止技術を，3.4にて経済・社会的側面からの不正抑止の動きを紹介する。3.5では不正コピーを超えてコンテンツ流通を促進させるための動向について述べ，3.6でまとめを行う。

3.2 不正コピー問題

価値ある著作物（コンテンツ）の「不正コピー問題」は，ブロードバンドネットワークが普及する以前から存在し，たびたび社会問題として報じられてきた．しかし不正となる行為や問題の意味，社会へ与える影響の大きさは，その時代により変化しており，コンテンツを記録する形式，媒体，伝達手段において技術的な革新が起こり，新しい流通モデル，ビジネスモデル誕生の可能性が高まったときに顕在化している．コンテンツのコピーを考える上で，近代のコンテンツ流通は以下の四つの時代に分類できると考えられる．

(1) 活版印刷，放送・レコード鑑賞時代：

著作物は最初に記録された媒体と共に流通し，分離は不可能である．印刷機やレコード盤のプレス機などの特別な装置を持つ者のみが，著作物を媒体に記録・保存することが可能であり，公正/不正を問わず，一般コンシューマがコピーを作り出すことは事実上不可能である．

(2) アナログコピー時代：

民生機器としてカセットレコーダ，ビデオレコーダ（VTR），複写機などが普及し，誰もが簡単にコピーを作ることが可能となった．アナログ信号を介しての間接的手法ながら，著作物をオリジナルの記録媒体から分離し，別の媒体へ再記録することが可能である．

(3) 専用機器間のディジタルコピー時代：

CDなどディジタル情報として流通された著作物に対し，ディジタルのまま記録できるDAT，MDなどのディジタルレコーダが販売された．DATを用いれば，劣化することなくオリジナルとまったく同じ情報をコピーすることが可能である．

(4) 汎用PC端末およびブロードバンドネットワーク普及時代：

CD，DVDなどのディジタル記録されたデータは，まったく同等のまま媒体からコピーされ，任意の媒体へ記録される．また，ネットワークを利用することで，きわめて低いコストで大量のコピーを伝達することが可能である．

新しい時代が到来した際はいずれも，コンテンツ提供者側からの強い反発の声が上がった．(2)のアナログコピー時代，家庭用VTRの販売を巡って，

映画産業は家電メーカ相手に訴訟を起こした．ここでは，私的利用における複製が問題であった．また，(3)のディジタルコピー時代，DAT販売はコンテンツ提供者側と長い議論を重ね，ディジタルコピーの回数を限定する機能の実装と，ディジタル機器，媒体にあらかじめ一律の著作権料を上乗せする賦課金制度の導入で販売の合意に達した．ここまでの時代では，コピーでは品質の劣化が生じ，作成の手間や費用などのコスト面でオリジナルに劣るという点と，たとえまったく同一のコピーが作成できたとしても，一般のユーザが一つのオリジナルから作成できるコピーの数も，配布できる範囲も限定的であるという点で，満足できるモデルと考えられていた．

しかし，(4)のブロードバンド時代になると，家電製品とは異なり自由にディジタルデータを読み書きできるコンピュータにより，コンテンツの複製コストは下がり，また，ブロードバンドネットワークにより配布コストが飛躍的に下がるとともに，P2Pファイル共有などによりエンドユーザが容易に新たな配布チャネルを利用することが可能となった．また，インターネットの匿名性もコンテンツの不正流通の心理的障壁を下げる一因であると考えられる．これらの結果，ネットワーク上に不正なコンテンツがまん延しているのが現状である．

3.3 DRM技術

ディジタルコンテンツの不正防止のための技術的保護手段として，ディジタルコンテンツの流通や再生に一定の制限を加えるDRM (Digital Rights Management) 技術が用いられる．DRM技術は，流通メディアの種類やコンテンツフォーマットの種類などによって様々な実装形態があるが，大きく分けると「コピー制御方式」と「アクセス制御方式」に分類される．図3.1は，

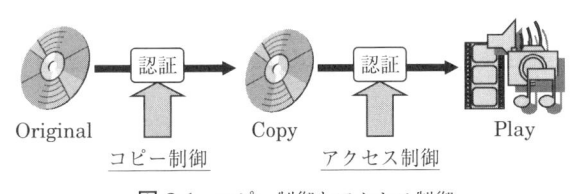

図 **3.1** コピー制御とアクセス制御

コピー制御方式とアクセス制御方式の概要を示す図である。図に示すように，コピー制御方式はコンテンツのコピー操作に一定の制限を加える方式であり，アクセス制御方式はコンテンツのコピー操作には制限を設けず，コンテンツを再生する際に一定の制限を加える方式である。

以下に，コピー制御方式およびアクセス制御方式の技術について述べる。

3.3.1 コピー制御

コピー制御方式は，前述のようにコンテンツのコピー操作に一定の制限を加える方式であり，制限の種類により，「コピー自体させない方法」と，「コピーは可能だがコピー回数を制御する方法」の二つに分類できる。

前者は主にアナログ時代のコピー制御に用いられてきた方法で，規格外の信号をコンテンツに埋め込み，コピーの際に誤動作を起こさせる方法である。マクロビジョン社[1]のVideo Copy Protection，CCCD（Copy Control CD）などがこの方法を利用している。この方法は，規格外の信号をコンテンツに埋め込むため，正規な利用に対しても誤動作を起こす可能性があり，ユーザビリティの低下が懸念されている。

後者は一般的にディジタルコンテンツのコピー制御に用いられている方法で，複製情報の管理方法により，さらに「コピー制御情報型」と「ネットワーク認証型」に分けられる。コピー制御情報型は，CCI（Copy Control Information）と呼ばれるディジタルコピーの世代管理を行う情報をコンテンツと一緒に記録し，この情報を用いてディジタルコンテンツのコピー制御を行う。図3.2にコピー制御情報型の動作例を示す[2]。各端末はコピー制御機能を備え，ディジタルコピーの際には，コンテンツと一緒に記録されているCCIを取得し，コンテンツと共に録音端末に送る。CCIは録音するコンテンツが

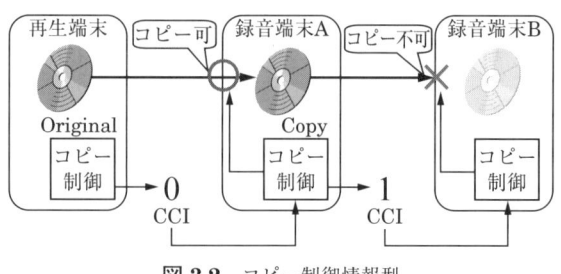

図 3.2 コピー制御情報型

オリジナルの場合はコピー可を示す「0」であり，コピーの場合はコピー不可を示す「1」となっている．録音端末では，送られてきたCCIに従いコピー制御を行う．こうすることにより，1世代までのディジタルコピーは可能だが，2世代以降のディジタルコピーを禁止することが可能となる．この方法を利用したコピー制御技術として，MDやDATのコピー制御に用いられるSCMS (Serial Copy Management System)，DVDのコピー制御に用いられるCGMS (Copy Generation Management System)，CPPM (Content Protection for Prerecorded Media)，CPRM (Content Protection for Recordable Media)，IEEE1394のコピー制御に用いられるDTCP (Digital Transmission Content Protection)，ディジタル放送のコピー制御に用いられるCAS (Conditional Access System) などがある．

一方，ネットワーク認証型は，コンテンツごとや記録媒体ごと，またはプレーヤーごとにユニークなIDを付与し，ユニークIDと複製情報を結びつけてネットワーク上の認証サーバで管理し，この情報を用いてディジタルコンテンツのコピー制御を行う．図3.3にネットワーク認証型の動作例を示す．再生端末上でディジタルコンテンツをコピーする際には，コピー制御機能が前述のユニークIDを取得し，そのIDからネットワークを介して認証サーバに該当コンテンツのコピーの可否を問い合わせる．再生端末では認証サーバから送られてきたコピー可否情報に従いコピー制御を行う．こうすることにより，1回目までのディジタルコピーは無料だが，2回目以降のディジタルコピーは有料というようなビジネスモデルの実施が可能となる．また，ユニークIDを利用して，認証サーバに接続する代わりに，専用サイトに接続し，会員のみを対象とした特別なサービスの提供やレコメンド広告の提示などと

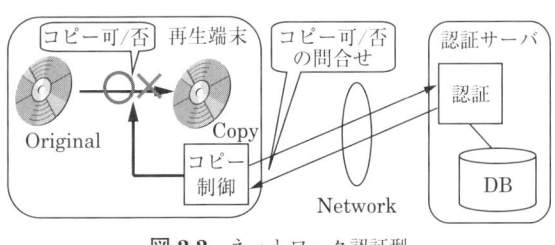

図 3.3 ネットワーク認証型

いった様々なビジネスモデルが考えられる。ソニー・ミュージックエンタテインメント社のレーベルゲートCD[3]がこの方法を利用している。レーベルゲートCDでは，PID（Postscribed ID）と呼ばれる記録媒体ごとにユニークなIDを使用している。

3.3.2 アクセス制御

アクセス制御方式とは，コンテンツの視聴を制御する方式である。一般には，コンテンツの暗号化を行い，正当な利用の場合には復号鍵を用いてコンテンツの復号を行うことで視聴を制御する。

復号鍵の配布方法にはコンテンツの特性に応じて様々な形態を選択することができる。その形態によってメディア型，放送型，ネットワーク型の3種類に分類可能である。

（1）メディア型

蓄積メディアにてコンテンツを配布する際に用いられる。コンテンツを格納するメディアに暗号化したコンテンツと，復号鍵など視聴制御情報を格納しておき，視聴時にこれらの情報を利用して視聴可否を判断する。

CPPM／CPRMでは前述のコピー制御とメディア型のアクセス制御を組み合わせた著作権保護を行っており，メディアに格納されたMKB（Media Key Block）という鍵束，アルバムID（CPRMではメディアID），暗号化タイトル鍵，読み出し機器に設定されたデバイスIDの情報を用いて復号化を行う。MKB，アルバムIDは改変・複製のできない領域に格納されているため，別のメディアやHDDなどにコピーした場合に復号化を行うことができない。図3.4にCPRMの概要を示す。

また，DVDで用いられているCSS（Content Scrambling System）は復号鍵の流出によってその暗号化が破られたが，CPPM／CPRMでは，万が一，復号鍵が不正に流出した場合にもMKBを変更することで不正な機器からの読み出しを防止することができる。ただし，一度流通したメディアについてはMKBを変更することができず，不正利用を完全に防ぐことはできない。

メディア型では，コンテンツが蓄積されたメディアと読み出すデバイスのみで復号化が行えるため，ネットワーク接続や外部機器による認証といった繁雑な処理が不要であるという長所を持つ。一方，メディアとデバイスに復

3.3 DRM技術

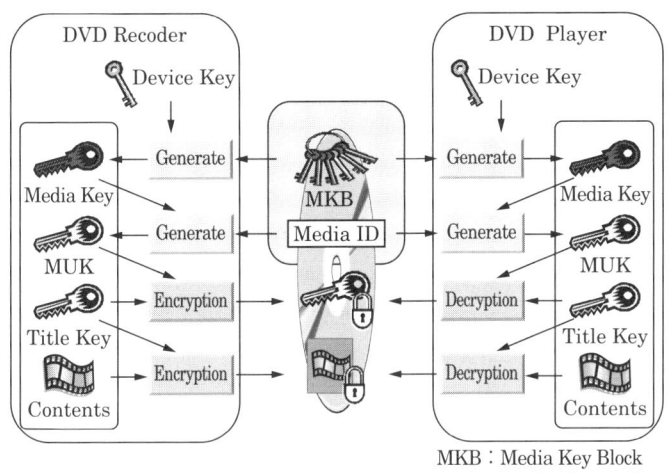

図 3.4 メディア型アクセス制御（CPRM）

号情報をすべて持たせているため，不正利用が発覚しても即時にその利用を止めることができないという短所を持つ．

(2) 放送型

TV放送やIP Multicast通信などでは，コンテンツは個別の端末ごとではなく複数端末に対し一斉に送信される．このようなコンテンツ配信方法に適したアクセス制御方式が放送型であり，復号鍵とコンテンツを複数端末に対し同時に送信するという特徴を持つ．放送型のアクセス制御方式としては，CASが広く使われている．

CASでは，マスター鍵，ワーク鍵，スクランブル鍵の3種類の鍵を用いた暗号化を行っている．マスター鍵はICカードなどの形態で端末にあらかじめ配布され，スクランブル鍵とワーク鍵はコンテンツと同時に送信される．コンテンツの送信時に，ワーク鍵は各端末のマスター鍵を用いて暗号化され，スクランブル鍵はワーク鍵で暗号化される．視聴の際には，マスター鍵を用いてワーク鍵と契約情報を復号化し，さらにワーク鍵を用いてスクランブル鍵を復号し，スクランブル鍵を用いてコンテンツを復号するという処理を行う．スクランブル鍵を短い周期（1秒など）で変更することで，暗号を破るための時間的制約が大きくなり安全性が向上する．また，ワーク鍵も数カ月単

位などで変更することにより不正利用を防止することができる。

　放送型では，コンテンツと同時に復号鍵を送信するため，鍵を変更した際にも個々の端末からセンタ側へ鍵の取得処理を行う必要がないという長所を持つ．その反面，端末数が増えると，ワーク鍵の更新に要する時間が増大するという短所を持つ．

(3) ネットワーク型

　ネットワークを利用してコンテンツの視聴可否を制御する方式であり，暗号化されたコンテンツと復号鍵などの復号情報を別々に送信する．ネットワーク型には様々な方式があるが，一般に復号情報として復号鍵，利用許諾条件などがあり，これらを各端末がサーバから取得して視聴を行う．利用許諾条件としては利用回数や利用期間などの項目があり，サーバでこれらの項目を管理するものと端末で管理するものがある．

　サーバで利用許諾条件を管理する場合は，コンテンツの視聴ごとに端末からサーバに対して復号情報の取得要求を行い，サーバ側で管理する利用許諾条件が満たされている場合に，サーバから端末に復号情報が送信される．この方式では，端末がネットワークに接続されていない場合には利用できない．

　Microsoft 社の WMRM（Windows Media Rights Manager）[4] や Real Networks 社の Helix DRM[5] などでは，復号情報（ライセンス）を端末側に保持する機能を持つ．これは，ライセンスを保持していないコンテンツの場合はネットワークを利用してライセンス取得を行うが，保持しているライセンスが利用許諾条件の範囲内であれば端末側に保持している復号情報を用いて視聴を行うというものであり，あらかじめコンテンツをダウンロードしてライセンスを取得すれば，ネットワークに接続しなくてもコンテンツを視聴可能である．図 3.5 に WMRM の動作概要を示す．

　ネットワーク型では，個々の端末に対し個別に復号情報の送信を行うため，端末単位やユーザ単位で利用許諾条件が変更可能であり，また，課金や広告などのサービスを柔軟に取り込むことも可能であるという長所を持つ．さらに，コンテンツと復号情報が分離されていることから，コンテンツの配信方法に依存せず，CD や DVD などのメディアを用いたコンテンツの配布や IP Multicast を用いた同報通信への対応が可能であるだけでなく，P2P などの

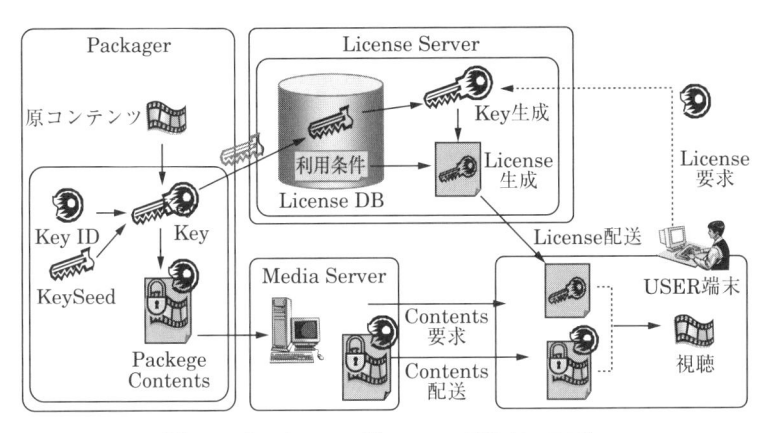

図 3.5 ネットワーク型アクセス制御（WMRM）

新しいコンテンツ流通方式[6]との親和性も高い。一方で，専用の端末やソフトウェアを用いなければ視聴できない，別端末で視聴ができないといったエンドユーザの利便性が問題となっているが，Apple 社の iTunes[7]で採用された FairPlay など，ユーザの利便性を尊重した製品が注目されている。

3.4 法的保護手段

コンテンツの不正コピー・不正利用に対し，刑事罰の適用や民事訴訟による損害賠償の請求など，経済的・社会的制裁を加えることで，不正行為を抑止する効果が見込まれる。つまり，不正行為が発覚した場合に課せられる社会的制裁のリスクを明らかにし，不正に対する心理的バリアを高めるのである。このような手段には，コピーを可能にする装置を製造するメーカや，不正コピーの配布をほう助する組織，流通網，システムを運営する者を訴追の対象とする方法と，それらの装置やシステムを利用して実際に不正なコピーを提供した，もしくは供給を受けた者を対象とする方法がある。前者には，家庭用 VTR の販売を巡って映画産業が家電メーカを相手に訴訟を起こした「ベータマックス訴訟」[8]や，全米レコード協会（RIAA）がファイル交換サービス Napster を相手に訴訟[9]を起こした例がある。しかし近年，特定のサービス提供者や管理者が存在しない P2P ファイル交換が普及し，訴訟の対象

は，それらのサービスを利用した一般コンシューマへと拡大している。RIAAが行ったこのような法的手段によって，どの程度抑止の効果があるかに関しては，いまだ十分な確認が行われていない状況である[10]。また，国や地域によって法体系や判断が分かれる場合があり，費用と時間がかかるという問題もある。

また，技術的保護手段の回避を制限するものとして，米国でディジタルミレニアム著作権法 (Digital Millennium Copyright Act, DMCA) が2000年に施行された。これは技術的保護手段を回避・無力化する手段の公表を禁じる規定を含んでいる。国内では，「著作権法」と「不正競争防止法」が用いられ，前者は3.3にて述べたコピー制御方式の保護手段，後者はコピー制御方式とアクセス制御方式の保護手段として用いられる。これらについて，例えばDMCAでは，私的な複製や悪意のない脆弱性の指摘についても保護を回避することが認められていないなど，権利保持者側の権利を過度に強化しているという批判の声も上がっている。

3.5 不正コピーを超えて

3.5.1 All or Nothing

ディジタル情報の流通について論じた文献には，情報財のジレンマ[11]，ディジタルのジレンマ[12]など，しばしば「ジレンマ」という言葉が使われる。コンテンツがディジタル化され，ブロードバンドネットワークが普及した世界において，利用者がそれらによりもたらされる利益を最大限追求することと，提供者がこれまでの権利と利益を確保し，創作のインセンティブを維持し続けることとの両立は時として大きな困難を招く。提供者はコンテンツの徹底的なコピー防止を目指し，その結果，従来は認められていた私的利用，フェアユースをも制限されるケースが多い。一方で，P2Pファイル交換を行ってきた利用者の多くは，提供者への対価についてまったく考慮することなく，利便性と自らの利益を追求してきた（ここで言う利益とは，P2Pファイル交換システム利用者全体での利益をいう。利用者間では，リソースのギブ・アンド・テイクが行われている）。その結果，両者間の利害の対立が

先鋭化し，前章でも述べたように，子供を含む数百人もの一般のコンシューマが訴訟される事態となっている．また，近年米国や日本では，著作権の存続期間を延長するなど権利強化の動きがあり，利用者側の不満や不信感に拍車をかけている．このような両者の乖離は，ブロードバンドネットワークという新しい環境における新たな技術・サービスの発展の機会を損なわせる危険性を秘めている．

3.5.2 Some Rights Reserved

著作物に対する権利強化の動きに対して，権利の範囲をあらかじめ制限することで人々のコンテンツ創造性を喚起し，著作物の共有地をつくろうとする試みが行われている．スタンフォード大学ローレンス・レッシグ教授が中心となって設立されたクリエイティブ・コモンズ (CC)[13]は，著作者自らの権利主張と他者への利用許可が簡単に行える独自のライセンス (CCPL, Creative Commons Public License) を無償で提供している．CCPLではAttribution (著作権帰属先の表示)，Noncommercial (非商用目的の利用)，No Derivative Works (派生作品の禁止)，Share Alike (派生作品の同一条件許諾) という四つのオプションを用意し，これら組み合わせにより，"All Rights Reserved" ではなく，"Some Rights Reserved" を実現する．CCPLの明示されたコンテンツは，ライセンスに従った閲覧，コピー，再配布などが可能になり，ネットワークによるコンテンツ流通を活性化させる効果が期待できる．

3.5.3 TEAM Digital Commons プロジェクト

著者らは，前述のCCPLを利用し，コンテンツ流通のさらなる活性化を目指した施策として，TEAM Digital Commons (TDC) プロジェクトを進めている[14]．TDCは，大手コンテンツホルダやクリエータが行っている従来の著作権管理型コンテンツが流通する「商用ドメイン」と，CCPLコンテンツの流通する共有地「コモンズドメイン」のバランスを保ち，この二つのドメイン間をコンテンツが循環することによって，コンテンツ流通を活性化させるという世界観をもっている．このような世界を実現するためには，(1) コモンズドメインにおいて，コンテンツを簡単に，安心して利用できる仕組み，(2) コモンズドメインと商用ドメインを橋渡しする仕組み，が必要であ

る。(1)の仕組みとして，コンテンツのメタデータを管理し，ライセンス情報などを簡単に登録・検索できるサービスと，コンテンツ実体とメタデータの対応関係を証明するサービスを提供する。また，(2)の仕組みとしては，商用ドメインでも利用されるコンテンツIDフォーラム (cIDf) 準拠のIDを付与し，著作権管理型システム[15]との相互参照や効率的運用を可能にしている。これらの仕組みが機能することによって，メジャーデビューを目指す有能なクリエータがコモンズドメインに作品を公開するようになり，両ドメインで活躍するクリエータが多く誕生する可能性もある。これによって，従来のコンテンツ流通をめぐる提供者と利用者の鋭い対立や両者の間の不信感が低減し，両者にとって望ましいコンテンツ流通の活性化につながることが期待される。

3.6 今後の著作権管理

　以上のように，コンテンツの不正防止策としては，技術的保護・法的保護がそれぞれお互いに足りない部分を補間し合ってディジタルコンテンツの不正防止を実現している。

　技術的な保護手段では，コンテンツの流通形態やその特性によって様々な方式が利用されている。これらの保護技術については，保護の強化とそれを破ろうとする動きが常に繰り返されており，決定的な技術は出現していない。しかし，保護を強化するだけではユーザの利便性を損ね，悪意を持たないユーザの正当なコンテンツ利用をも阻害することとなる。

　また，法的側面については，不正利用を禁止する保護強化の動きに加え，不正利用を行ったエンドユーザへの訴訟など社会的制裁を厳しく追及する方向にある。一方で過度な保護強化を危惧し，緩い権利保護のもとにコンテンツの流通を促進させようという動きが新たに生まれており，今後の動向が注目される。

　コンテンツの提供者と利用者が双方に利益を得るためには，コンテンツが潤沢に流通し，かつそれらが適正に利用されることが必要となる。このような理想的なコンテンツ流通社会を実現するために，権利保護と利用者の利便

性のバランスを追求することが重要であり、さらに、安価なコンテンツ提供、権利二次流通などといった経済的な側面を考慮に含めた流通モデルを構築していく必要がある。

参考文献

1) マクロビジョン：http://www.macrovision.com/
2) 舩本昇竜：「プロテクト技術解剖学」すばる舎（2002）.
3) レーベルゲートCD: http://www.sonymusic.co.jp/cccd/
4) Windows Media Rights Manager: http://www.microsoft.com/japan/windows/windowsmedia/drm/
5) Helix DRM: http://www.jp.realnetworks.com/products/drm/index.html
6) 堀岡力、高山国彦、茂木一男、曽根原登、山岡克式、酒井善則："Peer-to-Peerコンテンツ流通方式の検討"、電子情報通信学会技術報告、IN2003-179, pp. 61-66（2004）.
7) iTunes: http://www.apple.co.jp/itunes
8) Sony History第2部、第20章、第5話「ベータマックス訴訟」. http://www.sony.co.jp/Fun/SH/2-20/h5.html
9) RIAA press room: "Recording Industry Sues Napster for Copyright Infringement", http://www.riaa.com/
10) ITmedia: "P2Pユーザーを訴えた効果はあったか？", http://www.itmedia.co.jp/news/0312/05/ne00_riaa.html
11) 池田信夫："P2P：新しい情報流通モデル", http://www003.upp.so-net.ne.jp/ikeda/P2P.pdf
12) Randall Davis:"The digital dilemma", Communications of the ACM, Vol. 44, No. 2, pp73-87（2001）.
13) Creative Commons: http://creativecommons.org/
14) 南憲一、阿部剛仁、Lawrence Lessig、曽根原登："TEAM Digital Commons―ネットワークコンテンツ流通革命による市場活性化計画―", NTT技術ジャーナル、Vol16, No. 4, pp. 30-35（2004）.
15) 西岡秀一、高田智規、山本隆二、阿部剛仁、川村春美、大村弘之、曽根原登、有澤博："デジタルコンテンツに関する権利流通基盤の構築", 情報処理学会論文誌データベース、Vol. 45, TOD22（2004）.

第4章

ディジタルコンテンツの個体化技術

東京大学 先端科学技術研究センター　青木　輝勝
東京大学 国際・産学共同研究センター　安田　浩

4.1　わが国のディジタルコンテンツ流通の状況

　ブロードバンドアクセス，モバイルインターネット，P2P通信などの急速な普及に伴い，音楽配信を中心としたディジタルコンテンツの流通が盛んに行われるようになりつつある。この流れは今後衰えることなく続き，通信放送融合の流れなども含め，今後ますます盛んになってゆくと期待されている。

　表4.1に，2002年ならびに2003年のディジタルコンテンツ流通の普及状況を示す（2003年に関しては上半期分から下半期分を予測）[1]。現在，わが国で流通しているディジタルコンテンツの約70％が音楽CD，DVDなどのパッケージ型であるが，2003年以降ネットワーク型のディジタルコンテンツが著しく増加すると予測されており，ネットワーク型の用途についても安全かつ利便性の高いディジタルコンテンツ流通の環境整備は急務である。

表4.1　2002年・2003年のディジタルコンテンツ流通の普及状況

	2002	2003（予測）	2003/2002
パッケージ・映像	3399（億円）	4794（億円）	141（％）
パッケージ・音楽	5446	5113	93.9
パッケージ・ゲーム	4886	5255	107.6
パッケージ・出版/情報	831	849	102.2
ネットワーク・映像	19	112	589.5
ネットワーク・音楽	393	422	107.3
ネットワーク・ゲーム	60	225	375.0
ネットワーク・出版/情報	2401	2407	100.2

［出典：DCAj「ディジタルコンテンツ白書2003」］

ネットワーク型ディジタルコンテンツ流通とは，文字どおり「ディジタルコンテンツをインターネットなどのネットワークを介して流通させる」ことを指すが，このようにディジタルコンテンツ流通が急速に普及している背景には，コンテンツ販売者，コンテンツ購入者が共に下記のような利点を享受することができることが大きな要因となっている．

(1) コンテンツ販売者の利点
・ディスクなど記憶媒体の製造コスト削減
・ディスクなど記憶媒体の流通コスト削減
・販売店の数，販売面積，人件費などの削減
・在庫管理コストの削減
・ビジネスチャンスの確実な確保（予想以上の注文があっても在庫不足は生じない）

(2) コンテンツ購入者の利点
・いつでも，どこでも購入できること
・低価格化されること
・より詳細なユーザ要求が可能となること（1曲単位での購入，視聴/購入の区別等）

以下に音楽CDを例に取った場合のコスト分析を示し，その効果を定量的に議論することにする[2]．図4.1は音楽CD（パッケージ版）のコスト配分，ならびに，これをネットワーク化したときに想定されるコスト配分の状況を示したものである．この図4.1より，仮にレコード会社収入，著作権使用料をパッケージ版，ネットワーク版ともに同額とし，通信コスト，決済コスト

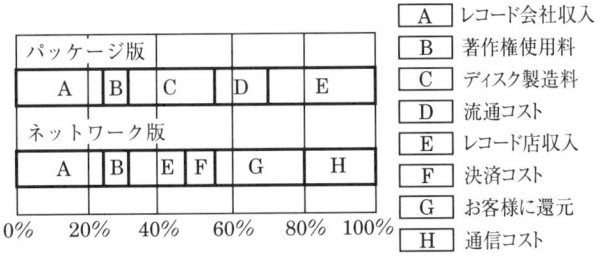

パッケージ版						A	レコード会社収入
A	B	C	D	E		B	著作権使用料
ネットワーク版						C	ディスク製造料
A	B	E F	G		H	D	流通コスト
						E	レコード店収入
						F	決済コスト
						G	お客様に還元
0% 20% 40% 60% 80% 100%						H	通信コスト

図 4.1

が無視できると仮定すると，ネットワーク配信した場合のコストはパッケージ版のわずか47％まで削減できることがわかる。

また，仮に決済コストを8％，ディスク製造費は購入者に還元すると想定した場合，通信コストは総コストの20％程度まで許容されると見なすことができるが，これはさほど高いハードルではないと考えられる。それゆえ，ネットワーク型ディジタルコンテンツ流通が大きな期待を集めているとも言える。

4.2 ディジタルコンテンツの著作権管理保護技術とそれらの課題

4.2.1 著作権管理保護技術の分類

4.1で述べたとおり，ディジタルコンテンツ流通はコンテンツの低価格化をはじめ多くの利点があるが，その反面，著作権管理保護技術が法律的，技術的に確立しない限り広く普及することはあり得ないと危惧する声は依然として強く，それ故これまで著作権管理保護技術に関する様々な研究が行われている。これらの研究開発は非常に多岐に渡っているため，その分類法も様々であるが，一般的には，著作権処理技術と不正利用防止抑制技術に大別されている[3]。さらに，不正利用防止抑制技術に関してはPassive Safety型技術とActive Safety型技術に分類されたり[4]，あるいは，ネットワークセキュリティ（なりすまし，改ざんなど）に関するものとコンテンツ自体の保護（複製/改ざん防止）に関するものとに分類されたりする。

いずれにせよ，これらの不正利用防止抑制技術はその要素技術として，

(1) 暗号技術とその応用
(2) 電子透かし技術とその応用
(3) その他

に分類でき，現在存在するあらゆるシステムはこれらの組み合わせにより構成されている。

4.2.2 コンテンツ流通から見た暗号技術とその課題

暗号技術[5]はコンテンツ保護技術の最も基礎をなすものであり，すべてのセキュアコンテンツ流通システムに採用されていると言っても過言ではな

図 4.2

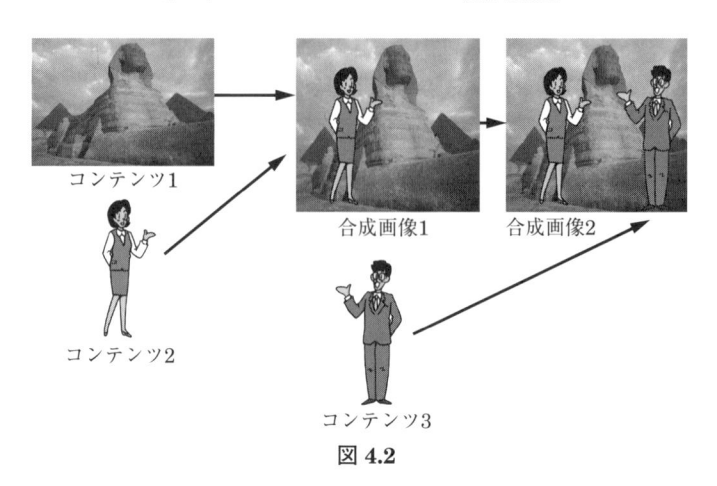

い．暗号技術を応用した著作権保護システムは，暗号が盗まれたり解読されることがない限り著作権の侵害を防ぐことができるという大きな利点があるが，その反面，

- 一次利用（コンテンツ販売者→不正コンテンツ購入者）の保護のみで，二次利用（コンテンツ購入者→不正コンテンツ使用者）の保護には対応できない．
- コンテンツ購入のたびに暗号解読のための復号化処理を行わなければならず，処理が煩雑である．

などの問題点がある．

また，今後はMPEG-4のようにオブジェクト符号化技術が普及し，複数の画像オブジェクトを合成して新しいコンテンツを作成する機会が多くなると予想される（図4.2）が，この時，画像オブジェクトごとに異なる暗号システムが使用されていれば，その復号処理はこれまでよりもさらに煩雑になると推測される．

4.2.3　ディジタルコンテンツ流通技術から見た電子透かし技術とその課題

電子透かし技術は，原コンテンツの品質を損なわない範囲で何らかの透かし情報を挿入し，必要に応じてこれを取り出すことにより著作権の所在を明らかにする方式であり，現在なお盛んに研究開発が進められている．しかしながら，電子透かし技術は，

- 一般に不正利用の「抑制」にはなっても「防止」にはならない。
- 編集処理に必ずしも強くない。例えば静止画透かしの場合，「切り取り」処理に対しては，256×256画素以下の切り取りに対応できない方式が大部分である。
- 攻撃耐性が不十分である。特に上書き攻撃，結託攻撃（平均値攻撃を含む）に対しては，現時点で根本的な解決法がない。
- コンテンツ作成者からの同意が得られにくい。特に芸術作品の場合，自分の作品に透かし情報を埋め込まれることを好まない作成者が多い。
- 既存方式の多くが自然画像を対象としたものであり，CG/アニメ画像，2値画像などのように性質の異なる画像，もしくは音楽などの別のメディアに対しては必ずしも十分な性能を有していない。

などの問題点がある。

4.2.4　コンテンツ流通に関する国際標準化動向とその課題

　現在，多くの国際標準化機関・団体において同時並行的に標準化が進められている。これは，ディジタルコンテンツ流通と一口に言っても，その流通形態，流通コンテンツのメディア種別，ビジネスモデルなどによってその定義が様々であるからである。代表的な国際標準化団体としては，比較的汎用用途を対象としたISO/IEC JTC1 SC29/WG11（MPEG-2/IPMP（Intellectual Property Management&Protection）[8]，MPEG-4/IPMP[9]，MPEG-21[10]）をはじめOPIMA（Open Platform Initiative for Multimedia Access）[11]や，個々のコンテンツにユニークなIDを付与することを目的としたcIDf（Con tent ID Forum）[12]など，また，特定用途ではDVDの普及促進，安全な流通を目的としたDVD Forum[13]，安全な音楽コンテンツの配信を目的としたSDMI（Secure Digital Music Initiative）[14]，通信放送融合時代を前提としたTVAF（TV Anytime Forum）[15]などが挙げられる。

　しかしながら，一般に国際標準において暗号技術や電子透かし技術などの特定の要素技術を標準にすることは少ない。というのも，特定の要素技術が標準化されれば，利便性は著しく向上し普及が促進される反面，特定の要素技術は常にハッキングされる危険をはらんでおり，ハックされた瞬間にその標準そのものが使用できなくなってしまうからである。実際，標準によって

は過去にハックされた歴史を持つものもあり，その社会的，産業的インパクトの大きさは絶大であった．また，特定の要素技術の提案は様々な国・企業・大学などから構成される国際標準化団体では賛同が得られにくいという政治的な側面もある．各企業・大学などはいずれも，本音を言えば自社開発の透かし技術，暗号技術を標準化することが理想であるが，それを強行に主張すれば標準策定作業そのものが難航することは容易に想像できる．以上のような背景から，一般に国際標準におけるコンテンツ管理保護技術とは，暗号モジュール，電子透かしモジュールなどのインタフェース規定を指すことが多い．

しかしながら，このようなインタフェース規定は汎用性を高め標準の永続性を保証する反面，標準自体はセキュリティ機能を何も提供しておらず，果してどこまでセキュリティ機能を提供してくれるのかは，不明な点も少なくない．

4.3 コンテンツ個体化の必要性とその実現手法

4.2では，現在の著作権管理保護技術として最も基本的な要素である暗号技術，電子透かし技術についてその現状と問題点を挙げ，また，コンテンツ流通に関する国際標準の動向についても記述した．

本節では，不正利用防止抑制が困難である最も根本的な理由として，「コンテンツが個体化されていない」ことを取り上げ，「コンテンツ個体化」の必要性について言及するとともに，具体的な実現手法の一例についても紹介する．

4.3.1 コンテンツ個体化の概念ならびに必要性

非ディジタルの世界では，コンテンツ（例えば書籍）は1冊ずつ個数を数えることができるのに対し，ディジタルコンテンツの場合，その性質として劣化なしにコピーができるため，「個数の概念」が成り立たないことはよく知られた事実である．しかし，この「個数の概念」なしにディジタルコンテンツの著作権を保護することは，そもそも不可能だということは明らかではないだろうか？あるコンテンツがもともといくつ存在し，いくつ流通しているのかを把握することは，不正利用防止抑制技術の基本中の基本であり，

それなしにいくら不正利用の防止抑制を行おうとしても，限界があることは明らかである．そこで，コンテンツを一つずつ数えられるようにすること，これこそが「コンテンツ個体化」の基本概念，すなわち，あらゆるコンテンツに世界中でただ一つのユニークなID（以下，これをCoFIP: Content FIngerPrintと呼ぶ）を付与することにより，あらゆるコンテンツを唯一無二の存在とすること，である．

一般にコンテンツ流通は，
・視聴流通サービス
・転々流通サービス（P2P）
・再利用サービス
・素材流通サービス
・アーカイブ流通サービス

などに大別できるが，特にコンテンツの流通経路的に複数のエンドユーザの手に渡る形態（具体的には転々流通サービス，再利用サービス，素材流通サービス等）においては，このようなコンテンツ個体化の概念は特に重要である．

この対策を進める上で有効な技術として，電子透かし技術がある．しかし，現在の電子透かし技術は放送用途に適していないという問題点がある．放送用途に電子透かし技術を適用する場合，最も望ましい利用法は，配信するコンテンツ一つひとつに受信者情報を挿入することである．こうすれば，コンテンツの不正コピーが発覚したときにその発信元が特定できるからである．しかし，実際にこれを実現するためには，コンテンツ一つひとつを受信者ごとに個別に配信しなければならない（ユニキャスト配信）．したがって，放送型配信を用いつつ，コンテンツ一つひとつに受信者情報を埋め込むことができれば，その利便性は計り知れない．

4.3.2 コンテンツ個体化方式CoFIPの実現手法の一例

実際にコンテンツの個体化を行うにあたっては，流通形態によらず購入者ごとに異なるCoFIPを付与する必要があり，その実現は容易ではない．インターネット上でサーバークライアントモデルに基づく1対1配信を想定した場合には，購入者ごとに異なるCoFIPをサーバ側で付与することは容易であるが，マルチキャスト配信や放送の場合には，もともと「すべて同一内

容の情報」を配信することを前提とした通信形態であり，同様にCD‐ROMなどのメディア配布の場合にも，すべて同一内容の情報をメディアに収めることを前提としているため，受信者ごとに異なるCoFIPを付与することは特別な方策を検討しなければ実現は困難である。

そこで筆者らは以下のコンテンツ個体化方式を開発中である[16]。

提案方式では，はじめに静止画像をオブジェクトごと（あるいは適当な大きさの，く形ブロック）に分割する。続いて同一オブジェクトのコピーを複数用意し，それぞれのコピーがお互いに区別できるようにそれぞれ異なる電子透かしを挿入し，それぞれ暗号化しておく。購入者側では，1オブジェクト当たり一つの透かし入りオブジェクトのみが復号化できるようにしておくことにより，再構成した際に受信者ごとにすべて異なるコンテンツを得られることになる。

例えば図4.3の場合，5個の透かし入りネクタイと5個の透かし入りビールが用意してあるため，再構成後に「見た目がほぼ同じでかつ透かし情報の異なる」コンテンツは5×5＝25通りの組み合わせが存在することになり，これが受信者ごとのコンテンツの違いとなる。これは，換言すると25人の受信者に対しそれぞれ異なるコンテンツIDを挿入した透かし入りコンテンツを放送配信したことと等価である。

実際には，例えば，オブジェクト数を10，それぞれのオブジェクトのコピー数を10とすれば10^{10}＝100億という膨大な個体を作ることができる。しかも，実際の通信での通信量は，各オブジェクトの総和を全体の10％とし，それぞれのオブジェクトのコピー数を10と仮定すれば，たかだか2倍の通信量で済むことになる。

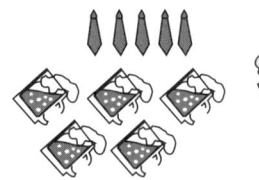

図 4.3

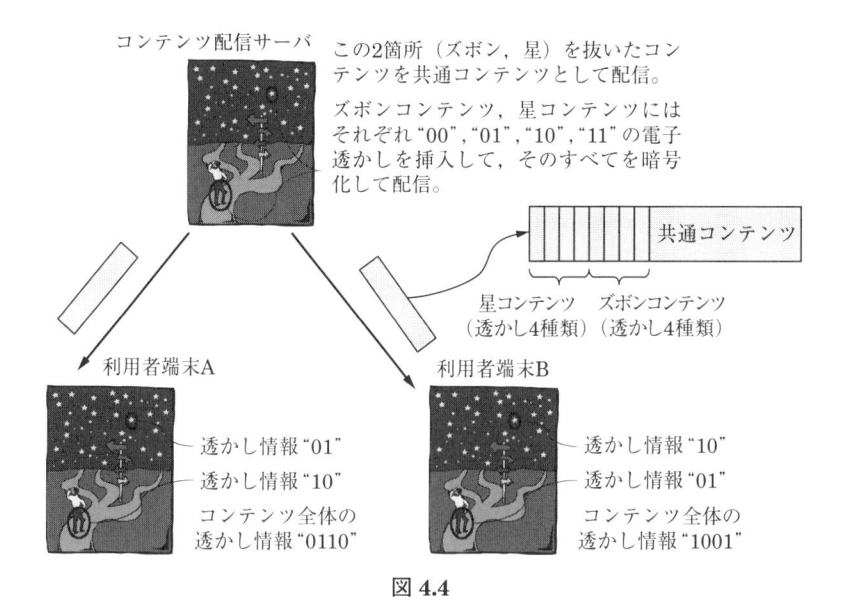

4.3 コンテンツ個体化の必要性とその実現手法

図 4.4

本方式の具体的な処理の流れは下記のとおりである（図 4.4）。

(1) コンテンツから複数の画像オブジェクト（あるいは適当な大きさの，く形ブロック）を抽出する。
(2) それぞれの画像オブジェクトに対し，異なる透かし情報をあらかじめ埋め込んだ複数の透かし情報入りオブジェクトを別途準備する。
(3) これを一つずつ個別に暗号化し，暗号化情報をまとめて一つのデータを生成する。
(4) 上記データをすべての利用者に放送型配信する。
(5) 利用者ごとに暗号化されたオブジェクトの暗号を解いた結果，得られる透かしデータの組み合わせを変化させるように，暗号解読鍵の組み合わせを変化させておく。

4.3.3 既存技術との比較

4.3.1，4.3.2ではコンテンツ個体化の概念，必要性ならびに実現手法の一例を記したが，これと類似している技術としてこれまでに，ユーザ端末側で透かし挿入を行う手法やWatercasting[17]などが知られている。

しかしながら，前者の手法は，透かし挿入処理がユーザ端末側で行われる

ために従来方式と比較して透かし挿入処理の不正改ざん(スキップ処理など)が行われやすい問題点がある。また後者の手法は,ネットワーク内に配置されてルータにてコンテンツにIDを付与していくことにより,最終的にあらゆるコンテンツに一意のID(CoFIP)を付与する手法であるが,世界中のあらゆるルータがアクティブルータ化しているか,もしくは世界中のあらゆるルータが本アルゴリズムを実装していることが最低条件であり,その実用化は極めて困難である。また,パッケージ型配布や放送型配布などのようなネットワーク用途には適用できない問題点もある。

以上のような背景をかんがみると,コンテンツ個体化技術の要求条件として,

(1) ユーザ端末側ではなくサーバ側でコンテンツの個体化を行うことが必要である。
(2) 放送用途,パッケージ配布用途,ネットワーク配信用途等のあらゆる配信形態に対応できるようにすることが必要である。

の2点が挙げられ,これらを同時に満たす技術は,現時点では4.3.2で述べたコンテンツ個体化CoFIP方式のみであることがわかる。

本書では,ディジタルコンテンツ流通に関する諸技術のうち,特に不正利用防止抑止技術について概説し,その問題点を列挙するとともに,あらゆるディジタルコンテンツを唯一無二にする「コンテンツ個体化」の概念が必要不可欠であることについても言及した。歴史的にみてもわが国は超流通[18],コピーマート[19],ミームメディア[20]などの先進的なコンテンツ流通コンセプトを提唱してきた経緯があり,本稿の「コンテンツ個体化」もこれに続く新コンセプトとして広く提唱していきたい。

参考文献

1) 財団法人デジタルコンテンツ協会(DCAj)編:「デジタルコンテンツ白書」(2003).
2) 日経マルチメディア(1997.9).
3) 中村,佐々木 他:"コンテンツ流通サービスにおけるセキュリティ課題:パネル討議",電子情報通信学会技術研究報告,TM,テレコミュニケーションマネジメント,Vol.101, No.445, Nov.(2001).

参考文献

4) 櫻井, 木俵 他:"コンテンツ流通における著作権保護技術の動向", 情報処理学会論文誌, Vol.42, No sig15, Dec., (2001).
5) 辻井重男:"暗号技術の動向と課題:情報処理技術:過去十年そして今後の十年", 情報処理, Vol.41, No.5, May, (2000).
6) 今井秀樹:"暗号技術の動向", 情報処理学会研究報告. EIP, 電子化知的財産・社会基盤, Vol.2002, No.57, June, (2002).
7) 高嶋洋一:"電子透かしの現状と課題", 情報処理学会研究報告. EIP, 電子化知的財産・社会基盤, Vol.2000, No.109, Nov., (2000).
8) ISO/IEC JTC1/SC29/WG11/N5274: "Study Text of ISO/IEC 13818-11/FCD", (2002).
9) ISO/IEC JTC1/SC29/WG11/N4849: "Study of FPDAM ISO/IEC 14496-1: 2001/AMD3", (2001).
10) ISO/IEC JTC1/SC29/WG11/N5231: "MPEG-21 Overview v.5", (2002).
11) http://www.opima.org
12) http://www.cidf.org
13) Interim Report, Results of Phase I and II, Issued by DHYSG CPTWG, Apr. (1998).
14) http://www.sdmi.org
15) http://tv-anytime.org
16) 高橋由泰, 青木輝勝, 安田 浩:"階層型コンテンツ超流通システム", 情報処理学会電子化知的財産・社会基盤研究会研究報告 No.13-4, (2001).
17) I. Brown, C. Perkins, and J. Crowcroft: "Watercasting: Distributed Watermarking of Multicast Date", Manuscript, February, (1999).
18) 森 亮一:"ディジタル革命とその未来を支える基盤技術(〈特集〉:電子化知的財産・社会基盤)", 情報処理学会論文誌, Vol.41, No.11, Nov., (2000).
19) 北川善太郎:"コピーマート(コンテンツの著作権保護とそれを支える技術)", 映像情報メディア学会誌, Vol.53, No.6, June, (1999).
20) 田中 譲:"知財流通市場のシステム・アーキテクチャ", 情報処理学会研究報告. ICS, 知能と複雑系, Vol.99, No.47, May, (1999).

第5章

不正アクセスとその対策技術

徳島大学工学部　森井昌克

5.1 はじめに

　「e-Japan」の旗の下に，国の業務を電子化し，インターネットで行うことができる「電子政府」が稼働し始め，その動きは地方自治体に進み，「電子自治体」という言葉も定着し，実現が急速に進められている。行政における申請書類の「電子化」については1994年から取り組んでいるものの，申請書類をワープロなどで作成し，そのファイルを物理的媒体（例えば，フロッピーディスク）を通して提出するという形式を指していた。物理的媒体ではなく，ネットワークを介して，しかも実時間（リアルタイム）で対話的（インタラクティブ）に申請やその受理に関する手続きを行う，文字どおりの「電子行政」を目指している。その際，最も大きな障害は「セキュリティ」に関する問題である。まず，申請の真偽に関する保証を行う必要がある。申請者（機関）が正当な申請者であるのか，さらにその申請自体が正当で，偽造や改ざんが行われていないかを検査し，かつ保証されなければならない。それらの技術的，法的な問題は解決しつつあるが，憂慮すべき問題は，「不正アクセス」の脅威である。

　民間においても，インターネットを中心とするIT技術を利用したサービスが急速に進められている。例えば，インターネットバンキングや携帯電話を利用したモバイルバンキングといった銀行窓口業務の「電子化」である。また，24時間サービスを目指して，ATM（現金自動支払機）が全国数千というコンビニ店舗に設置されている。銀行や郵貯のキャッシュカードを，その

まま利用できるデビットカードも全国数万の店舗で利用できるようになり，利便さを追求したサービスが提供されつつある．さらに，Eddyなどの電子マネーも実用化に具されつつある．しかしながら，一方では，利用する主体である消費者（預金者）には必ずしも好評ではなく，利用も進んでいないという報告が成されている．いくつかの理由を挙げられるが，中でもセキュリティへの不信感，プライバシーの流出に関する不安が主となっている．とはいえ，消費者においてのセキュリティやプライバシーに関する意識は必ずしも高くなく，例えば，賞品やプレゼントなどの特典が提示された場合，不用意に個人情報を提供する場合が多いという調査結果も聞かれる．

　数年前までは，パソコン通信を含むネットワークを利用した犯罪検挙件数の半数以上が「わいせつ物頒布等」の罪であり，詐欺，著作権法違反が後に続いていた．最近は他人のIDやパスワードを不正に取得して，いわゆる「なりすまし」によって不正が行われている犯罪が増加する傾向がある．不正アクセスによって，他人の預金口座と暗証番号，モバイルバンキングでのパスワードを搾取し，預金を盗み取るというネットワーク犯罪を象徴する事件も起きている．

　本章では，ブロードバンドインターネットにおける不正アクセスの現状とその技術的対策について概説する．さらに不正アクセスとは異なるものの，企業や個人のセキュリティにとって無視できない問題となっている誹謗中傷等の風説の流布，および個人情報保護について述べる．

5.2 不正アクセス

5.2.1 不正アクセスの脅威とネットワーク社会の脆弱さ

　不正アクセスとは，ネットワークの外部から，あるいは権限のない内部のものが，ネットワークを通してコンピュータに許可なくアクセスする行為である．2000年2月に施行された不正アクセス禁止法では，このような行為，もしくはアクセスに必要なパスワードなどを盗んだり，そのパスワードの不正な授受に対して，1年以下の懲役刑などの厳しい罰則で臨んでいる．この法律は，コンピュータに許可なくアクセスした場合だけでなく，IDやパス

ワードを不正に入手，あるいは授受しただけで取り締まりの対象となる。欧米に比較しても厳しい処罰規定であり，特に不正アクセスからファイルの改ざんなどを行って詐欺行為におよんだ場合は，電子計算機使用詐欺罪などが適用され，懲役10年という重い処罰が科される。この法律は欧米主要諸国がすでに不正アクセスに対して処罰を行う法律を整えていた中での，それらの国からの強い要請によって成立したものである。すなわち，この法律の施行までは，ファイルを壊すことなく不正にアクセスした場合，それを処罰する明確な規定が存在しなかったのである。このため，不正なアクセスを試みるものは，直接，目的のコンピューターに侵入することは行わず，日本のコンピューターを介して侵入する傾向があった。理由は国際捜査に対する相罰制の原則によって，捜査の及ばない可能性が高かったからである。しかし，法律の整備によって不正アクセスの問題が解決されたわけではない。特にインターネットの場合，法律の有無にかかわらず，接続された世界中のコンピューターから標的にされる可能性がある。急速に普及したADSLやCATVなどを利用する高速で常時接続型の，いわゆるブロードバンドと呼ばれるインターネット接続形態をとるコンピュータは少なからず自己防御する必要がある。

5.2.2 不正アクセスとしてのWebページ改ざん

　ここ数年のWeb改ざんは組織的に，しかも大規模に行われ，ランダムなサイトスキャンによってシステムの脆弱性が調べられ，システム上の欠陥，すなわちセキュリティホールや設定の不備を利用して，ファイルの改ざんが行われる。Web改ざんは不正アクセスそのものなのである。Web改ざんと不正アクセスを区別し，ややもするとWeb改ざんを軽んじる傾向がある。Webを広報の柱とし，企業の顔として自他とも認識している大企業，およびネットワーク関連企業にとってはWeb改ざんは企業イメージの失墜を招き，企業自体の管理能力を問われることからWeb改ざんを重要な問題と捉えている。しかし，地方自治体や学校関係，あるいは個人ではWeb改ざんを単なるホームページの「落書き」，つまり表札への落書き程度の認識しかないように思われる。Web改ざんはホームページを書きかえられるだけではなく，不正アクセスとして，Webだけでなくネットワークシステムを改

ざんされている可能性について危惧しなければならないのである。

5.2.3 不正アクセス手法

　Webページ改ざんは不正アクセスそのものである。Webページを改ざんするためには，Webページのデータが収められたファイルを変更する，あるいはWebのアドレスであるURLを変造する，さらに高度な方法として，DNSサーバ(Domain Name System server)を不正に書き換えて，URLに偽ったIPアドレスを対応させ，Web閲覧者に偽のWebページを表示させる方法などがある。それらの攻撃はほとんどの場合，コンピュータやネットワークに対する不正アクセスから起こっている。

　Web改ざんについて最も恐れなければならないことは，Backdoor(バックドア)，トロイの木馬を仕掛けられることであろう。Web改ざんそのものは，システムの脆弱性を指摘する行為と解釈できないこともないのである(もちろん，不正アクセス禁止違反で大きな罪を犯すことになる)。バックドアとは，Web改ざんを行った侵入者が管理者に気付かれることなく再度の侵入を繰り返すために，セキュリティホール(後述)を故意に作ることである。このバックドアは侵入者だけでなく，場合によっては侵入者らの情報交

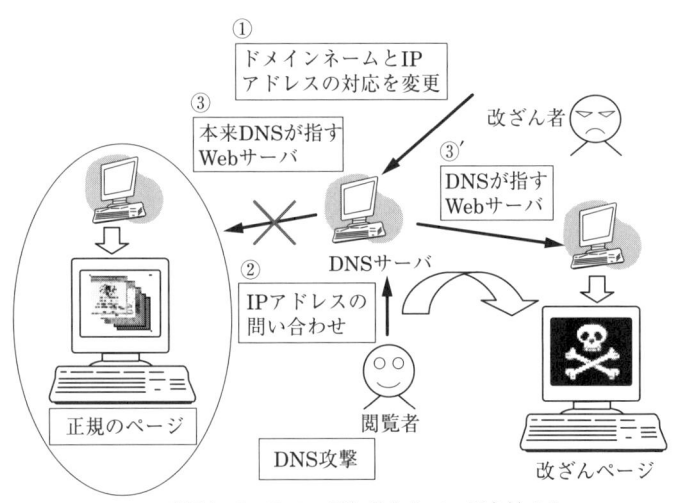

意図しているページと異なるページを見せる

図 5.1　DNS攻撃

換の場である掲示板などに公開され，複数の侵入者の餌食となり多大な被害を被る可能性がある。また，他のサイトへの不正アクセスの「踏み台」となって，訴訟の対象となる可能性もある。トロイの木馬はさらに悪質である。Web改ざんを装って，あるいはWeb自体は見かけ上，何の変化を与えることなく，プログラムを仕掛けられるのである。このプログラムはシステムをダウンさせたり，外部に出てはいけないファイルを転送したりする。仕掛けられるプログラム自体は非常にサイズの小さな，発見の難しい巧妙なものであり，時間を経て，外部とのアクセスにより，悪事を働くプログラム本体をダウンロードして実行する場合が多い。

　Webページは企業や組織の顔，あるいは窓口（エントランス）であるだけでなく，ASPや電子商取引などの店舗となっている場合も多い。特に最近ではWebアプリケーションという言葉が独立し，Webの上ですべてのサービスを構築することが行われ，事実上のインターネットアプリケーションの基盤技術となっている。その場合，Webページを改ざんされることの被害は甚大であるが，そのWebページを利用できない状態に陥れられた場合も大きな被害を被むることになる。アメリカでは2000年2月に大手の検索サイトやオークションサイトが何者かの攻撃を受けて，サービスができなくなった。これはDoS（Denial of Service）攻撃と呼ばれるものである。DoS攻撃の原理は攻撃対象となるサーバに対して，多くのパケットを送り，その処理にCPUの能力のほとんどを使わせて，正当な処理（サービス）を滞らせる方法である。最も簡単なDoS攻撃は，故意に多数の無意味なメール，あるいは非常にサイズの大きなメールを相手に送る方法である。通常，このような単純な攻撃に対しては，すでに対策が講じられている場合が多い。

　不正アクセスでは通常，OSやソフトウェアのセキュリティホールを利用して実行されることが多い。セキュリティホールとは，セキュリティ上の欠陥のことである[1]。具体的には，ソフトウェアの作成者が予期しない動作を，悪意ある第三者が引き起こして，不正なアクセスを可能にし，被害を受ける可能性がある欠陥を意味する。例えば，2000年1月の省庁関係のWebページ改ざんを行うための不正アクセス方法として，「バッファオーバフロー」と呼ばれる攻撃法が成功している。この攻撃法は，バッファオーバフローに

関するサーバのセキュリティホールを利用している。つまり，サーバに送られたデータは通常，メモリの指定された領域（バッファ）に書き込まれる。この領域を越えたサイズのデータが送られてきた場合，その領域を越えて書き込まれる場合がある。この領域外のメモリに不正な命令を書き込み，実行することによって，サーバのプロセス（実行されているプログラム）の権限を奪うものである。通信プロトコルのセキュリティホールを利用する場合もある。初期のDoS攻撃では，インターネットの通信プロトコルであるTCPのセキュリティホールが利用された。TCPでのパケット（データ）のやり取りは，サーバとクライアントで行われるが，クライアントがサーバに対して接続要求を出すことによって，サーバがその許可を与え，それを受けてクライアントが接続を行うという方式を取っている。いわゆる「3ウエイハンドシェイク」と呼ばれる方式である。この方式を悪用すると，サーバを混乱させることが可能である。つまり，攻撃者がクライアントとなって，攻撃対象のサーバに接続要求を出す。この接続要求を出す際に，攻撃者のアドレスを無意味なアドレスに書き換えておく。サーバは無意味なアドレスへ返事を送るが，当然，応答は帰ってこない。攻撃者は，このような接続要求を次々にサーバへ送るのである。サーバは一定時間，応答を待ちつづける間にも，次々に要求が押し寄せてくるために，その処理にCPUの能力のほとんどが取られてしまい，バッファメモリも使用することから，他の正当な処理も受け付けられなくなる。この方法は以前からよく知られており，特定のクライアントから，このような要求が多数送られてきた場合は，DoS攻撃と見なし，その要求すべてを拒否するなどの対策が取られている。しかし，特定のクライアントからではなく，多数のクライアントから一斉に不正な接続要求を出すような攻撃方法も存在する。この場合，正当な接続要求と区別することが難しく，サーバは結果的に混乱し，正当な処理をも困難となる。

　最近，不正アクセスの手法としてクロスサイトスクリプティングが注目されている。この手法自体は以前から問題視されており，話題になった「小泉内閣メールマガジン」の登録ページにクロスサイトスクリプティングを利用したセキュリティ上の欠陥が指摘されたことでも知られている。ここでは，悪意あるものが，登録ユーザを欺いて，別のページに誘導したり，また不正

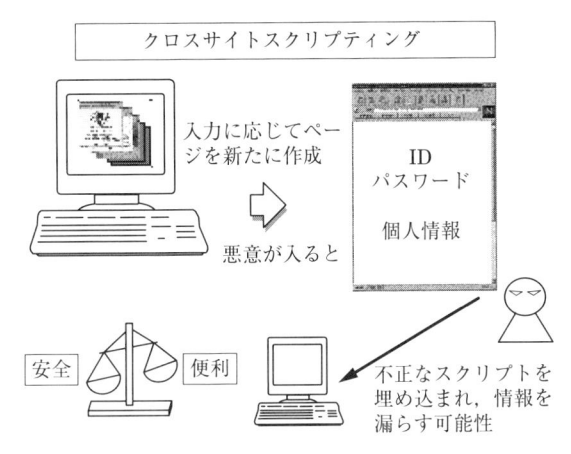

図 5.2 クロスサイトスクリプティング

なメッセージを信用させたりできる可能性が指摘された．現在のWebページは非常に高度な機能を有し，ユーザの指示に基づいて，自動的にWebページが作成される場合がある．例えば，上記のユーザ登録のように，名前やパスワードなどを登録すると，その個人のデータを確認するページができる．もし悪意あるものが，このページの中に実行してはならない命令，例えば他のページに飛んだり，パスワードを他人に送ってしまう命令が書き込まれ，実行したとすると大きな問題になる．クロスサイトスクリプティングとは，あるページのスクリプト(命令)が他のサイトへ影響を及ぼすことから名付けられている．本来，実行されるべきでないスクリプトがページに記述されることを防がなければならないのである．この対策が練られていないと，悪意あるユーザの予期しない入力によって，不正なページが作られ，パスワードなどの情報を盗まれる可能性がある．便利になればなるほど，高度な作業を自動的に行う仕組みを作ることになり，プログラムやシステムが複雑になって，予期できないセキュリティホール，すなわちセキュリティの盲点が増えることになるのである．安全性と利便性(便利さ)は，トレードオフ(互いに反する)の関係にあることを肝に銘じなければならない．

5.2.4 情報の不正流出と管理

不正アクセスによる情報流出，特に個人情報の流出が問題となっている．

しかし，情報流出そのものは，ネットワークやコンピュータへの不正アクセスが，その方法として主たるものとなる以前に，大きな問題となっていた。特に企業や自治体において，その情報管理意識と能力の欠落から，その組織内部の者や管理を委託している組織の者から流出していたのである。近年，ネットワークの利用によって，情報流出の危険性が増大し，実際，個人情報の流出は事件として，マスコミなどに取り上げられるだけでも少なくない。この背景には次の原因があると考えられる。一つは，守るべき情報そのものが，ネットワークを介して，不特定多数の手の届く領域に存在しているという事実である。すなわち，セキュリティ対策を施していなければ，情報を奪取することが可能となったのである。例えて言えば，現金を引き出す銀行ATM（現金自動支払機）が管理する目の行き届いている銀行内や公衆の面前ではなく，誰も見ていない個人の面前に設置されたようなものである。現在まで問題となったネットワークを介した個人情報流出のほとんどの原因は，セキュリティ対策の欠如であり，特別な不正アクセス手法を使うまでもなく，誰でも容易にWebから閲覧可能であったことによる。さらに一つは個人情報に対する意識の低さである。ネットワーク利用以前は，個人情報の収集においては多額のコストを要し，その整理分析にもコストを要することから，その管理において少なからず意識を持って対処を行っていた。しかしながらネットワーク利用が一般化することによって，個人情報の収集もWebを用いて，半自動的に行い，その整理分析も自動化され，その管理においての意識が低くなっているのである。他の原因として，ネットワークによる急速，広範囲な情報拡散が上げられる。個人情報や企業情報が漏えいした場合，その情報がネットワークを介して，極めて短時間かつ広範囲に流出するのである。いったん流出した場合，短時間の間に多くのWebに，そのコピーが貼り付けられ，事実上，流出を止めることが困難になる。ある自治体のWebにおいて，個人情報が不注意にも誰でもが閲覧可能である設定となり，一定時間の後に，設定を変更し，閲覧を不可能にしたにもかかわらず，検索サイトのキャッシュページ（ある時点でのWebのコピーが保存されている）に保存されたまま公開され続けたことがあった。

　企業情報や個人情報の流出は，その価値にかかわらず，その企業および組

織のセキュリティ意識，しいては管理能力の低さを示すものである．特にその情報流出の露見が，その企業自身によるものではなく，第三者からの通報によるものであり，事後の十分な対策を練ることもなく，危機管理能力が欠如している企業も少なくないのである．特に個人情報の代償に関しては，かつてある自治体での住民の個人情報流出に対する慰謝料請求において，1件当たり1万5千円の支払いが認められている．また，最近では，あるカード会員の情報のうち，56万人分の個人情報が流出し，その企業は各会員に対して500円分の商品券と詫び状を郵送する代償を支払い，その代償にかかるコストとして約6億円を要することとなった．

　不正アクセスとは異なるものの，ネットワークでのセキュリティに関する大きな問題として，風説の流布がある．「風説」とは，いわゆる噂（うわさ）のことであり，風説の流布とは，株式相場を意図的に操る目的で，虚偽の情報や噂を流すことである．最近では，株式相場の分野だけでなく，会社や個人を誹謗・中傷する情報を不特定多数に伝え，損害を与える行為全体に使われている．最近，ある地方銀行がつぶれるという内容のメールが不特定多数に配信され，その内容に惑わされた人たちが，預金を下ろすために銀行に殺到するという事件があった．銀行では，突然の大量の預金引き落としによって，ATM内の紙幣が不足したり，窓口や電話での対応に係員が追われるという事態が発生し，信用を失墜させられるという大きな損害を受けた．ある大型小売店では，問題のあった食品を購入した顧客に，その購入証明なしに代金を返納するということが，ネットワークを通じて誇大に広まり，購入に関係なく，全国各地から返納を求める人が殺到し，その食品の売買代金の3倍以上の金額を返納するまで続けたという事件も起こっている．この事件では，噂がインターネットの掲示板を通じて広まっており，この事実に対して，大型小売店が何も対処しなかったことが原因である．その他にも，企業の信用を失墜させる原因となり得る誹謗中傷の類がネットワークで流され，通常は大きな問題となることもなく消えていくものの，その情報が引き金となって大きな問題を誘発することも少なくない．自組織内の情報の管理は当然のこととして，自組織外の情報に関しても無視することなく，管理することが重要となってきている．

5.3 不正アクセス対策

5.3.1 システム脆弱性検査支援ツール

不正アクセスはセキュリティホールをはじめ，システムの脆弱性を利用して行われる。したがって，不正アクセスへの対策としては，コンピュータおよびネットワークでのシステムの脆弱性を認識し，その認識に基づいて具体的な対策を練ることが肝要である。

システムの脆弱性検査を支援するツールは少なからず提案されている[2]。一般にネットワークや個々のコンピュータの設定を調べることから，スキャナと呼ばれている。スキャナは，個々のコンピュータを調べるホストスキャナと，ネットワークを介してコンピュータの状態を調べるネットワークスキャナに分かれる。ホストスキャナとしては，COPS (Computer Oracle and PasswordSystem) が古くから知られ，現在も更新されつつ利用されている。COPS はファイルやディレクトリ，各種デバイスのアクセス権が適切かどうか，パスワードが安易に設定されていないか，ルート (管理者) の権限で実行可能性のあるファイルにおいて書き込み可能になっていないか，ユーザのディレクトリが他のユーザの権限で書き込み可能になっていないかなどを自動的に検査し，必要ならば定期的にその結果をメールで管理者に送ることができる。ネットワークスキャナとしては，SATAN (Security Administrator's Tool for AnalyzingNetworks)，NESSUS がよく知られている。SATAN は機知のセキュリティホールを検査し，その有無を表示する。NESSUS はさらに，ポートスキャンと呼ばれる各ポートの状態を詳細に調べ，攻撃，すなわち不正アクセスが可能なツールとなっている。しかしながらポートスキャン自体も，必ずしも正当な行為ではなく，特に IDS (侵入検知装置) 等によって，ネットワークに流れるパケットの状態を監視する場合，不正アクセスの前兆として，警報を発し，場合によっては，接続を遮断することもある。また自ネットワーク外部に委託してのポートスキャンでは，自ネットワークの脆弱性を露呈することになるがゆえに抵抗がある。

スキャナに類されるツール以外に，システムの脆弱性を検査するツールとして，CrackやJohnTheRipperといったパスワードの脆弱性を検査するツ

ールが存在する。それらは，設定されたパスワードが容易に推測可能であるか否かを検査する。また，TripWireというツールは，サーバコンピュータにおいて，ファイルの書き換えの有無を検査するツールであり，不正アクセスにおけるファイル改ざんを防ぐツールとして用いられる。

ネットワーク管理者が不正アクセスを発見した場合，その対処法として，主に次の二つが取られる。第一には，ネットワークを遮断し，不正アクセスを直ちに排除するとともに，今後，その不正アクセスが成功しないように対策を講じることである。第二の対処法としては，その不正アクセスの行為を観察し，不正アクセスを行っている人物，あるいは人物にかかわるサイト情報，さらに詳細な不正アクセスの手口を知るために，トラップ（わな）を仕掛けて，痕跡を残すように仕向ける積極的な対策である。後者の対策を自動的に行うシステムとしてハニーポットが知られている。ハニーポットでは，わざと脆弱性のあるシステムを実際に運用しているサーバと切り分けたネットワーク上で運営し，不正アクセスを行う攻撃者側からは，あたかも実際のサーバ群と見せかけて，その不正アクセス手法や相手の情報を得ることを目的とする。さらに不正アクセスを行うものの注意をハニーポットに向けさせて，実際のシステムから目をそらせるという役割もある。しかしながら，不正アクセスを誘導する結果になることから，その導入には十分な注意が必要である。

5.3.2 ファイアーウォール

ファイアーウォール（Firewall）とは，不正アクセスを試みる者，正確には，不正侵入を行うために使われる外部からの不正な情報（パケット）を，火災の火に例えた防火壁，すなわち，不正侵入を食い止めるシステムのことである。ファイアーウォールは現在においてさえ，ネットワークセキュリティの要と信じられている。しかしファイアーウォールにも限界がある。

ファイアーウオールは守ろうとするLAN，つまり自社内などのコンピュータネットワークへ通ずるドアの鍵に相当する。一般にインターネットでは，役割ごとに入り口が異なる。役割とは，メールであったり，ホームページであったり，ファイルをダウンロードしたりすることである。それぞれの入り口は独立に存在し，ポートと呼ばれている。ファイアーウオールはその入り

口のドアの開閉を管理する役目を担っている。ドアを開けたり閉めたりするだけでなく，入退出するパケットを見て，鍵をかけたり閉めたりもする機能もある。パケットには，必ずデータだけでなく，宛先や送り元先，それに何をしようとするデータなのか，つまり役割などが書かれている。ファイアーウォールはそれらを見て，鍵の施錠，開放を行う。しかし，ファイアーウォールを正常に動かすためには，適切な指示を与えなければならない。いつ，どのようなときに鍵を開けるのか，あるいは閉めるのかを細かく指示する必要がある。この指示はコンピュータの使い方によって異なる。この指示が不適切であれば，ファイアーウォールは機能しない。ファイアーウオールは設置するだけでよいものではなく，適切に，かつ細かい指示を与える必要がある。しかもネットワークは常に変化するものであることから，時事適切な運用管理が必要なのである。

5.3.3 IDS（侵入検知装置）

管理すべきネットワーク内の不正アクセスを防ぐためのツールとして，侵入検知システム（IDS: IntrusionDetection System）がある。IDSは基本的に管理すべきネットワーク内の通信を傍受して，その内容を解析し，不正アクセスの可能性がある通信を発見し，さらにその通信を遮断することを目的としている。不正アクセスを防止する同様のシステムであるファイヤーウォールは，原則として外部ネットワークとの境界に位置し，そこで入出する単独

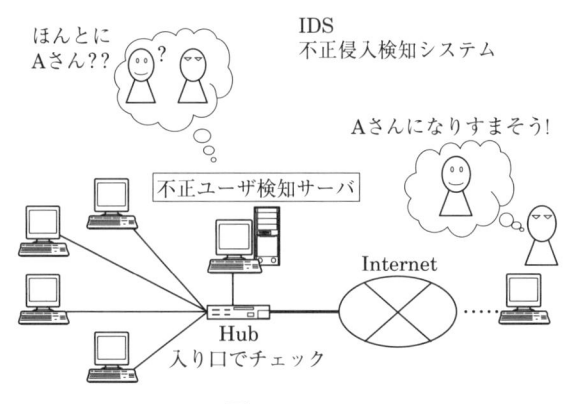

図 5.3 IDS

での通信パケットの送受先，およびその種類(例えば，TCP/IPでのポート番号)によってのみ不正アクセスを判別することから，IDSとは大きく異なる．すなわち，ファイヤーウォールが監視対象のネットワークの入り口に位置し，そこで入退出する通信パケットを監視するのに対して，IDSはそのネットワーク内に侵入した通信パケットを監視する．

IDSは基本的に四つの構成要素からなる．
1. イベント収集部：侵入検知に必要な情報，すなわちネットワーク内に流れるパケットおよび各種サーバマシンのログなどを収集する．
2. 侵入情報データベース：過去の侵入パターンを保存する．
3. イベント情報解析部：イベント収集部で得られた情報と，上記2.のデータベースの情報を基に，不正侵入であるか否かを判定する．
4. セキュリティ対策部：不正侵入と判定された場合，通信の切断，管理者への通報等，対策を講じる．

一般にIDSは，監視対象となるネットワーク内での，どの部分の通信に着目するかによって，大きく「ネットワーク監視型」と「ホスト監視型」の2種類に分けられる．

前者は監視対象となるネットワーク内を流れるすべてのパケットを傍受するのに対して，後者は監視対象となるネットワーク内のサーバマシンに着目し，そのマシンの挙動，すなわちログを実時間で調査解析する．通常，前者の場合，センサと呼ばれるパケットを取得する装置，後者の場合，エージェントと呼ばれるログを取得するソフトウエアが置かれ，コンソールと呼ばれるマシンが，取得したパケットやログを集中的に解析および管理する．

IDSが不正アクセスを検知する原理は，イベント収集部で得られたパケットやログの内容を吟味し，シグネチャ(sign-ature)と呼ばれる侵入情報データベース内の過去の不正侵入情報とのパターンマッチングを行うことによって，不正アクセスであるか否かを判定する．最近ではシグネチャだけでなく，学習や推論等の手法を用いて不正アクセスを確率的に評価する技術も発表されている．以下，IDSの課題について構成要素ごとに与える．

(1) イベント収集部

特にネットワーク監視型IDSではすべてのパケットをリアルタイムで収

集，さらにシグネチャとのパターンマッチングやそのパケットの影響を予測分析する必要がある。IDSを無効にするための攻撃として，IDSの許容分析能力以上の大量のパケットの中に不正アクセスを誘導するパケットを混入させ，IDSの検知を逃れる方法が知られている。この攻撃の根本的な対策としては，十分な処理能力を有するIDSであることが重要である。

(2) 侵入情報データベース

IDSの性能はシグネチャの情報量によるところが大きい。しかしながら，シグネチャの記述方法について十分な研究がなされているとは言いがたい。また，新たなセキュリティホールおよび不正アクセス手法が日々開発されることから，シグネチャを日々，最新のものに更新しておく必要がある。

(3) イベント情報解析部

シグネチャは過去の不正アクセス手法のデータベースであることから，シグネチャが対応していない不正アクセス手法には，そのIDSは無力となる。したがって，シグネチャに必ずしも依存しない検知手法の開発が行われており，ユーザおよびネットワークのプロファイルから，推論などにより，不正アクセスを判定する方法が提案されている。

(4) セキュリティ対策部

IDSにおける不正アクセスの検知は完全ではない。特に，不正アクセスではないにもかかわらず，不正アクセスとして検知，あるいはその可能性を指摘し，警報を鳴らす場合がある。通常，IDSはそのパケットやサーバへのアクセス行為の危険性を指摘するが，その内容から本質的に危険であるか否かの判定を正確に行うことは困難である。

5.3.4 不正アクセス対策指針

一般に，不正アクセスに対する防御，すなわち対策は次の二つの指針にまとめられる。それは「セキュリティポリシーの策定」と「セキュリティ意識の徹底」である。セキュリティポリシーの策定とは，「誰の，何を，誰から，何のために，どのようにして守るのか」を明確に規定することである。これに基づいて，具体的な対策を一つ一つ施していくのである。セキュリティポリシーが管理者の言う，いわば上からの方策であるのに対して，セキュリティ意識の徹底は，エンドユーザという下からの方策である。その徹底とは，

例えば，ユーザ個々のパスワードの管理やユーザが見ることのできる自分の過去ログの確認，さらにファイルアクセスの権限管理などである．不正アクセスを行おうとするものは，まずセキュリティ意識のないエンドユーザを攻撃の対象にし，その不用意なIDやパスワード，あるいは不適切なファイルアクセスの管理の盲点をついて，そのエンドユーザになりすますことを行う．そのようなエンドユーザのシステム全体に対する権限は小さいが，管理者の小さなミスやセキュリティホールを利用して，少しずつ大きな権限を掌握していく方法が取られる．つまり，最初に開けた小さな穴を少しずつ大きくし，最後に致命的な打撃を与えるのである．

　セキュリティホールの除去は重要である．管理者は逐次，セキュリティホールに関する情報を集め，それを除去するための対策を施さなければならない．また定期的な監査を行うことも重要である．これはセキュリティを維持するための適切な対策が施されているかを第三者によって評価してもらうことが望ましい．最後に，不幸にして不正アクセスが行われてからの対策を講じておくことも重要である．事後対策としてはログを逐次的にハードコピーするなど，足跡を残させる仕掛けを作っておくことも重要かと考えられる．不正アクセスという被害に遭わない対策はもちろん重要であるが，万が一，被害に遭った場合，その被害を最小に押さえるための方策，いわば危機管理を行うことは最重要であろう．

5.4 今後の技術的課題

　ネットワークは利用するユーザ，さらに利用するツール，ソフトウェアを含めて，常に変化するものである．その変化するネットワークに対してセキュリティを確保するためには，個々の技術に頼るのではなく，上記のセキュリティポリシーや不正アクセス対策指針に沿って，総合的に対策を練ることが肝要である．しかも動的なネットワークに対しては，その変化に対応した動的なセキュリティ管理が必要となる．現在，ネットワーク管理者が動的なネットワークに鋭敏に対応し，IDSやファイヤーウオールの設定を最適化し，脆弱性検査システムによって自己のシステムの脆弱性を改めるとともに，不

正アクセスを含め，ネットワークの状況を監視している．双方のいずれかに不都合があれば，ネットワークを動的に変化させ，以下，上記のサイクルを繰り返しているのである．この作業を自動化，あるいは支援するシステムがセキュリティ技術に求められている．しかしながら不正アクセスを監視するIDSですら，本文で記述したように，正確に不正アクセスのみを抽出することは困難である．現在，IDSが生成する情報だけでなく，各種セキュリティ機器，および各種サーバのログを，過去，現在にわたって分析し，これから何が起ころうとしているかを予測するシステムの研究が行われている[3]～[7]．

今まで述べてきたように，万全のセキュリティを確保するために，不正アクセスを徹底的に事前排除する堅固なシステムを構築，支援する技術の開発が行われているが，危機管理の観点から，不幸にも不正アクセスに見舞われたとして，その際のリスクを最小化するシステムの概念の提案とその技術についての研究も始められている．この概念はハザードトレランスシステム（HTS，Hazard Tolerance System）と呼ばれている[8]．

ファイヤーウオールは外部からの不正アクセス，不正侵入を防止する装置であるが，同時に内部からの情報漏えい，および不正な外部サイトへのアクセスを防止する機能を備えている．通常，IDSや各種サーバのログ情報と併せて，内部の情報を管理することが行われる．最近では，メールも含めて，内外を行き来する情報の内容に踏み込んで情報の管理を行う必要性が指摘されている．この場合，人手を介することなく，検索技術や意味推論技術を利用して，情報漏えいの可能性があるパケットを遮断，あるいは特定する技術が開発されつつある．

風説の流布に対する対策も危機管理として重要である．常にネットワーク上で自組織に関する話題の状況を把握する必要がある．この場合，リアルタイムの検索技術が必要となり，一般の検索エンジンや検索サイトを利用することはできない．人手によって，ネットワーク上でのリアルタイムの情報を探し出し，定期的に，あるいは緊急的にレポートとして提出するサービスが存在する[9]．風説の流布対策を目的としたリアルタイム情報検索技術について研究も進められるべきであろう[10]．

参考文献

1) 森井昌克：セキュリティホール http://www.kec-jp.org/bulletin/terminology.htm
2) 高橋秀郎, 曽根直人, 神園雅紀, 毛利公美, 森井昌克："ネットワーク脆弱性自動検査システムの開発", 信学技報, OIS-2003-29, pp. 73-80 (2003-9).
3) M. Roesch:"Snort: Lightweight Intrusion Detection for Networks", Proc. of 13th Systems Administration Conference (LISA'99), pp. 229-238 (1999).
4) Y. Tachibana, H. Takeuchi, H. Kurauchi, and M. Morii:"Damage Analysis Support System for Illegal Access", Proc. of 7th World Multi-Corference on Systems, Cybernetics and Informatics (SCI2003), (Jul. 2003).
5) Y. Shiraishi, T. Kuribayashi, and M. Morii:"Center Management Type Intrusion Detection System", Proc. of 7th World Multi-Conference on Systems, Cybernetics and Informatics (SCI2003), (Jul. 2003).
6) 鴨田浩明, 馬場達也, 小久保勝敏, 松田栄之, 矢口博之："ニューラルネットワークを利用した不正アクセス被害予測方式", コンピュータセキュリティシンポジウム2002 (CSS2002), pp. 131-136 (Oct. 2002).
7) 栗林利光, 白石善明, 森井昌克："イベント依存モデルによる不正アクセスの被害予測", 暗号と情報セキュリティシンポジウム, SCIS2004-208, (2004-1).
8) 東京大学国際・産学共同研究センター情報・通信セキュリティ教育・研究プロジェクト http://www.sp.ccr.u-tokyo.ac.jp/
9) e-mining, http://www.em.gala-net.co.jp/em/auth/login.jsp
10) 三宅崇之, 曽根直人, 畑迫尚樹, 森井昌克："インターネット上の特定情報検索とそのURLを探索収集するシステムの開発", 信学技報, OFS-2001-45, pp. 49-56, (2001-11).

第II部
ディジタル・インフラ

第6章 アクセスネットワーク技術
第7章 IPネットワークの動向
第8章 IPネットワークの品質保証(QoS)技術

第6章

アクセスネットワーク技術

オリジン電気株式会社　佐藤　登
NTT-AT　佐野浩一

6.1 はじめに

　NTTグループは，共通のビジョンとして2002年秋に「"光"新世代ビジョン」を策定したが，その中核を担うのが「レゾナント・コミュニケーション」である。レゾナント・コミュニケーションでは，ユーザビリティに優れたレゾナントなく共鳴する，共振する，響くといった意味コミュニケーション環境の実現を目指している。

　このレゾナント・コミュニケーション社会を実現するためには，①ブロードバンド環境（高速広帯域，常時接続，双方向），②ユビキタス環境（いつでも，どこでも。誰/何とでも），③安全・確実・簡単でシームレスなユーザビリティ環境，④ユーザ要望に応じたエンド・ツー・エンドのコネクティビティ環境，の四つの環境が整うことが必要である[1),2)]。①のブロードバンド環境の中でも，お客様に最も近い足回りとなるのが「アクセスNW（ネットワーク，以下NWと表記）」である。

　1990年代後半から始まった世界的なインターネットの普及に伴い，通信NW全体の構造も大きな転換期を迎えている。ボトルネックと言われてきたアクセスNWにおいても，ADSL（Asymmetric Digital Subscriber Line），FTTH（Fiber to the Home）技術の進展により，従来はビジネスユーザに限られていたMbpsクラスの高速回線が一般ユーザにも急速に普及しつつある。しかしながら，アクセスNW設備は電気通信設備の中で多くの割合を占めることから，その高度化を経済的に実現するためには，解決すべき課題

も数多く残っている。

　本章では，アクセスNW技術の現状および今後の展開について，特にレゾナント・コミュニケーションを支える多様な品質制御技術，高速化技術，開通即応化技術，および光の特徴を活かしたサービス高度化技術を中心に述べる。

6.2 光アクセス方式

6.2.1 経済的なPON方式

　光アクセスシステムでは，設備センタ側装置をOLT（Optical Line Terminal），ユーザ側装置をONU（Optical Network Unit）と呼んでいるが，ONUの設置場所により，FTTH（Fiber To The Home），FTTB（Fiber To The Building），FTTC（Fiber To The Curb），の三つに大きく分類できる。FTTHでは，ONUはユーザのところに設置され，設備センタからユーザまでの伝送路はすべて光化される。FTTHの特徴は，高速回線がユーザにまで届いているため，限りなく高速サービスを受けられる環境が整うことである。FTTBでは，テナントビルやマンションなどの建物までを光化し，ONUをビルの通信室など共通スペースに設置する。ONUからユーザまでの数10mの配線には既存のメタリックケーブルなどを利用する。FTTCであるが，"Curb"という言葉は，道路脇の縁石という意味であり，途中までを光化し，ユーザまでの残り1マイル程度の区間を既存のメタリックケーブルで伝送する。

　図6.1に，FTTHのトポロジーを示す。FTTHのトポロジーは，OLTとONUが1対1に対応する「P to P（Point to Point）型」と，設備センタ装置とユーザ装置が1対Nに対応する「P to MP（Point to Multi-Point）型」の二つに分類される。P to MP型は，さらに，「ADS（Active Double Star：アクティブ・ダブルスター）型」と「PDS（Passive Double Star：パッシブ・ダブルスター）型」の二つに分けられる。

　P to P型は，設備センタからスター状（各拠点へ放射状に広がっている状態）に光ファイバケーブルを布設し，設備センタ装置とユーザ装置が1対1

に対応する，最もシンプルな構成である。アクセス区間（設備センタ～ユーザ）のスター構成が1段であることから，「SS（Single Star：シングル・スター）型」とも呼ばれている。伝送特性的制約が少なく，光ファイバケーブルの広帯域性を活かした高速・広帯域なサービスへの対応が可能となる反面，ユーザごとに設備センタに光モジュール（E/O・O/E変換器）が必要となり，その分，高コストとなる特徴を持つ。

●Point to Point型/シングル・スター(SS)

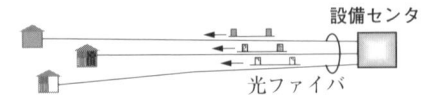

●Point to Multi-Point型/アクティブ・ダブルスター(ADS)

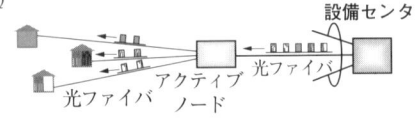

●Point to Multi-Point型/パッシブ・ダブルスター(PDS)
（注）PON: Passive Optical Networkともいう

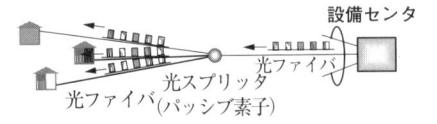

図 6.1　FTTHシステムのトポロジー

　ADS型は，設備センタとユーザ宅の間に，E/O・O/E変換機能，多重分離機能などを有するアクティブな装置を設置した形態である。E/O・O/E変換機能や光ファイバケーブルの共有化によりシステムの低コスト化が可能となるため，一定規模のユーザが密集している地域やビジネスビルの収容に適した方式である反面，多重の度合いによりユーザ1人当りの帯域が制限されるという特徴がある。また，アクティブ装置を運用するために，設置環境の整備（設置場所の確保や空調設備の設置など）や，駆動用電源の確保やバックアップ用バッテリーなどが必要となる。

　PDS型は，ADS型とほぼ同じ構成であるが，設備センタとユーザの間に，アクティブな装置の代わりにパッシブな光素子，具体的には光スプリッタを設け，光信号の分岐や合光を行う。なお，本形態は，パッシブな光素子を用いた光NWという意味で，「PON（Passive Optical Network）」とも呼ばれている。本章においても，以降は，PONという言葉を用いる。OLTの光モジュールから光スプリッタの間は，ユーザ信号を多重化し，光スプリッタからONUの間は，P to P型と同じくユーザ装置ごとに光ファイバケーブルを布

6.2 光アクセス方式

設する。ADS型と同様に，OLTの一つの光モジュールを複数のONUで共有するため，コスト低減に威力を発揮する。加えて，高価なアクティブ装置を使用しないこと，アクティブ装置を設置するための環境整備や電源が不要なことから，経済的かつ信頼性の高い設備構築が可能となる。図6.2に，PON方式の経済性を示す。

なお，PONでは1対Nのシステム・トポロジーを光スプリッタで実現しており，SS型やADS型のように，ユーザを伝送媒体で物理的に識別することができないため，設備センタとユーザの間の1心の光ファイバケーブル上に，それぞれ完全に独立した通信経路を確保する必要がある。その実現手段としては，衛星通信などでも採用されている「下りTDM方式，上りTDMA方式」を採用している。図6.3に，この様子を示す。

図 6.2　経済的なPON方式

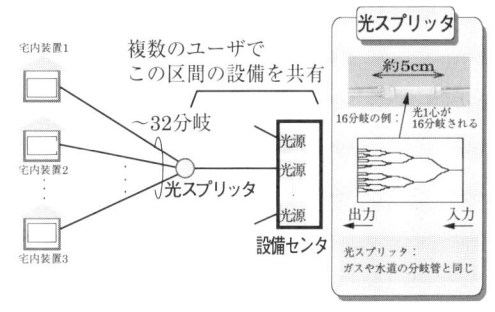

■PON方式により設備の効率的利用が可能(IP通信での，SS方式との比較)

消費電力	設置スペース	局内ケーブル	局引込みケーブル
1/2	1/2	1/16	1/4

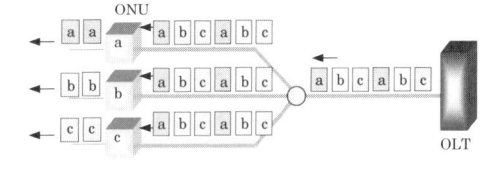

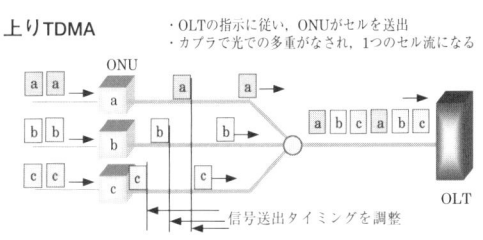

図 6.3　PON方式の原理

「下りTDM方式」とは，OSU(Optical Subscriber Unitの略で，OLTに搭載される光モジュールパッケージを指す)が，すべてのONUに対して放送形式で時分割多重(TDM)された下り信号を送信する伝送方式である。すなわち，すべてのONUには同じ信号が送られることになる。この場合，

ONUでは多重された信号をすべて受信し，ONU個々に割り当てられた必要なタイムスロットの信号のみを取り出し端末側へ送信する。「上りTDMA方式」とは，ONUから送出される光信号がOSUを共有する他のONUから送出される信号と衝突しないように，それぞれの信号送出のタイミングをずらしてOSUへ送信され，このタイミングを制御する伝送方式である。

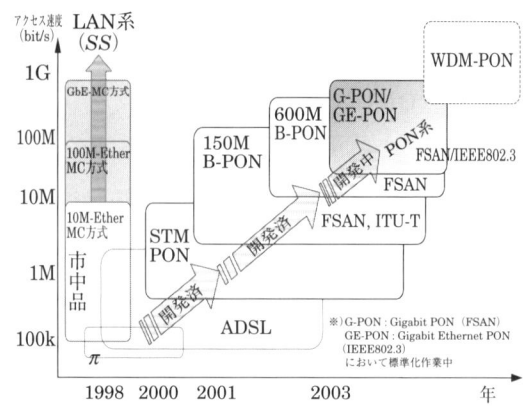

最後に，図6.4に，光アクセスシステムの系列化を示す。

6.2.2 B-PONシステム

B-PON（Broadband-PON）システム（図6.5）は，OLT〜ONU間の転送にATM（Asynchronous Transfer Mode，非同期転送モード）を用いたPON方式であり，1998年にITU-T（G.983）で初めて標準化された[3)〜5)]。現在で

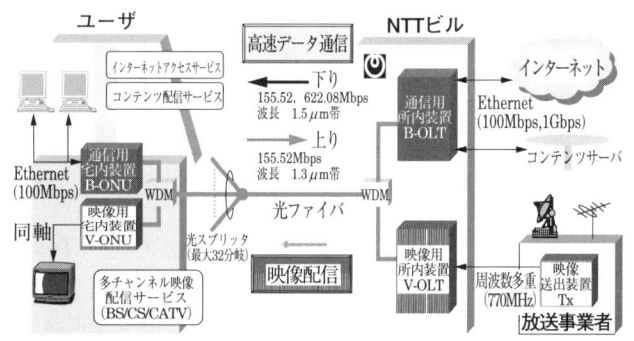

図 6.4 光アクセスシステムの系列化

図 6.5 B-PONシステムの概要

は,上り150Mbps/下り150Mbps,上り150Mbps/下り600Mbps,上り600Mbps/下り600Mbps,の計3タイプがB-PONシステムのメニューとしてITU-Tで標準化されている。特に,上り150Mbps/下り600Mbpsのシステムは,現在,NTT西日本でサービス提供されているBフレッツ・ファミリー100タイプで採用されている。

B-PONシステムの特徴をまとめると,図6.6のようになる。1番目の特徴は,イーサネット・インタフェースを提供するPONシステムであるということである。これにより,光スプリッタを設備センタの外に設置することによる効果も併せて,アクセスNWのトータルコストの削減を可能としている。2番目の特徴は,サービス多重を可能

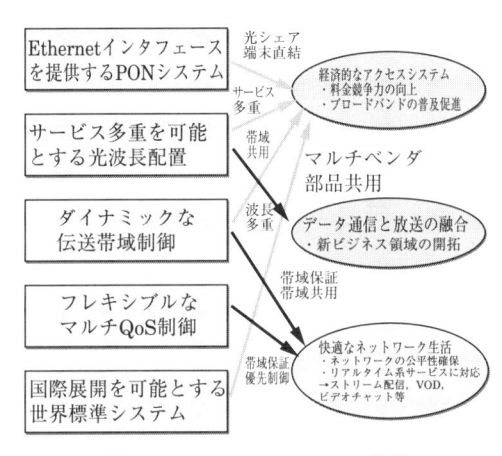

図6.6 B-PONシステムの特徴

とする光波長配置を持つことである。つまり,データ通信用信号とは独立して,映像用信号を別波長でWDM(Wavelength Division Multiplexing:波長多重)伝送している。この様子を図6.7に示す。従来の下り波長帯域内に,映像等の追加サービス用の波長を定義している。この結果,設備センタ内の光スプリッタの手前で映像信号を一括して重畳できるため,設備センタコストの削減が可能となる。一般に,WDM伝送を採用することにより,上り下りの全2重伝送や,サービスごとに異なる波長に乗せたり,あるいはユーザごとに異なる波長を用いたり,柔軟性・汎用性が高いNWを実現できる。アクセスNWにおけるWDM技術の詳細については,2.4節の「アクセスNWにおけるWDM技術の適用」で述べる。なお,光映像配信システム(図6.5または図6.7中のV-OLT～V-ONU)では,光変復調技術として「FM一括変換光変復調技術」を適用することにより,例えば,アナログ40チャネル+ディジタル120チャネル(ディジタルのみの場合は500チャネル)を同

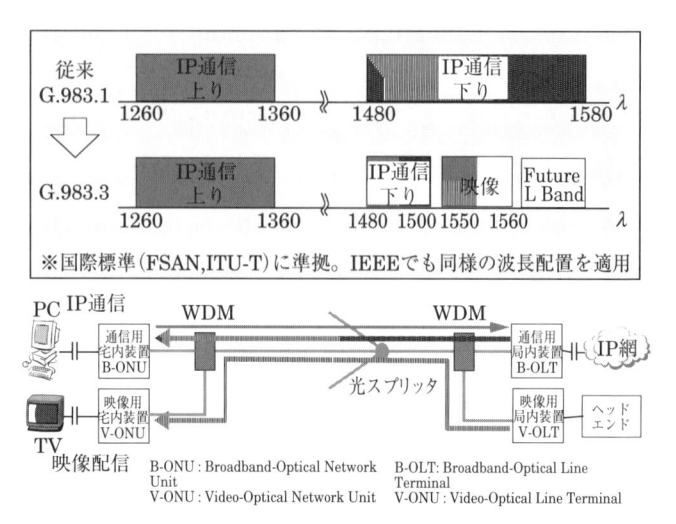

図 6.7　B-PONシステムにおける3波長配置

時配信することができる。3番目の特徴は，ダイナミックな伝送帯域制御機能を有することである。一つの帯域を複数の加入者で共用することを「帯域共用」というが，このとき，ある加入者が使っていない帯域を他の加入者に随時割り当てることをDBA(Dynamic Bandwidth Assignment：動的帯域割当)と呼んでいる。このDBA機能により，加入者個々の利用状況に応じて，上り方向アクセス区間の伝送帯域をダイナミックに割り当て，ピーク100Mbpsのベストエフォートでかつ最低帯域保証サービスの混在収容を実現できる。4番目の特徴は，フレキシブルなマルチQoS制御機能を有することである。将来的なコンテンツ配信を意識した，サービス振り分け，サービス間の優先制御，公平性保証等の機能を具備している。

6.2.3　PONの標準化動向

表6.1に，B-PON(Broadband-PON)，G-PON(Gigabit-PON)，GE-PON(Gigabit Ether-PON)といった，3種類のPONの標準化の状況を示す。G-PONは，FSANで議論されている，Gbpsクラスの速度を担保するPON方式で，提供サービスとしては電話も含めたいわゆるフルサービスの提供を狙っている。これに対して，GE-PONは，IEEEの802.3ahタスクフォース(通常EFMと呼ばれる)において標準化が進められているPON方式で，

6.2 光アクセス方式

表 6.1　3種類のPONの標準化状況

		B-PON	G-PON	GE-PON
標準化組織		FASN/ITU-T	FSAN/ITU-T	IEEE（802.3 ah タスクフォース：EFM）
情報サービス		フルサービス	フルサービス	イーサネット
速度		下り：156/622Mbps 上り：　〃	下り：1.25Gbps 上り：156/622Mbps 1.25Gbps	下り：1.25Gbps 上り：　〃
TC層	フレーム	ATMフレーム	ATMフレーム Genericフレーム の混在モード	Ethernetフレーム
	制御プロトコル	標準化済み	検討中	標準化策定中
物理層	伝送距離	10km/20km	10km/20km	10km/20km
	分岐数	最大64分岐	最大64分岐	16分岐以上
	使用波長	G983.3 下り：480-1500nm 上り：1260-1360nm G983.1 下り：1480-1580nm 上り：1260-1360nm	G983.3 下り：1480-1500nm 上り：1260-1360nm	G983.3 下り：1480-1500nm 上り：1260-1360nm

GbpsクラスのPON方式という点ではG-PONと変わらないが，OLT～ONU間の転送にイーサネット・フレームをそのまま使うことによって，提供するサービスを高速データ通信に割り切り，イーサネット系の部品流用による更なるコスト削減を狙っている。

6.2.4 アクセスNWにおけるWDM技術の適用

昨今，NWへの要求条件が大きく変化している，その一つが，サービスの多様化に対応したNWへの転換である。具体的には，簡単な変更により新サービスを提供できるNW，提供時期やサービス仕様が不透明かつ需要密度が一定でないサービスを効率的に収容できるNW，が求められている。もう一つが，IPと既存サービスを融合可能なNWへの転換である。具体的には，今後ほとんどを占めると考えられるIPトラフィックを効率的に転送可能なNW，残置される既存サービスにできるだけ影響を与えずに将来的には巻取り可能なNWである。つまり，IPサービスによる光化を中心としながらも，さらに新サービスの柔軟な収容に対応できる新たなアクセスNWを構築す

る必要がある。

これに対する一つの可能性が，WDM（Wavelength Division Multiplexing：波長多重）技術を適用することである。これにより，柔軟性・汎用性が高いNWを実現できる。WDMに対する要求条件を，アクセスNWとコアNWで比較した場合（図6.8），コアNWでは大量のトラフィックが集まるため多重度を上げ，ファイバの有効利用を図る必要があるが，アクセスNWではトラフィックの集中がそれほどでもないため，多重度よりも徹底的な経済化の方が重要となる。

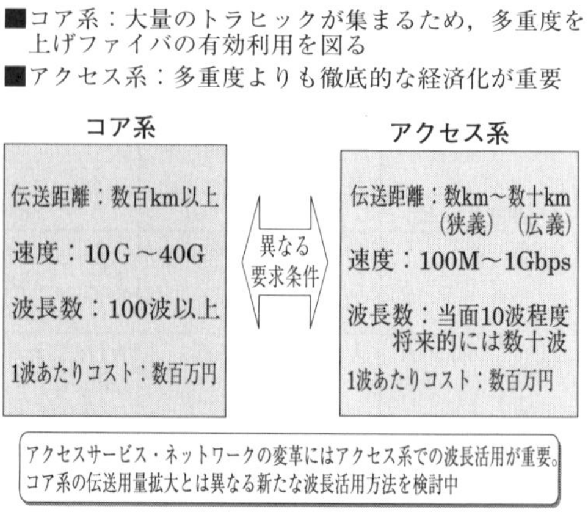

■コア系：大量のトラフィックが集まるため，多重度を上げファイバの有効利用を図る
■アクセス系：多重よりも徹底的な経済化が重要

コア系	アクセス系
伝送距離：数百km以上	伝送距離：数km〜数十km（狭義）（広義）
速度：10G〜40G	速度：100M〜1Gbps
波長数：100波以上	波長数：当面10波程度　将来的には数十波
1波あたりコスト：数百万円	1波あたりコスト：数百万円

異なる要求条件

アクセスサービス・ネットワークの変革にはアクセス系での波長活用が重要。コア系の伝送量拡大とは異なる新たな波長活用方法を検討中

図6.8　波長多重（WDM）に対するアクセス系の要求条件

アクセスNWへのWDMの適用を考えた場合，当面の考え方としては次のようになる。①比較的安価となりつつあるCWDM（Coarse WDM：温度制御LD・温度制御波長フィルタ・ファイバアンプといった非常に高価な部品を必要とする数百波長を多重できるDWDM（Dense WDM）に比べて，CWDMでは無温調LD・無温調波長フィルタといった比較的安価な部品で実現できる）技術を用いて数波〜10波程度の波長多重を行う。②部品レベルから抜本的な経済化を図ることで波長当たり数万円以下を狙う。③波長をサービスごとに割り付ける「サービス多重」と，ユーザごとに割り付ける「ユーザ多重」の二つをターゲットとする。

PONとは前述したとおり，パッシブな光素子を用いた光NW方式のことを指す。すなわち，厳密にいうと，一つの局内装置と複数の加入者装置を接続するP to MP型でなくてもPONということは可能である。図6.9に示す「WDM-PON」もその一例である。WDM-PONは，複数の波長を用い一つの光ファイバケーブルを複数のユーザで共用する方式である。すなわち，前述したPONと異なり，基本的には，P to PをWDMにより多重し，PONの

NWトポロジーを用いているということになる。したがって，同一PON内であっても伝送方式（速度，プロトコルなど）を統一する必要はない。例えば，あるユーザにはSONET/SDH伝送を行い，他のユーザにはイーサネット伝送を行うということが可能となる。したがって，この方式は非常に柔軟性が高いが，多数

WDM-PON方式

・WDMフィルタによる損失の軽減
・システム変更が容易

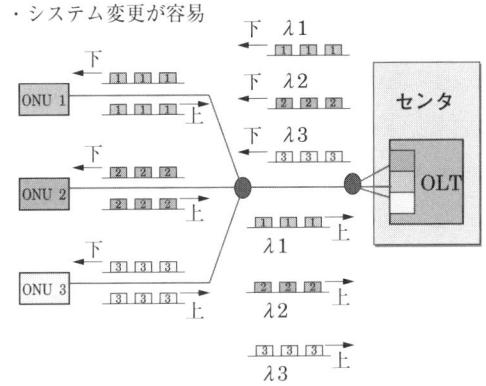

図6.9 WDM-PONへの期待

のユーザを多重するためには多数の波長が必要となるため，現在のところは光部品コストが高いという課題がある。

6.3 ワイヤレスアクセス方式

6.3.1 ワイヤレスアクセスの分類

ワイヤレスには端末のポータブル性という大きな特徴があり，また，既設ビルなどにおける光ファイバの配線工事が不要であるという特徴も有しているが，周波数資源は有限であり，すべてのアクセスNWをワイヤレスで構成することは不可能である。一般に，周波数が高くなるにつれ，使える帯域は広くなり高速伝送が可能になるが，電波の直進性が高くなり見通し内通信が必要となる。したがって，目指すサービスによってどの周波数を選択するかが重要であり，光の広帯域性と組み合わせた「光＋無線のハイブリッドシステム」が重要となる。

ワイヤレスアクセスは，図6.10に示すように，①無線端末は移動しないで位置を固定で使うFWA（Fixed Wireless Access：固定ワイヤレスアクセス），②オフィスやホームでの無線LAN，さらには駅構内等のホットスポットからシームレスにアクセス可能なNWA（Nomadic Wireless Access：ノ

```
┌─────────────┬──────────────────────────────────────────────────────────────┐
│             │ ●FWA(Fixed Wireless Access)：端末固定設置                    │
│ NWサービス系 │ ●MWA(Mobile Wireless Access)：端末移動(セルラ)…携帯電話      │
├─────────────┼──────────────────────────────────────────────────────────────┤
│             │ ●NWA(Nomadic Wireless Access)：端末化搬(スポット)…無線LAN端末を持ち出し │
│ ユーザ系    │ ●オフィス(Radio LAN)：無線LAN                                │
│             │ ●ホーム(Wireless Homelink)：マスユーザ向け無線LAN，ディジタル家電の相互接続 *│
│             │    *レイヤ1, 2はほぼ共通．適用形態，NW・端末インタフェースが異なる． │
└─────────────┴──────────────────────────────────────────────────────────────┘
```

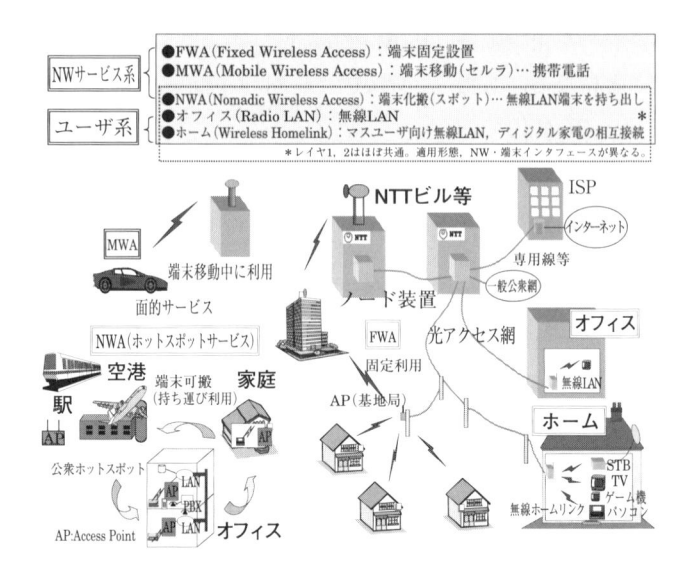

図 6.10　ワイヤレスアクセスの分類

マディック・ワイヤレスアクセス），③車や列車での移動中もアクセス可能なMWA(Mobile Wireless Access：モバイル・ワイヤレスアクセス)，の三つに大別される[6]。

6.3.2　マイクロ波帯無線LANシステム

　無線LANをNWAシステムとして見た場合，日本国内では，空港・駅構内などのホットスポットで，2.4GHz帯を使う伝送速度11Mbpsの無線LAN方式である「IEEE802.11b」準拠の無線LANを用いたサービスが始まっている。最近では，同じく2.4GHz帯を使う伝送速度54Mbpsの無線LAN方式である「IEEE802.11g」準拠の無線LANも出回り始めている。ただし，2.4GHz帯では，電子レンジや医用機器からの漏れや電磁波との干渉が，また使用状況により他加入者との干渉問題も今後顕在化していくものと予想され，今後は，高速でかつ干渉が少ない5GHz帯の無線LANへの移行が重要となっていく。

　5GHz帯を使う無線LAN方式については，現在二つのシステムが標準化されている。一つは，米国IEEEと日本とで協調して標準化した「IEEE 802.11a規格」，もう一つは，欧州ETSIと日本とで協調して標準化された

「HiSWANa規格（欧州ではHiperLAN/2規格と呼んでいる）」である[7]。

IEEE802.11a準拠の無線LANの物理レイヤの特徴は，①OFDMという技術を高速バースト環境下において実現していること，②伝搬状況に応じて複数のサブキャリヤ変調方式を切り替えることで複数の伝送速度を提供可能としていること，である。また，無線MACレイヤの特徴は，CSMA/CAというが，自分が送信する前に必ず他が送信していないかを確認し，他が送信していればあるランダムな時間だけ待って送信する，いわゆる分散制御方式をとっていることである。このように分散制御方式を採用しているため，アクセスポイントが存在しないアドホック・ネットワーク（Ad-hoc通信）の実現が容易であるという特徴を有している。

HiSWANa準拠の無線LANの物理レイヤについては，IEEE 802.11a準拠の無線LANとの共通化を図っている。一方，無線MACレイヤについては，2ms間隔のTDMAフレームをベースにして，アクセス・ポイントでの集中制御方式を採用しているのが特徴である。したがって，帯域を共有するサービスのみならず帯域確保型サービスも提供可能にしているのが大きな特徴である。

6.3.3 準ミリ波帯FWAシステム

図6.11に，個人の家または集合住宅への高速インターネット・アクセス

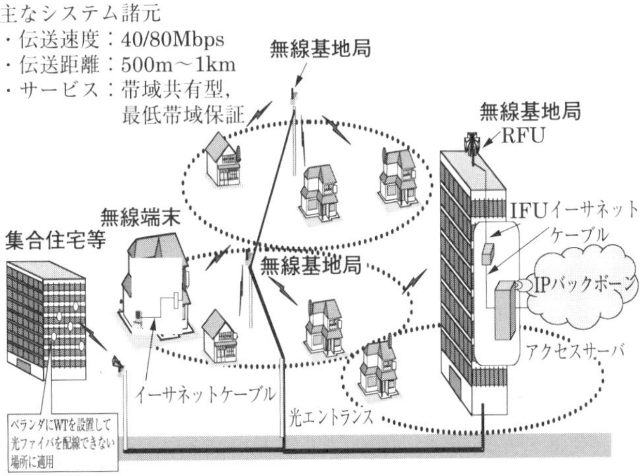

図 6.11 26GHz帯FWAシステムの概要

主要諸元		開発システム
周波数帯		26GHz帯
無線伝送速度		40Mbit/s（ステップ1）※1 80Mbit/s（ステップ2）※2
通信方式		TDM/TDMA/TDD
変調方式		QPSK/16QAM
周波数間隔		30MHz
送信出力	AP	17dBm程度
	WT	－3～17dBm (1dBステップ自動制御)
中継距離		700m（一般的な見通し距離）
ユーザインタフェース		10Base-T/100Base-TX
ネットワークインタフェース		100Base-FX/100Base-TX
公平性処理		ヘビーユーザ対策による 公平性を担保
VLANタグサポート		サポート
最大収容加入者数		約200加入/AP

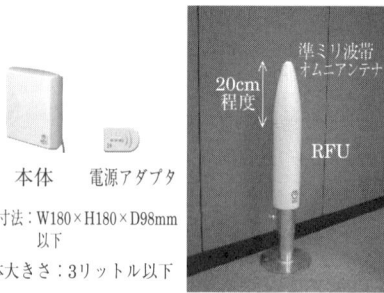

※1：Etherフレームの最大転送速度は23Mbit/s
※2：Etherフレームの最大転送速度は46Mbit/s

本体寸法：W180×H180×D98mm 以下
本体大きさ：3リットル以下

WT（RFU/IFU一体型）
（平面アンテナを実装）
（ステップ2）

オムニアンテナを実装した
AP-RFU

図 6.12 26GHz帯FWAシステムの主要諸元

を提供する「26GHz帯FWAシステム」の概要を示す[8]。従来に比べて，大幅な経済化を実現し，伝送速度40/80Mbps（帯域共有型）へと高速化した。収容ビルからある点までは，高速な光システムが敷設されていて，その先にFWAシステムを接続することで高速インターネット・アクセスを提供することができる。図6.12に，26GHz帯FWAシステムの主要諸元を示す。

6.4 ブロードバンド・ユーザNW

宅内情報通信・放送高度化フォーラムの2002年度報告書によると，ホームNWは次のように進化する[12]。第1ステップ（～2003年）では，家庭内の主要な場所でインターネットを楽しめる環境（家庭内LAN）が普及する。第2ステップ（2003～2005年）では，①端末系の進展によりホームNWの利便性を享受できる，②家庭内のPC系/AV系/電話系の情報機器間をネット接続し，コンテンツの視聴・情報の受発信等のアプリケーションが利用可能となる。第3ステップ（2005年～）では，①本格的なホームNWの発展期を迎える。②多様な情報機器のNW環境を実現し，好きな時/場所/情報機器で通

6.4 ブロードバンド・ユーザNW

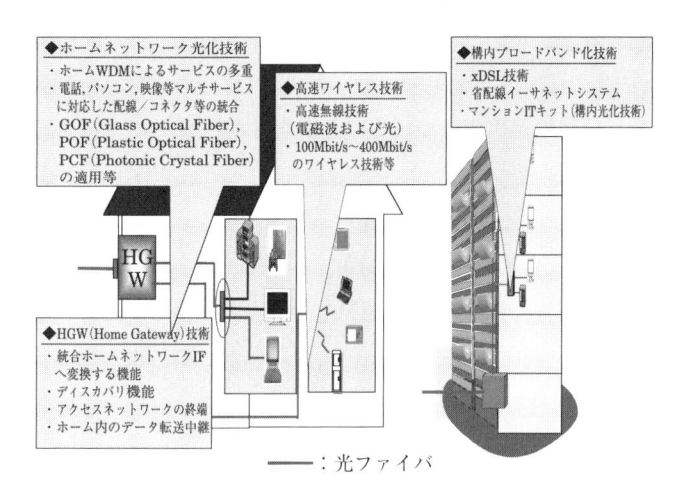

図6.13 ブロードバンド・ユーザNWへの研究開発の取組み

信・放送系コンテンツが利用できる。

図6.13に，NTTにおけるブロードバンド・ユーザNW(ここでは，ホームNW，ビル構内NW，およびエリア・コミュニティNWとも呼ばれる団地単位相当のNW，などを総称して"ユーザNW"と呼称する)への研究開発の取り組みを示す。既存配線(メタル)の高速化の検討とともに，「光+無線」によるブロードバンド・ユーザNWを検討する必要がある。具体的には，①イーサネット系と放送波を光ファイバで波長多重し，配線の柔軟性を確保する技術(ホームバックボーン)，②高速無線(電磁波および光)による移動性(室内など)を確保する技術(100〜400Mbpsのワイヤレス技術)，③ホームNWと外部NWのシームレスなNW接続を行う技術(統合ホームNW-IF変換機能，ディスカバリ機能等)，について検討していくことになっている。

速度に関して言えば，光アクセスシステムの加入当たりピーク速度能力は，現在の数10Mbpsから，数年以内には数100Mbpsの領域に達するであろう。一方，ワイヤレスシステムも，光アクセスシステムには及ばないものの，その半分から数分の1の割合を確保しつつ，ピーク速度はやはり向上していくであろう。また，光アクセスシステムは，コスト的にも一層の低減化が図られ，これから3〜5年もすると，ADSLユーザの数と光ユーザの数が逆転す

るものと思われる．その時代には，ユーザNWもGbpsオーダとなり，エンドtoエンド間，あるいはエンドtoサーバ間には，かつてないほどに快適なシームレス通信環境が出現していることが期待される．

参考文献

1) 和田："「光」新世代ビジョン"，NTT技術ジャーナル，Vol.15, No.2, pp.6 - 17（2003）．
2) 井上："「知の共鳴」の実現に向けて"，NTT技術ジャーナル，Vol.15, No.2, pp.18 - 24（2003）．
3) 前田，中西："B - PONシステムの標準化動向と今後の技術課題"，信学会論文誌B，Vol.J85 - B, No.4, pp.438 - 452（2002）．
4) 平尾，原田，武本，小平："ブロードバンド光アクセス技術動向"，NTT技術ジャーナル，Vol.15, No.1, pp.24 - 27（2003）．
5) 前田，西本："ブロードバンドアクセスネットワークの標準化動向"，NTT技術ジャーナル，Vol.14, No.1, pp.35 - 38（2002）．
6) 松江，守倉，北條，渡邊，斉藤，相河："ユビキタスサービスに向けたワイヤレスアクセス技術"，NTT技術ジャーナル，Vol.14, No.6, pp.12 - 19（2002）．
7) 井上，守倉："IEEE802.11無線LANシステム標準化の最新動向"，NTT技術ジャーナル，Vol.14, No.1, pp.125 - 128（2002）．
8) 斉藤，馬場，松江："ワイヤレスIPアクセスシステムの開発と今後の展開"，NTT R&D, Vol.51, No.11, pp.48 - 56（2002）．
9) 富田，平原，保苅，新見："低コスト化を追求した光ファイバケーブル関連技術"，NTT技術ジャーナル，Vol.12, No.3, pp.34 - 40（2000）．
10) 丸山，田山，長田，秋山："光アクセス設備選定システムの概要"，NTT R&D, Vol.51, No.7, pp.13 - 19（2002）．
11) 高梨，日野："硬度質地盤での高速推進を可能とした動的圧入推進技術の開発"，非開削技術，Vol.38, pp.65 - 69（2002）．
12) "IT時代の家庭内情報化〜ホームネットワークはこうなる〜"，映像情報メディア学会ホームサーバ型映像システム時限研究会/宅内情報通信・放送高度化フォーラム共催セミナー資料，（2002）．

第7章

IPネットワークの動向

NTTサイバースペース研究所　藤生　宏
NTTコミュニケーションズ(株)　星　隆司

7.1 はじめに

　わが国のインターネットの普及率は，料金の低廉化，アクセスの高速化に伴い年々増加している。アクセスネットワークは，ADSL (Asymmetric Digital Subscriber Line)，FTTH (Fiber to the Home) 技術の進展もめざましく，またインフラの整備も軌道にのり，ブロードバンドアクセス利用者の数も急速に増加している。このようなインターネット環境の変化に伴い，通信キャリアによる企業向けのIP-VPNサービス，VoIPサービス，コンテンツ配信サービスなどがIPネットワーク上で提供されてきている。本章では，現在，通信キャリアにより続々と市場に投入されてきている様々なアプリケーションを通して，ブロードバンドIPネットワークの動向について述べる。

7.2 インターネットの動向

7.2.1 ブロードバンドの現状と特徴

　わが国のインターネットの普及率は，料金の低廉化，アクセスの高速化に伴い年々増加している。特に，従業員300人以上の企業におけるインターネット利用はほぼ100％であり，従業員5人以上の小規模事業所を含めてもほぼ70％に達する状況である（図7.1）。

　また，わが国のADSL/FTTH等のブロードバンドアクセス利用者の数は現在も急速に増加しており，この勢いは2003年度に入っても継続している

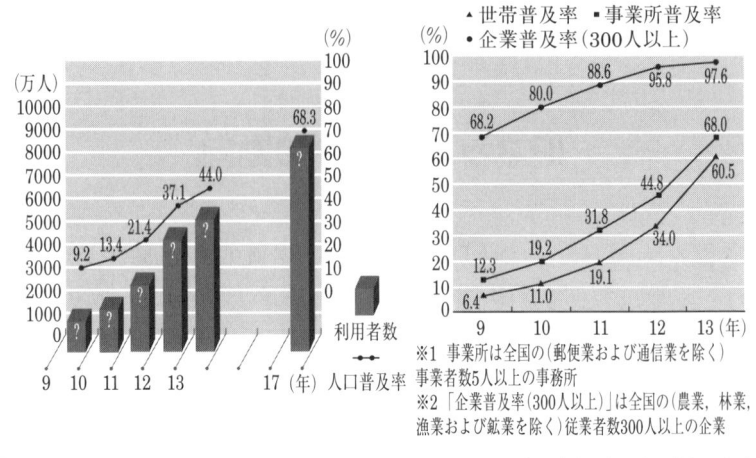

図 7.1 インターネットの普及状況 ［出典：総務省「通信利用動向調査」平成14年版情報通信白書］

図 7.2 ブロードバンドサービス加入者の推移 ［出典：総務省］

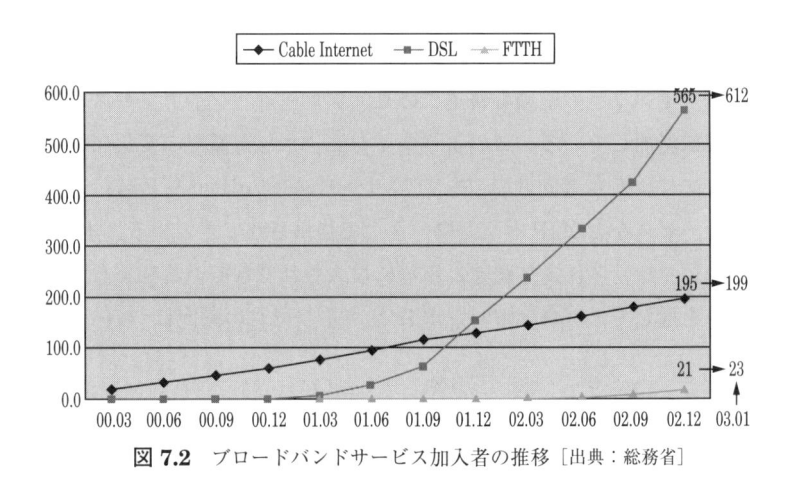

（図7.2）。このような状況の中で今後課題となってくることは，より高速で信頼性の高いサービスを提供していくことと，ユーザーニーズに対応した多彩なアプリケーションを提供していくことである。その中で特に注目されているのがVoIP（Voice over IP）である。現在，通信キャリアにより提供されるVoIPに関しては音声品質の向上がめざましく，またVoIPを利用したアプリケーションが続々と市場に投入されてきている。

しかし，ブロードバンドには利点ばかりでなく，その特徴から上記に掲げたように課題がいくつかある。セキュリティ，Webアクセスの集中，ブロードバンドの有効活用である。セキュリティ面では，常時接続ゆえの様々な危険性をはらんでおり，ウィルス感染，不正侵入，なりすましなどから防御するためのセキュリティ対策が不可欠である。また，Webアクセスの集中から生じる問題としては，レスポンスが悪化し，サービスレベルが低下するおそれがあり，コンテンツを効率的に配信する仕組みを採用し，アクセスビジーとレスポンス悪化の回避が必須となる。ブロードバンドアクセス化に伴う広帯域は，有効に活用しないと不経済であり，イントラネット，VoIP，映像配信など，様々なビジネスアプリケーションに適用することで，より経済的になってくる。

今後はインフラの整備も軌道にのり，インターネットに代表されるIPネットワークは，当初のインターネット接続にとどまらず，通信キャリアによって企業向けのIP-VPN（Virtual Private Network）サービス，VoIPサービス，コンテンツ配信サービスなどの様々なアプリケーションサービスが，IPネットワーク上で大きく拡大されてくる。

7.2.2 IPバックボーン

ブロードバンド化の急速な進展により，バックボーンのトラフィックは急増しており，そのための処理能力は常に強化が必要である。例えば，映像や音楽の配信，IP電話をはじめとする新しいアプリケーションの利用拡大に伴い，爆発的にトラフィックが増大する。通信キャリアにおいては，より強固なバックボーンを構築し快適かつ安全な環境を提供するため，十分な帯域確保とともにバックボーンの二重化や冗長構造を図るなど，危機管理に備えた万全の対策を行っている。

7.3 VPN（Virtual Private Network）プラットホーム

7.3.1 VPNの動向

インターネットを利用してセキュアな通信を実現するVPNは，専用線などよりも安価に実現できるため，インターネットが普及してくる段階で企業

のネットワークなどに利用されてきた。最近では通信キャリアが自らの持つ閉じたIPネットワークを使って企業向けにVPNサービスを提供しており，これまでのVPNと区別してIP-VPNと呼ばれている。

　また，イーサネット技術を活用した広域LANサービスは，昨年頃から多くの通信キャリアが提供を開始し，それに伴い急速に市場も拡大してきている。従来，企業網の基幹インフラを形成していた専用線は，音声とデータを統合するATMサービスと，データに特化したフレームリレーサービスに置き換わり，さらにIP-VPN，そしてすでに構築済みの構内LANをバーチャルに接続する広域LANサービスへと移り変わっている。

　また，企業のニーズに合わせた多様なアクセス手段として，高速ディジタル（DA/HSD），ATM専用，xDSL，FR/CR，FWA，さらにはISDN，PSTN，モバイル端末までサポートしている。これにより，企業はADSL/FTTHをアクセスラインとして利用する経済的なVPNを構築することが可能となり，また外出先，出張先，自宅などから，いつでもどこでもビジネスできるユビキタス環境を実現することができる。セキュリティ面では，インターネットの様々な脅威から防御するため，ファイアウォール，ウィルスチェック等の対応を行っている（図7.3）。

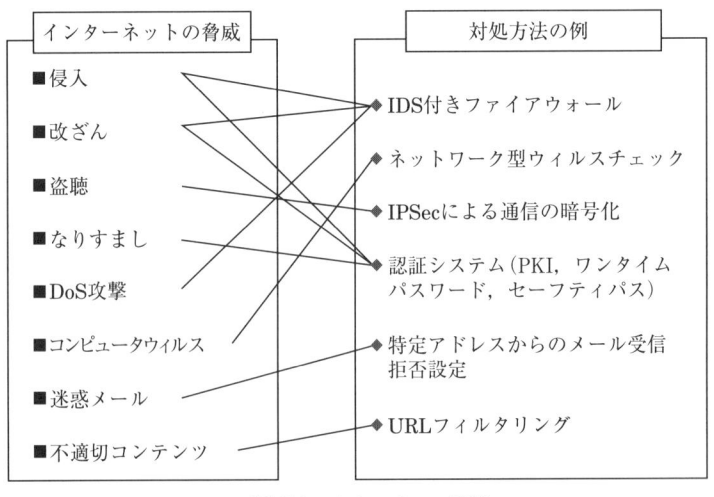

インターネットの脅威
- 侵入
- 改ざん
- 盗聴
- なりすまし
- DoS攻撃
- コンピュータウイルス
- 迷惑メール
- 不適切コンテンツ

対処方法の例
- IDS付きファイアウォール
- ネットワーク型ウィルスチェック
- IPSecによる通信の暗号化
- 認証システム（PKI，ワンタイムパスワード，セーフティパス）
- 特定アドレスからのメール受信拒否設定
- URLフィルタリング

図 7.3　セキュリティ対策

7.3.2 IP-VPN

通信経路に高速大容量のバックボーンを利用したIPネットワーク上で，専用線をひかずに，MPLS技術によって仮想的な専用伝送路を構築し，専用線と同等の高いセキュリティでデータを伝送を実現する。

また，IP-VPN網内の中継回線およびノードを二面化，二重化することにより，万一のトラブル発生時にも確実なネットワーク接続を保証する。

7.3.3 広域LANサービス

広域LANサービスは，レイヤ2のイーサスイッチングを行うため，上位レイヤはユーザー自身によるルータ設計，管理が可能である。TCP/IPによるデータ通信であっても，信頼度設計，IPアドレスの管理などをユーザー自身で行うことができる。また，レイヤ3のIP-VPNではプロトコルはIPプロトコルに限定されるが，広域LANサービスはレイヤ2になるので，IPに限らずイーサネットフレームに対応したプロトコル（例えば，IPX，SNA，FNA，Apple Talkなど）をすべて利用でき，プロトコルフリーでもある。さらに，ユーザーはルーターを自由に設置できることから，RIPやOSPFなどの多様なルーティングプロトコルを利用可能で，より柔軟なネットワークの運用・管理を独自で実施することができる。

また，企業向けの高品質VPNサービスとしてインターネット回線を利用

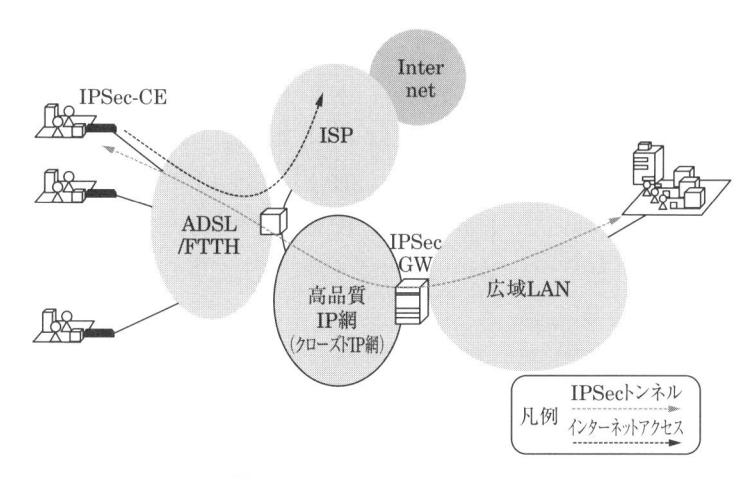

図 **7.4** 企業向け高品質VPNサービス

し，高品質IP網を経由することにより，帯域を確保したセキュリティの高いVPNを経済的に実現することが可能である（図7.4）。

7.4 IP電話（VoIP）

7.4.1 VoIPプラットホーム

IPネットワーク経由で音声情報を送受信するVoIPは，従来企業内で主に使用されていたが，昨年から通信キャリアによりVoIPサービスが市場に投入され，一般家庭，企業を問わず使用されるようになった。ADSL/FTTHなどのブロードバンドアクセスラインをインターネット接続と共有することにより，音声通信とインターネット/データ通信を統合することが可能となり，既存の電話と同等の使い勝手を安い通信コストで実現できる。

VoIP利用は企業間では急速に普及してきており，また通信キャリアによるビジネス向けアプリケーションとして，IPセントレックス，Web会議等のサービスが提供されつつある。

7.4.2 IPセントレックス

IPセントレックスは，企業の内線，外線通話を取り仕切るPBX機能をネットワーク（通信キャリア）側で運用するサービスである。通信キャリアは局社内にIP電話のPBXであるIPセントレックスサーバーを用意し，このサーバーに通信キャリアが提供するIP-VPNや広域イーサネットなどの閉域網サービスを使って企業の各拠点のLANをつなぎ込む。企業は内線電話として使うIP電話機だけを用意すればサービスを使用することができる。PBXや加入電話が残っている場合は，VoIPゲートウェイを個別に設置してIPセントレックスサーバーに収容する。IP電話機やVoIPゲートウェイは，IPセントレックスサーバーから通話相手を呼びだしてもらった後，直接通信することができる。

これまで企業において，音声とデータの統合を実現する方法として，VoIPゲートウェイやIP-PBXなどを導入し，自力でVoIPやVoFR（フレームリレー）を構築していた。IPセントレックスの導入より内線電話はIP電話化され，通話料が無料になる。また，外線との通話もIPサービス経由と

なるため，通常のIP電話と同じ料金体系になり，通話料の面でコストダウンを図ることができる。また，これまでは拠点ごとに用意する必要があったPBXが不要になるため，高価なPBXの購入や保守・運用にかかる費用と手間を大幅に軽減することができる。

7.4.3　Web会議

データ・音声・ビデオを統合し，誰でも，どこからでもWeb環境があれば自席/会議室/外出先からミーティングに参加できる会議であり，情報共有密度，コミュニケーションの質を高めることができる。また，会議の調整の手間の軽減，会議室の制約からの解放によりタイムリーに会議を開催することができるとともに，会議のための出張コスト・移動時間の削減，会議資料のペーパーレス化などコストダウンの実現も可能となる。

主なサービス機能としては，①プレゼンテーションの共有，②ドキュメント共有，③アプリケーション共有，④Web共有，⑤デスクトップ共有，⑥ファイル転送，⑦アンケート/集計，⑧チャット，⑨記録と再生，⑩ビデオ，⑪音声の統合，である。

NTTコミュニケーションズは，PC上でのデータの共有やアプリケーションを共有するWeb会議を，VoIPでの音声会議と連携して，提供している（図7.5）。クローズドIP網上に上記機能を搭載するカンファレンスサーバー，ストレージを配備している。

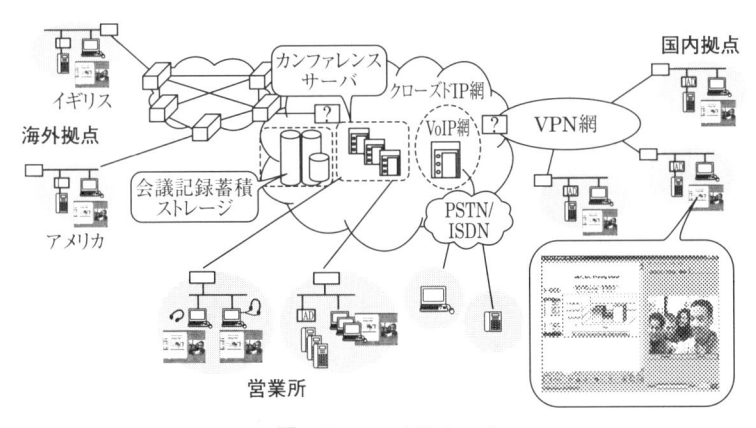

図 **7.5**　Web会議サービス

7.5 コンテンツ配信ネットワーク（CDN）

7.5.1 CDNプラットホーム

DSL, FTTHといったインターネットへのブロードバンドアクセスによる加入者数が1000万人を越える時代を迎えて，それまでの電子メールや静止画像の閲覧といった利用形態からストリーミング放送などの動画像・音声を含むコンテンツを扱うことが多くなってきている。さらに，動画像素材を多量に持つ放送局や映画事業者は自社のコンテンツを利用した配信サービスを立ち上げるなど，インターネット上のコンテンツ配信ビジネスが活発になってきた。

しかし，アクセス回線がいかに速くなったとしても，バックボーンネットワークの帯域やISPの設備などがブロードバンドに合わせて増強されていなければ，相対的なコンテンツ配信スピードを高めることはできない。こうした問題を回避し，Webアクセス効率化を図るためのアクセスビジー，レスポンスを改善するコンテンツ配信に適したネットワーク（図7.6），リッチ

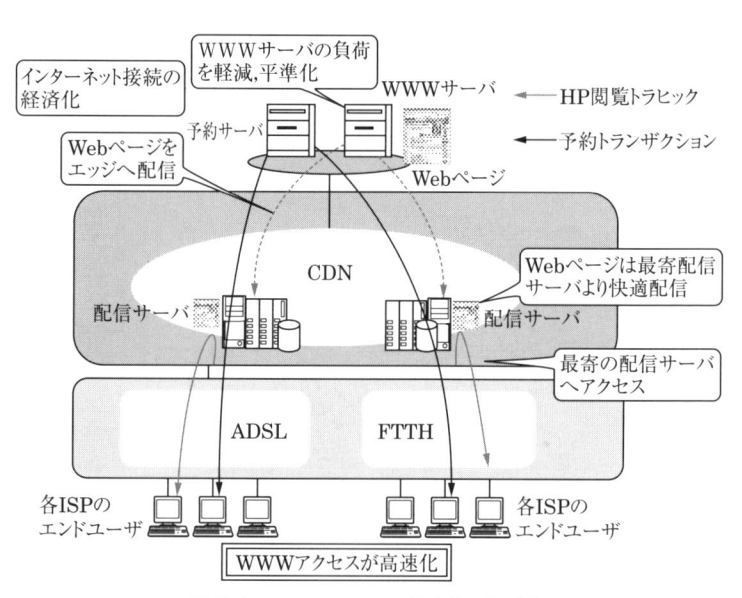

図 7.6 Webアクセスの効率化・経済化

7.5 コンテンツ配信ネットワーク（CDN）

コンテンツの効率的なストリーム配信を可能とするマルチキャスト・オンデマンド技術に注目が集まっている。

CDNプラットホームは，インターネット上に配信サーバーを分散配置してブロードバンドコンテンツを配信するモデル（図7.7）と，インターネット

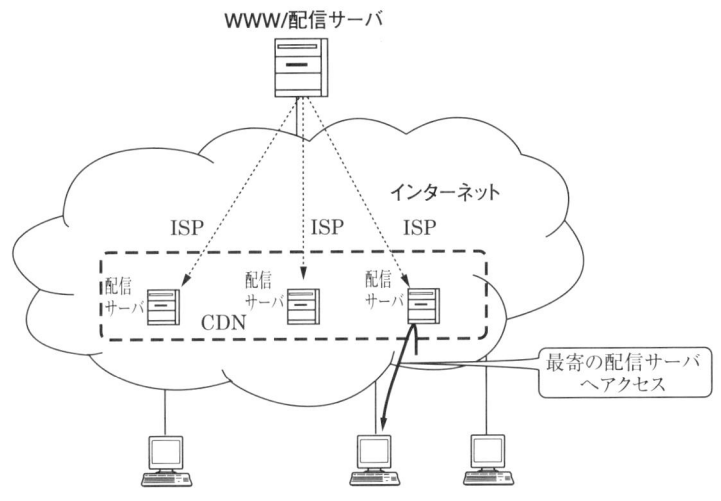

図 7.7 インターネット上に配信サーバ設置

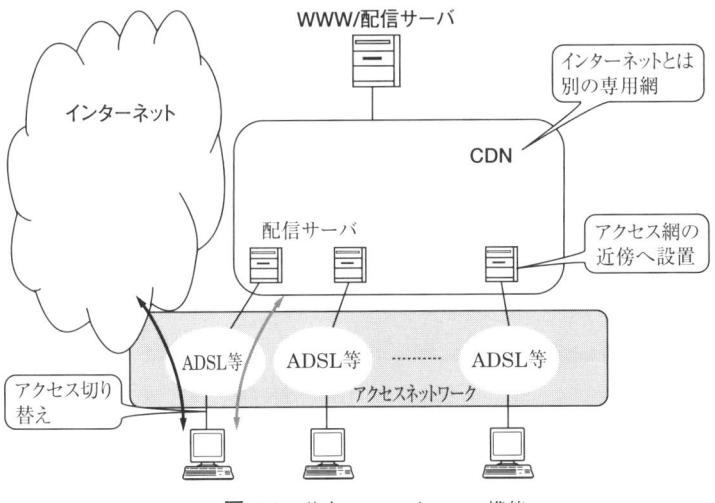

図 7.8 独自のCDNインフラ構築

とは独自のCDNインフラを構築するモデル(図7.8)がある。

どちらの場合においても，エンドユーザーに一番近い場所のエッジ・サーバーからコンテンツを配信する方式を取る。

インターネット上に構築した場合，ISPあるいはISPと接続しているアクセスキャリヤがブロードバンドコンテンツを伝送できるネットワークを持っていることが前提となる。アクセス回線のブロードバンド化は進んでいるが，通信品質は保証されていないため，このような場合，コンテンツの配信品質をエンド・ツー・エンドで保証することはできない。

独自のCDNインフラを構築した場合の特長は，ネットワークの輻輳やピアリングのボトルネックに左右されない安定したコンテンツ配信の保証である。しかし，エンドユーザーが快適にコンテンツにアクセスするためには，アクセス先を変更する必要がある。

ADSLを中心としたブロードバンドの急速な普及とともに，インターネット上のコンテンツ配信ビジネスが活発になってきたことを受け，CDN(Contents Delivery Network)に関連したアプリケーションサービスのニーズも高まっている。

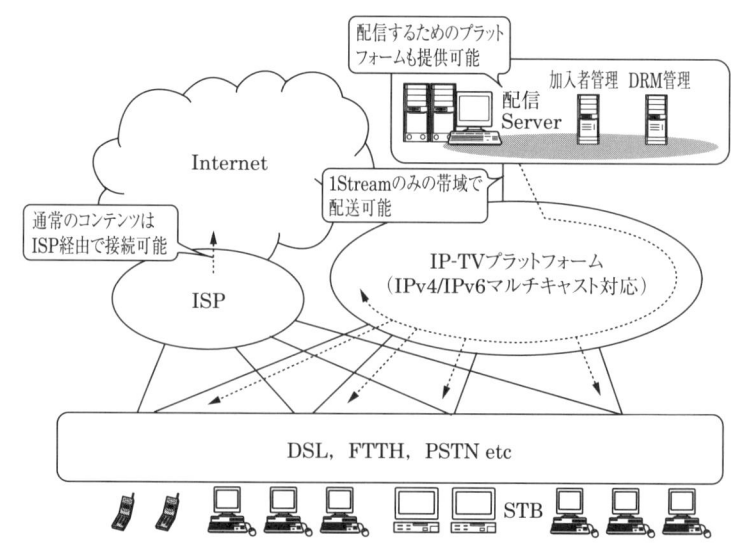

図 7.9 IP-TVプラットホームサービスのイメージ図

各種回線サービスの拡充とともに，高付加価値を提供するアプリケーションサービスの拡充にも取り組んでいる．NTTコミュニケーションズで検討中の「IP‐TVプラットホームサービス」(図7.9)は，インターネットや企業の社内放送などにおける映像コンテンツの配信ニーズに応えるもので，著作権管理 (DRM : Digital Rights Management) 機能も搭載可能とする．

7.6 その他のプラットホーム

多くの企業ではブロードバンドを利用して様々なシステムを活用し，社内，社外の至るところでビジネスを展開している．そして，それを中断することなく継続していくため，現在取り扱っているデータまでをリモートサイトの方へ適宜バックアップしていくこと，そして，システムの切り替えが瞬時に行えることが必要となってきている．こうしたニーズに応えるべく，通信キャリアにおいては局内にストレージを設置し，ネットワークとともに企業等へストレージサービスを提供を始めている．

NTTコミュニケーションズは，高品質なネットワークを利用してネットワーク内に設置したストレージにアクセスし，オフィスから自宅まで同じ環

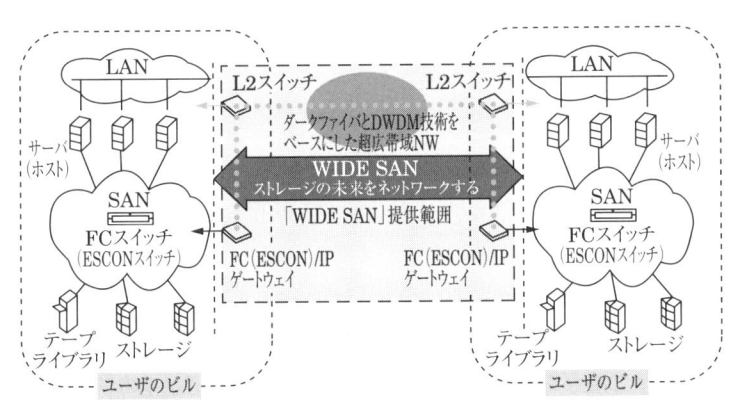

・終端装置であるFC(ESCON)/IP，L2スイッチをユーザのビル内に設置する
・ユーザのビルからNTTComビルまでのアクセス部分，NTTComのビル間のバックホーン部分をシームレスにエンドtoエンドで接続する

図 7.10 広域ストレージネットワークサービス「WIDE SAN」

境で快適に仕事を可能とするネットワークストレージ等のサービスについても検討中である。

　また，BusinessContinuityを実現する一つのソリューションとして，「広域ストレージネットワークサービス（WIDE SAN）」の提供を行っている（図7.10）。従来のIPレベルの通信ネットワークに加え，サイトに設置されるFC-IPゲートウェイ，FCスイッチなどのポートまでを網羅したネットワーキングソリューションが「WIDE SAN」である。

7.7 課題と展望

　2003年度は「VoIP元年」と言われるように，VoIPを利用したアプリケーションが続々と市場に投入されてくるだろう。また，ブロードバンド化の急速な進展にともないIPネットワークを基盤とした企業ネットワーク，コンテンツデリバリーネットワーク（CDN）の拡充，およびそのネットワークを利用したアプリケーションも充実してくるであろう。

　しかし，まだまだ解決しなければならない課題も多くある。VoIPでは，既存電話と同等の品質・機能（例えば，110番などの緊急通信，遅延など）の盛り込み，事業者間の相互接続が挙げられる。増大するトラヒックに対するIPバックボーンの帯域，堅牢性も重要である。CDNと既存放送メディアとの棲み分けも必須である。今後ストリーミング時の圧縮技術などが飛躍的に向上すれば，CDNでも相当な高画質のデータ配信が可能になるだろう。課題は，インフラコストである。初期コストは膨大なものの，配信エリアと視聴者が増えるほどインフラコストが下がる既存放送メディアと比較して，CDNは視聴者が増えれば増えるほどエッジ・サーバーの追加や，ネットワークの拡張，設備の増強が必要になり，スケールメリットの違いは明らかである。

　今後，数年で既存電話と同等なIP電話（VoIP），放送並みの映像配信インフラ（CDN）となることを期待して，インターネット人口は増えていくだろう。

第8章

IPネットワークの品質保証(QoS)技術

東京工業大学 学術国際情報センター　山岡克式

8.1 はじめに

　近年，インターネットのブロードバンド化が急速に進み，つい数年前までのモデムやISDNなどのKbpsから，ADSLやFTTH（光ファイバ接続）などMbpsに，現在ではネットワーク環境が進化しつつある．このようなブロードバンド時代のインターネットにおいて，キラーアプリケーションとして期待されているのが，動画像や音声通信をインターネット上で実現する，いわゆるストリーミングアプリケーションである．

　ストリーミングは，技術的にはいくつかの種類に分類が可能であるが，その中でも，特にビデオカンファレンスやVoIP（インターネット電話）など双方向性を伴うリアルタイムストリーミングは，ネットワークの状況により品質が大きく劣化するため，高品質の双方向リアルタイムストリーミングを実現するためには，ネットワーク側でのQoS（通信品質）提供，保証技術が必要不可欠なものとなる．

　そこで本章では，ブロードバンド・ネットワークのIP技術として特にQoS制御技術を取り上げ，インターネットにQoS制御が要求されるに至った背景，および，インターネットでのQoS制御技術について解説する．

　まず8.2では，ブロードバンド以前のインターネットの状況やその当時のアプリケーションの状況，および，その同時代にすでに電話網で実現されていたQoS制御など，ブロードバンドに至る背景を述べる．これらをふまえ8.3では，インターネットでのQoS制御技術である，RSVPおよびDiffServ

について，それぞれの方式の登場の経緯や特徴，現状などを述べ，おわりにまとめを述べる。

8.2 ブロードバンド以前の状況

8.2.1 インターネット

　すでによく知られているように，インターネットは当初は大学や政府関係研究機関，企業の研究所などの研究ネットワークの相互接続により形成されてきた。日本における1990年代初頭のインターネット環境は，組織や職場内のLANでは同軸ケーブルを利用した10MbpsのEthernet接続（10Base-5）やFDDIが主流であった。また，組織間は非常に高価な専用線により相互接続されていたが，その速度は64Kbps前後が主流であり，一部では県や地域間などの長距離をまたがり多くのユーザが利用するIP回線でさえ，9600bpsのSLIP（Serial Line IP）[1]により運用されていた。しかし，その当時のユーザ数は限られており，また利用アプリケーションはテキストデータの電子メール，およびファイル転送（FTP）が主体であったため，ファイル転送には多くの時間を必要とはしたが，これらを通常利用する分にはそれほど不自由を感じる環境ではなかった。

　しかも，この当時すでに，現在のブロードバンドインターネットに通じるアプリケーションが，その芽を出している。

　CERN（欧州核物理学研究所，European Center for Nuclear Research）によりWorld Wide Web（WWW）の最初の実装が開発されたのは1990年のこと[2]である。各WWWサーバに保存されている情報を各ユーザが必要としたその時点でユーザ側にインターネットを通じて送信し表示するという考え方は，ブロードバンド時代の今となっては当たり前であるが，まだまだインターネット環境が貧弱であった当時では画期的な考え方であった。WWWでは，ユーザがURLを入力してからブラウザに表示されるまでの速度はネットワーク環境やサーバ能力などに依存するため，WWWの普及に従い，それまでの「まず，つながること」から，「少しでもよい環境でつなぐこと」へと，インターネットに求める品質の意識が変化していくこととなった。

8.2 ブロードバンド以前の状況

一方，ストリーミング技術によるアプリケーションも，すでにこのころからインターネット上での実験運用が行われている。インターネット上で1対多もしくは多対多通信を実現するIP Multicast[3]を利用した音声や映像ストリームの通信実験はすでに1990年代前半には開始されており，研究者同士の議論や講演会中継などが行われてきた。一般に，音声や動画像などのストリームアプリケーションはシビアなQoSを必要とする。にもかかわらず，この当時のネットワーク環境は先に述べたように今とは比べものにならないくらい貧弱なものであったため，実際その上で通信される音声や動画像のQoSは劣悪なものであった。ただ，当時のインターネットの参加者は技術を理解している研究者であり，また各組織や職場のインターネット環境から実験に参加していたため個人に課金などの負担もなかった。そのため，研究活動の一環としてある程度の品質劣化は割り切って利用されていた。

しかしその後，インターネット接続を提供するいわゆるInternet Service Provider（ISP）の登場および個人向けのサービス開始により，一般家庭の個人ユーザへのインターネット利用の門戸が開かれた。インターネットのユーザ数は爆発的に増加することとなり，インターネットユーザのかなりの部分を，料金を支払うことによりインターネットに接続する個人ユーザが占めるようになった。その結果，インターネットの利用は研究目的からエンターテインメントや電子商取引などに変化していくこととなる。

また，それに伴い，新たな問題点が浮上してきた。それは，インターネットの最も根幹をなすIPという技術が提供する，Best Effort型通信サービスに対する不満である。

Best Effort型通信とは，ネットワークは性能やネットワークリソースの実現可能なできる限りの努力は行うが，その結果得られるQoSに何らかの保証を行うものではないという考え方による通信であり，ある通信が得られるQoSは事前には不明であり，通信を実際に行ってみなければそのQoSは明らかにならない。

従来のインターネットは，研究者が利用するデータ通信ネットワークとして，各組織のネットワークの相互接続により発展してきたため，インターネットの利用に対する課金という概念は存在していなかった。また，主なアプ

リケーションである電子メールやファイル転送などのデータ通信型トラフィックでは，それほどシビアなQoSは要求されないため，インターネットの提供するBest Effort型通信サービスで，それほど問題は存在していなかった。しかし，インターネットのブロードバンド化の魅力として掲げられている音声や動画像ストリームなどのリアルタイム型トラフィックは，非常にシビアなQoSを要求するため，従来のBest Effort型通信サービスでは，ネットワークのトラフィック状況によってはストリーム品質に劣化が生じる。これは，インターネットをISP経由で料金を支払って利用する立場に置かれた一般のユーザにとってはとうてい受け入れられるものではなく，対価としてQoSの提供や保証を要求するのは当然の流れである。逆に，QoSの提供や保証を行えない限り，ネットワーク側からもユーザへの合理的な課金が困難なため，インターネットにおけるQoSの制御，保証技術が切望されている。

8.2.2 B-ISDN

ブロードバンドインターネットが普及する以前に，同じくブロードバンドという言葉を冠した通信サービスが計画されていた。電話網の技術に端を発する，ブロードバンドISDN (B-ISDN) である。

電話網では，通話開始に先立ち，発信者から着信者に至る経路上の回線や交換機を確保する，シグナリングと呼ばれる制御を行う。このとき，回線や交換機のどこか1カ所でもその通話のために確保が不可能な場合には，話中となり，その通話は成立しない。逆に，経路上のすべての回線や交換機がその通話のために一度確保されると，通話が開始され，その通話が終わるまでは回線や交換機はその通話によって確保され続けられる。結果として，電話網の側からユーザに対してその通話期間の帯域や遅延などQoSが保証されることとなり，同時にこれに対する合理的な課金も行われる。

このような電話網の技術を基にして，ISDN (サービス統合ディジタル網) は開発された。ISDNとは，音声や動画像，データ，文字などの異なったサービスをすべてディジタルデータとして統一的に扱うことにより，単一の通信網で統合的に様々な通信サービスを提供するネットワークのことであり，日本で現在サービスが行われているナローバンドISDN (N-ISDN) では64Kbpsから約1500Kbps程度のサービス速度が提供されている。

これに対しB-ISDNは，155Mbpsから622Mbps程度の広帯域なISDNサービスを提供するネットワークであり，1980年頃より当時のCCITT（現在のITU-T）において検討が開始され，1990年代に入った頃にはすでにその基盤技術であるATM（Asynchronous Transfer Mode，非同期転送モード）は実用化の段階に入っていた。

ATMは，セルと呼ばれる53bytesの固定長パケット（ヘッダ5bytes，ペイロード48bytes）によるパケット交換方式によりISDNとしての統合通信サービスを提供する。特に音声や動画像などの通信時には，従来の電話網の回線交換方式と同様に，通信開始に先立ち発信者から受信者までの経路上の帯域や遅延を確保し，かつその通信中のQoS（帯域や遅延）を保証する能力があり，回線交換とパケット交換の特徴を併せ持った画期的な通信方式であった。

ここではATMの技術的な詳細は割愛[4]するが，ATMはその後実用化され，従来の専用線接続にかわるATM通信サービスが開始はされたものの，B-ISDNの目指していたところはインターネットに取って代わられる結果となり，B-ISDNとしての全面的なサービス展開には至らず，現在ではADSL網のバックボーン回線の一部などとして活躍している。現在のインターネットで実現されているサービスは，まさにB-ISDNが目指していたものであり，電話網の技術に端を発するATMは残念ながらインターネットになることはできなかったわけだが，ATMはQoS保証の機能を有していることを，改めて頭に留めておいて頂きたい。

8.3 インターネットのQoS制御技術

8.3.1 IntServとRSVP

IntServとは，元々はIETFの中でインターネット上でのIntegrated Services実現を目的とした1ワーキンググループ（WG）の名称である。このWGが目指したのは，従来のIPで提供されているデータ通信型トラフィック用のBest Effort型通信サービスに対して，音声や動画像ストリームなどのリアルタイム通信型トラフィック用にQoSの保証を行うGuarantee型通

信サービスを提供することである。さらに，これらを同一のIPという枠組みで取り扱う，統合サービスアーキテクチャの開発であり，Integrated Services Model[5]として大枠がとりまとめられ提案された。

　IntServでは，帯域や最大遅延の厳密な保証はしないが，インターネットが混雑している状況でもインターネットが空いている状況とほぼ同等のQoSを提供する"Controlled-Load"（負荷制御）サービスと，帯域や最大遅延を厳密に保証する"Guaranteed"（保証）サービスの，2種類のQoS提供サービスが定義されている[6]～[8]。前者は，通常のBest Effortサービストラフィックに対する優先制御，後者は厳密なネットワークリソース予約による保証制御と位置付けられる。特に，現在インターネットに要求されている機能は，後者のGuaranteedサービスである。

　QoSを必要とするアプリケーション（クライアントやサーバ）は，Guaranteedサービスを利用するために，通信開始に先立ち，その通信（フロー）が希望する帯域や遅延などのQoSをインターネットに申告する。インターネット側ではこれを受けて，クライアント－サーバ間の経路上に存在する各ルータで，申告されたQoSを実現するためのネットワークリソースの予約確保を行う。クライアント－サーバ間の経路上すべてでリソースの予約確保が行えた場合には，アプリケーションは実際に通信を開始する。この場合はそのフローが終了するまでリソースは確保され続けられるため，そのフローが終了するまで，QoSがインターネットから保証されることとなる。もしクライアント－サーバ間の経路上に存在するいずれかのルータでリソースの予約確保に失敗した場合には，インターネット側はアプリケーションにその旨を通知し，アプリケーションはその時点ではQoSの保証された状態での通信は行えないこととなる。その場合，QoSがインターネットから保証されない不十分な状態で通信を開始するか，あるいは，先に予約に失敗したQoS要求より低いQoSをインターネット側に要求して改めて予約を試みるか，もしくは，しばらくそのまま通信を開始せずネットワークのトラフィック状況が改善され，要求QoSを満たすリソースが予約されるようになるまで待機するなど，アプリケーション側でその後の行動は自由に選択可能である。

　このように，IntServでは，各フローごとに通信開始時に電話網で行われ

8.3 インターネットのQoS制御技術

ているシグナリングと同様のことをインターネット上で行い，経路上のネットワークリソースを事前確保することにより，各フローへのQoS保証を実現する。このインターネット上でのシグナリングプロトコルとして，IntServではRSVP(Resource ReSerVation Protocol)[9]が規定されている。

RSVPのシグナリングは，フローの送信側が受信側に対してPathメッセージを送信することにより開始される（図8.1）。図8.1は，Host 1からHost 4に対して経路上のQoS予約を行う場合を示している。

Host 1で作成されたPathメッセージには，送信者および受信者のIP addressや，要求されているQoS等の情報，およびPrevious HOP (PHOP)と呼ばれる，そのPathメッセージが直前に存在したノードのIP address情報が含まれている。Host 1から発信された状態では，PHOPはHost 1のIP addressに設定されている。

RSVPはIPの経路制御プロトコルとは分離されて規定されており，RSVPのメッセージはIPv4ではUDP，IPv6ではIP上に実装される。そのため，図8.1でHost 1からHost 4に向けて送出されたPathメッセージは，IPの経路制御に従い，Router 2に到着する。この時点では，Host 1は自分の送出したパケットが次に到着するノードがRouter 2であることを知らないことに留意しておいて頂きたい。

Router 2にPathメッセージが到着すると，Router 2はそのフローに対応するRouter 2のPHOPの値をPathメッセージにPHOPとして記録されているHost 1のIP addressに設定する。それから，PathメッセージにRouter 2自身やそこで観測される情報を追加し，さらにPHOPの値を自身（Router 2のIP address）に更新して，次のノードに送出する。

これらの動作を，最終的なあて先であるHost 4に到着するまで各ノード

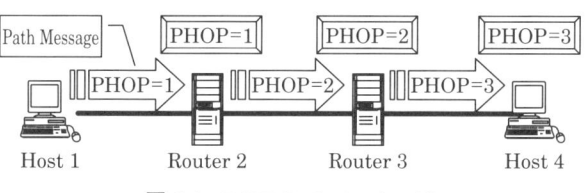

図 8.1 RSVP Path メッセージ

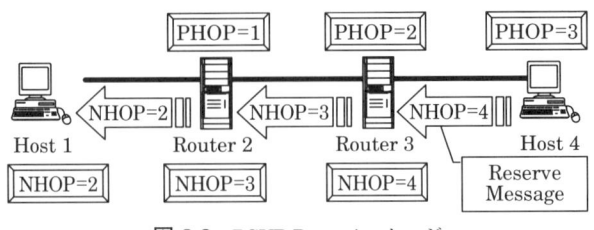

図 8.2 RSVP Resv メッセージ

で繰り返すことにより，Host 1 から Host 4 までの経路上のリソースの予約が準備される。

最終的なあて先である Host 4 が Path メッセージを受け取ると，Host 4 は Path メッセージの経路上を逆方向に通過する Resv メッセージを送信する（図8.2）。このとき注意が必要なのは，IP の経路制御では，Host 1 から Host 4 に IP パケットを送る場合の経路と，Host 4 から Host 1 に IP パケットを送る場合の経路が，必ずしも同一とは限らない点である。そこで，Host 4 が送信する Resv メッセージは，Path メッセージにより得られた PHOP 情報を利用し，Host4 にそのフローの PHOP として登録されている Router 3 に対して Resv メッセージを送信する。

Host 4 から送信される Resv メッセージには，Path メッセージの PHOP と同様の，Next HOP（NHOP）情報が含まれる。Resv メッセージを受信した Router 3 は，この段階で実際に Path メッセージにより通知されている要求 QoS を実現するために必要なリソースをそのフローのために確保し，以後制御を行う。また，この時点で初めて，Router 3 はそのフローが次に通過するノードの IP address を認識することが可能となる。このように順次 Resv メッセージを Path メッセージと逆方向に転送していき，送信側から受信側へのリソース予約およびそのフローへの QoS 保証が実現する。

このように，RSVP により予約されるリソースは片方向であり，OPWA（One Path With Advertising）と呼ばれている。双方向で予約を行いたい場合は，方向ごとに別々に Path および Resv メッセージをやりとりする必要がある。また，RSVP によるリソースの予約は Soft State と呼ばれ，Path および Resv メッセージにより予約されるリソースには有効期間があり，フ

ローの送信開始時にRSVPによりリソースが予約された後も，一定期間ごとにPathおよびResvメッセージのやりとりを繰り返すことにより，リソースの予約を継続することができる．

このように，RSVPはATMを含む電話網のシグナリングのメカニズムをインターネットの世界に持ち込むことにより，各フローに対するQoS保証を実現する試みである．発表当時には大いにその実現に期待がもたれたが，いくつかの理由から，インターネット上での実用化および普及はなされないまま，現在に至っている．

その第1の理由として，設備導入の問題がある．

RSVPによるQoS保証を実現するためには，フローの通過する経路上に存在するすべてのノードにRSVPが実装され，かつ，RSVPにより通知される，各フローの要求するQoSを実現するためのリソース確保および通信制御機構（QoS保証制御機構）が実装されていなければならない．また，仮にあるタイミングではそのフローの経路上のすべてのノードにRSVPおよびQoS保証制御機構が実装されていたとしても，先に述べたようにこれらのフローが実際に通過する経路を決定するのは通常のIPの経路制御アルゴリズムである．経路が変更された場合にも，QoS保証制御を継続するためには，事実上ネットワークの全ノードにRSVPおよびQoS保証制御機構を要求することとなる．

これは，従来の電話網のように，単一の組織が広域のネットワークを管理している場合であれば，すべてのノードにいっせいに更新を行うことにより実現し，必ずしも不可能とは言えない．しかし，インターネットのように各組織が独自に運営管理するネットワークが，相互に接続されることにより形成されているネットワークにとっては，致命的な問題点である．

第2の理由は，スケーラビリティの問題である．

IntServで目指したのは，各フローごとに，それぞれが要求するQoSを提供，保証することであり，これを実現するためには，まずは各ノードにおいて，受信するパケットが属するフローを識別して分類しなければならない．IPv6では，この識別を容易にする，フローラベルと呼ばれる識別子がIPパケットのヘッダに用意されている．しかし，IPv4の場合はこのフローラベ

ルを利用することができないため，フローを識別するためには，送信および受信 IP address とポート番号による識別が必要となり，これが各ノードに大きな負荷を与えることとなる．さらに，分類が終わった後，各フローにより要求されている QoS およびそれに属する各パケットの状態を各ノードは保持して，それに従い QoS を保証する適切なパケットの転送処理を個別に行わなければならない．これも，各ノードに与える負荷が尋常とはならないことは，容易に想像ができるであろう．

したがって，これらの理由から，RSVP および QoS 保証制御機構を実装し，かつバックボーンのように多くのフローが同時に収容されても動作に耐えるルータの実現は困難である．また，万一実現したとしても，そのルータは非常に高価なものになると予想され，第1の理由でも述べたように，各組織が独立してネットワークを構築し，相互接続により成立しているインターネットにおいては，高価なルータの足並みをそろえた一斉導入は，なおさら不可能である．

第3の理由は，課金の問題である．

もし，インターネットにおいて QoS 保証機能が実現され，これによりユーザへの課金が可能になるのであれば，これは特に ISP にとってはビジネスチャンスである．しかし，これには様々な問題点が存在する．

まず，ネットワークが提供する QoS とコンテンツの価値とが，必ずしも比例関係にないことが上げられる．電話網のようにすべてが音声通信であれば，帯域による従量課金は容易であるが，音声と動画像では，必要とするネットワークリソースおよびそれにより得られるメディア再生品質（メディア QoS）が異なる．また，動画像同士で考えても，その内容により，同じ帯域であっても再生画質は異なり，また同一の帯域変化の場合にも再生品質の変化は同一ではない[10]など，単純な帯域による従量課金では解決できない問題が多く存在する．

さらに問題となるのが，課金の分配の問題である．あるフローに帯域保証を行ったとしても，それに必要としたリソースの価値は各組織で異なるため，課金の分配交渉は非常に困難なものとなる．例えば，二つの組織をまたがるフローに 1Mbps の帯域を保証した場合，1Gbps の回線を運用する組織と

2Mbpsの回線を運用する組織にとっては，価値が大きく異なる。したがって，ユーザからの課金を単純にこの2組織が折半するという合意はなかなか形成されない。電話網のように国により規制が行われている業界においても，接続料の問題は大きな問題となっており，ユーザの支払った料金の分配比率は，単純にその通信に利用したリソースの比率などで決定することができず，各社不満を持ちながら国の決定に従っているのが現状である。ましてや，そのように全体を規制統括する組織の存在しないインターネットにおいては，インターネット全域で課金に対する合意を得るのは不可能である。

以上から，現時点ではインターネットでのQoS保証による合理的な課金の実現は困難視されており，これも第1の理由で述べた，RSVPおよびQoS保証制御機構を実装したルータを導入してもメリットが生じないISPが，積極的な導入を行わない原因の一つとなっている。

こうしてIntServは，QoS保証を当時すでに実現していたATMをはじめとする電話網の技術や考え方をインターネットに導入することにより，インターネット上でのQoS保証実現を目指したが，本来データ通信を単純なシステム構成や制御により実現し，データ通信速度よりも信頼性に重視をおいて形成されてきたインターネットにはそぐわない複雑なアーキテクチャおよびRSVPプロトコルとなってしまった。その結果，インターネット上で大規模に運用されることはなく，事実上このQoS保証という考え方はインターネットで放棄される結果となる。インターネットもまた，ATMにはなれなかったのである。

8.3.2 DiffServ

IntServの問題点を解決する，インターネットにおける新しいQoS制御アーキテクチャとして登場したのが，DiffServである。

DiffServでは，まず，それまでのフローごとのQoS保証という考え方から，フローをいくつかのクラスに分類し，そのクラスごとに異なる制御を行い通信品質を提供する，Class of Service (CoS) という概念が導入された。そのためにDiffServでは，IPv4のヘッダに規定されていながら事実上ほとんど利用されていなかった，各IPパケットの特性を表すTOS (Type of Service) フィールド（図8.3上）を再定義し，新たに6bitのDSCP (different

| Precedence (3bit) | Low delay (1bit) | Through put (1bit) | Reliability (1bit) | Unused (1bit) | Unused (1bit) |

↓

| DSCP (Differential Service Code Point) | Currently unused |

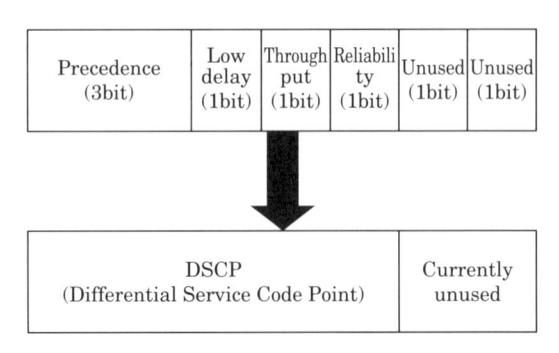

図 8.3 DS フィールド

iated services codepoint) を含む DS フィールド[11]を定義した（図 8.3 下）。このDSフィールドは，IPv6ではヘッダに標準でTraffic Classフィールドとして用意されている。この6bitのDSCPを利用することにより，64種類のクラスが定義可能であるが，そのうち32種類はローカルでの利用もしくは実験用と位置付けられ，残りの32種類のクラスが規定された。各ノードでは，それぞれのDSCPの値に対応した制御アルゴリズムPHB（Per Hop forwarding Behaviors）をあらかじめ設定しておき，各パケットは，それぞれに設定されているDSCPの値に従いノードで制御される。ここでは，いくつか規定されているPHBのうち代表的な2種類のPHBを紹介する。

Expedited Forwarding (EF) PHB[12]は，プレミアムサービスとも呼ばれ，仮想的な専用線サービスのように，自分以外のトラフィックに邪魔されることなく，低遅延，低ジッタ，低損失の通信品質を提供するサービスクラスである。

EF PHBの実現は比較的容易であり，例えば単純にEF PHBのパケットを優先的に制御するPriority Queuing (PQ)により実現でき，また，全体帯域の一部を絶対的にあるクラスに割り当てるのであれば，Weighted Round Robin (WRR)やWeighted Fair Queuing (WFQ)[13]などの制御アルゴリズムにより実現が可能である。しかし，このような制御を行うと，EFクラス以外のクラスの通信品質は劣化し，またEFクラス自体のトラフィックが増加すればEFクラスそのものの品質も劣化する。EFクラスを効果的に運用するためには，EFクラスに収容するトラフィックを帯域全体の約10％以下に

抑える必要があると一般に言われている．したがって，EFクラスの提供するQoSは動画像ストリームなどのリアルタイム通信型トラフィックに非常に向いてはいるが，実際にEFクラスがストリーム型トラフィックに利用される状況は限定的なものになると考えられる．

Assured Forwarding（AF）PHB[14]では，四つのクラスが規定され，それぞれのクラスごとに3段階のパケット廃棄優先度が規定されている．これにより，合計12種類のクラスが定義可能となる（図8.4）．四つのクラスが提供するサービスについては特に具体的には規定されておらず，利用法や制御アルゴリズムは各ノード管理者が自由に定義可能である．例えば，単純に新幹線の「のぞみ」「ひかり」「こだま」のような3段階のクラスを作成し，「のぞみ」クラスは常に最優先でパケットを転送，「ひかり」クラスは「のぞみ」には抜かれるが「こだま」よりは優先してパケットの転送を行うというようなサービスが考えられる．この場合，新幹線の「のぞみ」であれば東京−大阪間は約2時間30分というように，各クラスで得られる標準的な目安およびそのクラスを利用する場合の料金を事前に提示し，ユーザは希望するサービスを料金を支払って利用することになる．ここで注意が必要なのは，ユーザが要求できるのはあくまでもクラスのみであり，具体的なQoSパラメータではないことである．先の例で説明すれば，あくまでもユーザが選択できるのは「のぞみ」に乗ることだけであり，東京−大阪間の希望所要時間を2時間31分とか2時間29分というように具体的に指定，要求することはできないことである．また，トラフィックの状況によっては，「のぞみ」に遅れが発生することも十分あり得ることであり，その場合にも「ひかり」や「こだま」よりは少しでも早くパケットを転送することによりこのAFサービスは成立していることに注意されたい．つまり，あくまでもDiffServで提供される

	AF 1	AF 2	AF 3	AF 4
Drop L				
Drop M				
Drop H				

図 8.4 AFクラス

サービスはBest Effortであり，実際に得られる品質に対しては何の保証もしていないのである。IntServで厳密なQoS保証をサービスしようとして失敗した反省からの，大きな思想転換がここに存在する。

このように，DiffServでは各ノードでの厳密なQoS保証を行わないこととしたため，各クラスに収容されるフローの得られるQoSは，各ノードの管理者の運用方針や制御アルゴリズムにより異なるものとなる。そこでDiffServでは，同一の管理運用ポリシーにより，DiffServによる一貫したサービスが提供可能なDiffServ対応ノードにより構成される領域を"DSドメイン"として定義する。その結果，DSドメイン内ではおおむねQoSの保証が可能となるため，各DSドメインごとにユーザとの間で提供クラスの契約およびそれに対する課金が実現可能となり，またDSドメインごとにDiffServを自由に運用可能であるため，独自のサービスクラス定義や独自の課金体系などによる他のISPとの差別化を行うことも可能である。

このように，DSドメイン単位でQoS制御を行うことにより，RSVP最大の問題点とされた，シグナリングによる各ノードの状態管理がDiffServでは不要になった。しかし，端末間の通信が単一のDSドメイン内では終わらず複数のDSドメインをまたがる場合には，各DSドメインのサービスクラス定義およびその制御は異なるため，そのような端末間の通信に一貫したQoSを提供するためには，あるDSドメインを出て別のDSドメインに入った後も同様のQoSを提供する必要がある。そこで，異なる隣接DSドメイン間で事前に相互の運用ポリシー情報を交換し，各DSドメインでの提供クラスをDSドメイン間で相互に対応付ける契約SLA（Service Level Agreement）[15]を各隣接DSドメイン間で結ぶことにより，一貫したQoSの提供が実現可能となる。先の例で説明すれば，新幹線というDSドメインでは提供QoSが最も低いクラス「こだま」と，在来線というDSドメインでは提供QoSが最も高いクラス「特急」を，提供QoSの目安から同一クラスと見なすSLAが両DSドメイン間でなされれば，新幹線DSドメインで「こだま」クラスのトラフィックが到着した場合，在来線ドメインに入る段階で「特急」クラスをその通信に割り当てることにより，一貫したQoSの提供が可能となる。

これらをふまえ，提案されたDiffServアーキテクチャ[15]は，他DSドメイ

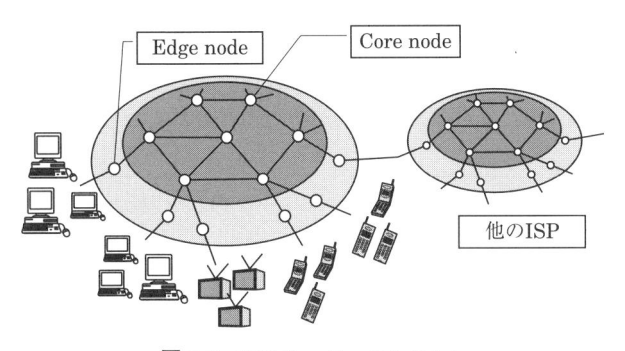

図 8.5 DiffServアーキテクチャ

ンやユーザとの境界部分に位置するEdgeノードと，他のDSドメインとは接しないDSドメイン内部に位置するCoreノードから構成されている（図8.5）。Edgeノードでは，流入するトラフィックの監視，分類や，契約以上に流入するトラフィックの廃棄などを行う。ユーザ端末から流入するトラフィックには，ユーザとの契約による適切なクラス割当，およびそれに従ったIPパケットへのDSCP設定が行われる。また，他DSドメインから流入するトラフィックには，流入するトラフィックのクラスを調べ，他DSドメインとの間で結ばれているSLAに従い，対応する自DSドメインのクラス割当およびDSCPの付け替えを行う。Coreノードでは，転送されてきたIPパケットのDSCPに応じて各Coreノードに設定されているPHBに従い，パケットの転送制御を行う。このようにDiffServアーキテクチャは，通過するトラフィックが比較的少ないEdgeノードでトラフィックの分類やDHCPの設定などの複雑な作業を行い，トラフィックが集中するCoreノードでは作業をPHBに従ったパケット転送制御のみにとどめることにより，大規模なネットワークでも実現可能なスケーラビリティのあるアーキテクチャを実現している。

　以上，現時点でのインターネットにおける標準的なQoS制御アーキテクチャであるDiffServについて述べた。DiffServの機構は，現在インターネットバックボーンで稼働しているルータに多く実装されており，その上にはPQやWFQなどいくつかのPHB制御アルゴリズムも実装がなされているため，DiffServによりQoS制御を行っている組織も存在する。しかし，特に

AF PHBについては，そのクラスやDrop Precedenceの利用法，および各クラスに適用する制御アルゴリズムが完全には定まっておらず，まだまだ研究段階にあり，現在でも多くの提案が新たに行われている[16)～19)]。

本章では，ブロードバンド・ネットワークのIP技術として，ブロードバンド時代のアプリケーションとされるストリーミングを実現するために必要不可欠なQoS制御に着目し，ブロードバンド以前のインターネットの状況，および現在のインターネットにおけるIPでのQoS制御方式について，特にIntserv(RSVP)およびDiffServを取り上げて解説した。ほかにも現在のインターネットでは，ATMなどIP以外のレイヤーが元来もつQoS制御機能を利用可能とする，MPLS(Multiprotocol Label Switching)[20)]によるQoS制御も行われている。

しかし，本章で述べたように，インターネット上で現在実現されているQoS制御は，電話網でのそれとは異なるかなり大まかでかつ不安定なものであり，厳密な意味でのQoS保証は期待できない。したがって，インターネットで品質の良いストリーミングアプリケーションを実現するためには，このような不安定なネットワークへの対応が必要となる。つまり，電話網の端末のような単純な制御機構ではなく，様々な複雑な制御がユーザ端末側に要求されるため，今後のインターネット用ユーザ端末の開発には，インターネット内での制御動作を理解した上での設計が必要不可欠になると考えられる。

参考文献

1) J. Romkey : "A NONSTANDARD FOR TRANSMISSION OF IP DATAGRAMS OVER SERIAL LINES : SLIP", RFC1055, IETF (1988).
2) "A Little History of the World Wide Web", http://www.w3.org/History.html
3) S. Deering : "Host Extensions for IP Multicasting", RFC1112, IETF (1989).
4) 富永英義, 石川宏監修, マルチメディア通信研究会編 : "標準ATM教科書", アスキー (1995).
5) R. Braden, D. Clark, and S. Shenker : "Integrated Services in the Internet Architecture : an Overview", RFC1633, IETF (1994).
6) J. Wroclawski : "The Use of RSVP with IETF Integrated Services", RFC2210, IETF (1997).
7) J. Wroclawski : "Specification of the Controlled-Load Network Element Service",

RFC2211, IETF (1997).
8) S. Shenker, C. Partridge, and R. Guerin : "Specification of Guaranteed Quality of Service", RFC2212, IETF (1997).
9) R. Braden, Ed., L. Zhang, S. Berson, S. Herzog, and S. Jamin : "Resource ReSer Vation Protocol (RSVP) Version 1 Functional Specification", RFC2205, IETF (1997).
10) 小川賢太郎, 小林亜樹, 山岡克式, 酒井善則 : "画質の均質化を尺度としたマルチチャネル動画像伝送システムの実装", 電子情報通信学会論文誌B, Vol. J86-B, No. 2, pp. 162-173 (2003).
11) K. Nichols, S. Blake, F. Baker, and D. Black : "Definition of the Differentiated Services Field (DS Field) in the IPv4 and IPv6 Headers", RFC2474, IETF (1998).
12) V. Jacobson, K. Nichols, and K. Poduri : "An Expedited Forwarding PHB", RFC2598, IETF (1999).
13) A. Demers, S. Keshav, and S. Shenker : "Analysis and Simulation of a Fair queueing Algorithm", Proceedings of ACM SIGCOMM '89, pp.3-12 (1989).
14) J. Heinanen, F. Baker, W. Weiss, and J. Wroclawski : "Assured Forwarding PHB Group", RFC2597, IETF (1999).
15) S. Blake, D. Black, M. Carlson, E. Davies, Z. Wang, and W. Weiss : "An Architecture for Differentiated Services", RFC2475, IETF (1998).
16) B. Nandy, N. Seddigh, P. Pieda, and N. Ethridge : "Intelligent Traffic Conditioners for Assured Forwarding Based Differentiated Services Networks", Proceedings of IFIP HPN 2000 (2000).
17) S. Yilmaz and I. Matta : "On Class-based Isolation of UDP, Short-lived and Long-lived TCP Flows", Proceedings of MASCOTS 2001, pp.415-422 (2001).
18) H. Shimonishi, I. Maki, T. Murase, and M. Murata : "Dynamic Fair Bandwidth Allocation for Diffserv Classes", Proceedings of ICC 2002, pp.2348-2352 (2002).
19) K. Yasukawa, K. Baba, and K. Yamaoka : "Dynamic Class Assignment for Stream Flows Considering Characteristic of Non-Stream Flow Classes", IEICE Transactions on Communications, Vol.E87-B, No.11, pp.3242-3254 (2004).
20) E. Rosen, A. Viswanathan, and R. Callon : "Multiprotocol Label Switching Architecture", RFC3031, IETF (2001).

第III部
ディジタルコンテンツの符号化・メタデータ化

第9章 ディジタル映像符号化技術
第10章 ディジタル情報家電技術
第11章 ディジタルTVのメタデータ技術
第12章 次世代のセマンティックウェブ技術
第13章 メタデータ管理技術

第9章

ディジタル映像符号化技術

松下電器産業株式会社　妹尾孝憲

9.1 はじめに

ネットワーク技術の進展に伴い，このネットワークを通じて伝送する情報として最も期待されているのが映像・音声情報を主体とするマルチメディア・コンテンツである（図9.1参照）。高品質のマルチメディア・コンテンツのデータ量は，

$$データ速度 = 標本化周波数 \times チャンネル数 \times 量子化ビット \tag{9.1}$$

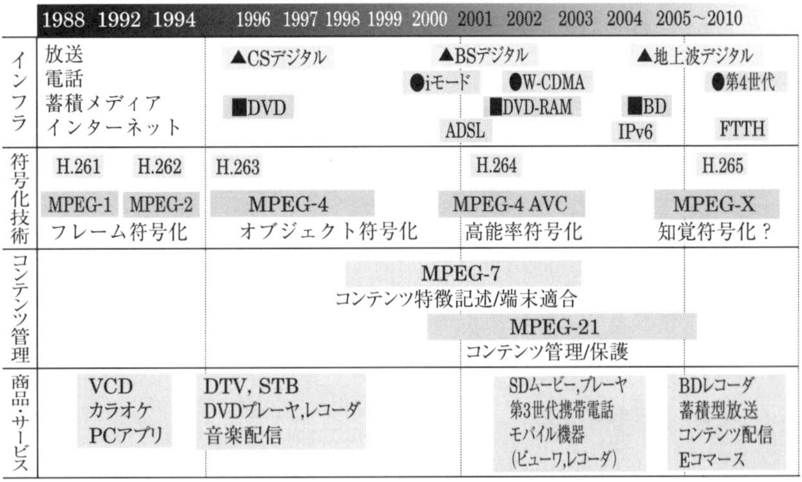

	1988	1992	1994	1996	1997	1998	1999	2000	2001	2002	2003	2004	2005〜2010
インフラ	放送 電話 蓄積メディア インターネット			▲CSデジタル ■DVD				●iモード ADSL	▲BSデジタル ●W-CDMA ■DVD-RAM		IPv6	▲地上波デジタル ■BD	●第4世代 FTTH
符号化技術	H.261 MPEG-1 フレーム符号化	H.262 MPEG-2		H.263 MPEG-4 オブジェクト符号化					H.264 MPEG-4 AVC 高能率符号化			H.265 MPEG-X 知覚符号化？	
コンテンツ管理						MPEG-7 コンテンツ特徴記述/端末適合				MPEG-21 コンテンツ管理/保護			
商品・サービス	VCD カラオケ PCアプリ			DTV, STB DVDプレーヤ,レコーダ 音楽配信					SDムービー,プレーヤ 第3世代携帯電話 モバイル機器 （ビューワ,レコーダ）			BDレコーダ 蓄積型放送 コンテンツ配信 Eコマース	

図 9.1　ブロードバンド化と符号化の技術動向

であるので,オーディオ信号であれば,サンプリング周波数48KHzで前後左右中央5チャンネルの信号を24ビットで量子化しても,5.76Mbps程度の伝送路帯域幅があればすむ。しかし映像になると,1画面当たり縦1088ライン,横1980画素,毎秒30フレームのHDTV画像では,その標本化周波数は,ブランキング期間のための余裕も含めて,74.25MHzが使われており,さらに1サンプル画素当たり輝度信号を8ビットで,色信号を実効8ビットで量子化すると,その実効データ速度は,約1Gbpsとなる。いかにブロードバンドとはいえ,このように大量のマルチメディア・コンテンツの伝送コストは,コンテンツそのもののコストよりもはるかに高価になるため,コストバランスを保つにはデータ圧縮が必要不可欠となる。

本章では現在,世界の標準圧縮方式となっているMPEG画像符号化方式を中心に解説すると共に,その実用化例を紹介する。また,マルチメディア・コンテンツの流通に伴って顕在化したコンテンツの識別,検索,著作権保護問題と,それに対する標準化取り組みについても触れる。

9.2 最初の民生機器用符号化（MPEG-1）

1988年4月,それまで国際標準化機構(ISO)と国際電気通信会議(ITU-T)の前身組織(CCITT)とで協力して静止画像圧縮規格(JPEG)を標準化していたメンバーの一部は,CCITTでテレビ電話用の動画像圧縮規格(H.261)が制定されつつあるのを見て,民生機器分野でも動画像圧縮規格の制定が不可欠であると認識し,動画符号化専門家グループ(MPEG)を立ち上げ,当時蓄積メディアとして普及していたCD-ROM(容量650Mバイト)に1時間の映画を記録可能にするための映像および音声圧縮符号化方式の標準化を開始した。この標準化には日本を始め世界各国から300人を超す多数の技術者が集まり,1回1週間×年4回〜5回の精力的な標準化会議をこなし,1990年9月,委員会草案(DC)を完成した。

この圧縮の基本構成は,H.261でも採用されていた動き補償(MC)付きフレーム間予測,予測誤差のコサイン変換(DCT)と変換された係数の量子化(Q),および量子化値への可変長符号割り当て(VLC)であり,図9.2に示す

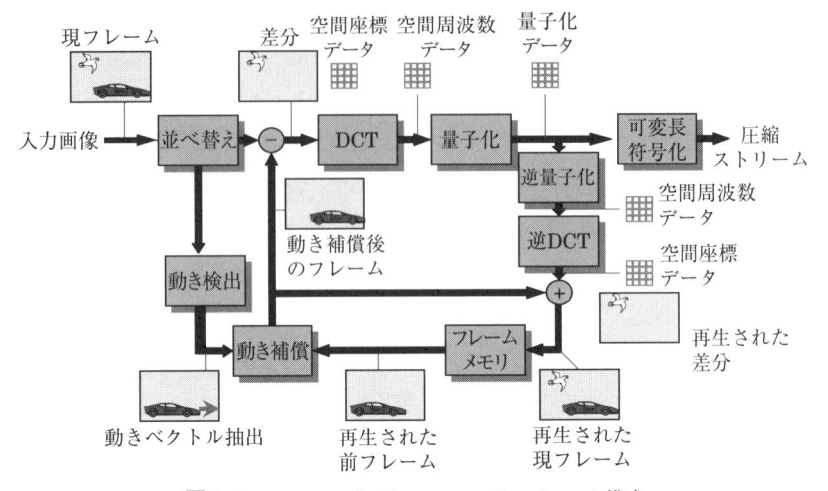

図 9.2 MPEG-1ビデオエンコーダのブロック構成

様な構造である。MPEG方式の特徴は，フレーム予測にあり，時間的に過去のフレームを使って現在のフレームを予測する前方向予測のみでなく，未来のフレームを使って現在のフレームを予測する後方向予測も可能にした，双方向予測方式を採用した事である。これにより，前景の陰に隠れていた背景など，前方向予測のみでは予測不可能な部分の予測が可能になり，画像圧縮効率が飛躍的に高まった。この双方向予測を可能にするためには，後方向予測のための未来の参照フレームがエンコーダに入力されるまで，すべてのフレームをいったんメモリに蓄える必要があり，符号化遅延時間が増大すると共に，ハードウエア規模が増大するという代償があった。しかし，最初の用途が蓄積メディアのため実時間符号化が不要であり，符号化遅延時間は問題にならない事や，デコーダ側でのメモリ量と復号化遅延時間を最小に抑えるフレーム順序並べ替え方式によって実用化を可能にした。

その他，当初目標のCD1枚に1時間の映画を記録するために必要なデータ速度1.5Mbpsを達成するために，入力映像仕様を，縦240ライン，横360画素，フレームレート30fps（525/60方式の場合），インタレースなし，輝度/色差サンプリング比4：2：0とした。また，動き補償の精度を上げて予測誤差をできるだけゼロにするため1/2画素精度の予測を採用し，人の

目の周波数特性を利用して空間周波数の高域成分を抑圧する周波数重み付き量子化などを採用した。可変長符号(VLC)は，H.261と同様に，量子化されたDCT係数列の中でできるだけ長くゼロ値の連続が続くように，二次元周波数空間で低域から高域へと係数をジグザグスキャンし，ゼロ値の連続個数であるランレングスとノンゼロ値(レベル)の組み合わせで可変長符号を割り当てる二次元VLCが採用された[2]。

このMPEG最初の符号化規格はMPEG-1と呼ばれ，当時，音声とせいぜい静止画のみであったCDカラオケを動画化するのに用いられた他，米国での最初の通信衛星を使ったディジタルTV放送(DirecTV)にも拡張応用された。その後アジア，特に中国で映画や映像付きプロモーション用ミュージック(MTV)を記録したビデオCD(VCD)として現在も普及している。ブロードバンド伝送分野においても，伝送レートを1Mbps付近にとれば，MPEG-1は，その広範囲な普及と相まって安価なハードウエア/ソフトウエアを容易に入手可能なため，最もコストパフォーマンスの高い符号化方式候補である。

9.3 本格的な符号化(MPEG-2)

MPEG-1を標準化したメンバーは，従来音声しか記録できなかったCDに，1時間の映画を記録可能にした成果に満足すると同時に，その画質限界もまた痛切に感じていた。1991年，ひき続きさらに高画質な放送用途にも使用可能な，本格的符号化規格の策定に乗り出した。この方式はMPEG-2と呼ばれ，MPEG-1と基本構成を同じにするが，入力映像は，放送局と同じに，縦480ライン，横720画素，毎秒30フレーム(525/60方式の場合)，インタレースありが採用され，輝度・色信号サンプリング比は，用途に応じて，4:2:2または4:2:0を使用可能である。

インタレースは，アナログTVで伝送帯域幅を増やさず，動きの少ない静止画状映像の空間解像度を維持したままで，大きな速い動きを滑らかに見せるために，奇数ライン，偶数ラインを1/60秒ごとに交互にサンプリングする飛び越し操作線方式である。ディジタル圧縮では不要の技術であるが，現存する映像アーカイブやテレビカメラ出力がすべてこの方式になっているた

め，対応をせざるを得ない技術である。これに対応するため，MPEG-2では，フィールド/フレーム適応予測と適応符号化方式を採用した。その内容は，動き補償フレーム予測モードに，動きの大小に応じて，フレーム動き補償・フレーム予測（速い動きの少ない場合），フィールド動き補償・フレーム予測（時々速い動きがある場合），およびフィールド動き補償・フィールド予測（スポーツ番組など速い動きが多い場合）を可能にした事である。また，DCT部分に，ライン間の相関度に応じて，フレームDCTとフィールドDCTのモードを設けた点や，ジグザグスキャン順序をフィールド符号化モードに最適化したスキャンパターンを選択可能にした点に特徴がある。

MPEGでは当初，HDTVの符号化はMPEG-3として行う予定であったが，折りしも米国では，日本の押すハイビジョン方式での世界統一提案攻勢に対抗すべく，ディジタル圧縮方式を基本とした独自符号化方式の標準化を開始した所であった。そのためMPEGでは，MPEG-2の中にMPEG-3を組み込み，従来のMPEG-2仕様をメインレベルとし，HDTV仕様をハイレベルとするプロファイルとレベル体系を構築し，標準化日程を加速した。その甲斐あって，1994年，MPEG-2は晴れて米国ATV方式に採用された。また，MPEG標準化には，米国や欧州の団体・技術者も多数参加していたため，米国ATV方式として採用されたのみならず，通信分野の高画質圧縮方式であるITU-TのH.262とも共通規格になった[3]。

表9.1に，MPEG-1とMPEG-2の主な違いを示す。MPEG-2では，解像度やビットレートの異なる四つのレベル（LL：ロー/ML：メイン/H14L：ハイ1440/HL：ハイ）を設けた他に，機能の異なる用途を想定し，七つのプロファイル（シンプル/メイン/SNR階層/空間階層/ハイ/422/多視点）を設けた。シンプルプロファイルは，双方向通信応用のために，前方向予測のみを許した低遅延プロファイルで，画質劣化を救済するために複数のフィールドで次のフレームを予測できるデュアルプライム予測を採用した。メインプロファイルは現在，放送や蓄積メディアに広く使われている。SNR階層プロファイルは，衛星放送等で電界強度限界付近の視聴者にも，ある程度の画質劣化を許容する代わりに安定受信を可能にするものである。高SN比で伝送するための基本信号として，粗く量子化された映像データと，補強信号と

9.3　本格的な符号化（MPEG-2）

表 9.1　MPEG-1とMPEG-2の主要諸元

項　目	MPEG-1	MPEG-2
入力画像	Y, Pb, Pr=4：2：0 352画素×240ライン×30フレーム 352画素×288ライン×25フレーム	Y, Pb, Pr=4：2：0又は4：2：2 HL：1920画素×1088ライン×60フレーム以下 ML：720画素× 576ライン×30フレーム以下 インターレース/プログレッシブ 他にH14L, LLあり
動き補償 予測	1/2画素単位のフレーム間動き補償 フレーム間双方向予測	1/2画素単位の フィールド間/フレーム間動き補償 フィールド間/フレーム間双方向予測
DCT 量子化 可変長符号化	フレーム単位DCT 視覚重み付線形量子化 2次元VLC	フィールド単位/フレーム単位DCT 視覚重み付線形/非線形量子化 フレーム内用/フレーム間用2次元VLC
スケーラ ビリティ	なし	空間/SNR/時間スケーラビリティ
伝送レート	1.5Mpbs以下	HL：80Mbps以下（100Mbps以下/HP） ML：15Mbps以下（ 20Mbps以下/HP）

して低SN比で送信するための量子化誤差データに符号化を階層化するものであり，欧州ディジタル放送の規格に採用されている。

空間階層プロファイルは，HDTVと標準TVとで符号化データを共用するための仕様で，入力HDTV信号をサブサンプリングして標準TVサイズの映像を作り，これを低解像度データとしてMPEG-2符号化伝送すると同時に，このデータをエンコーダ側で復号化して，HDTV信号の符号化のための予測参照データ候補の一つとして使うものである。当初は，データの一部を共用することでトータルのビット量の削減をもくろんだが，両方の画質を同時に確保する事が難しく現在の構成になった。ハイプロファイルは，以上のプロファイルをすべて包含するものであり，コンピュータ用途を想定している。

422プロファイルは，MPEGの特徴である輝度・色信号サンプリング比4：2：0が，放送局用途では不十分として設けられた。多視点プロファイルは，左右の目に入る映像を異ならせる事により立体視感を得るステレオ映像の符号化規格であり，片方の映像を基本データとして，もう一方の映像はその差分データを符号化する。

これらのプロファイル・レベルの伝送ビットレートは，ローレベル4Mbps以下，メインレベル15Mbps以下（階層化した場合は20Mbpsまで），ハイレベルでは実に最大100Mbpsまでが許容されているので，ここ当分の

間，ブロードバンド応用には十分な仕様になっている。MPEG-2の応用は，国内では通信用衛星（CS）を利用した標準TV信号のディジタル放送であるパーフェクTVや，先のDirecTVが1996年から始まり，2000年には放送衛星（BS）を使ったHDTV放送が追加された。また，2003年からは，地上波ディジタル放送も開始された。ケーブルTVのディジタル化は，その双方向性を生かしたビデオオンデマンド・サービスが当初から話題に上がり，数多くのサービス実験が試みられたが，魅力的なキラーコンテンツがなく，実用化に至ってない。一方，CDの記録容量を飛躍的に高めたDVDの開発がMPEG-2標準化とほぼ同時期に開始され，MPEG-2のもう一つの有力なアプリケーションとなった。MPEG-2普及の裏には，関連特許を一つのプールに集めて一括・低額ライセンスする機構を立ち上げた事が大きく貢献している。これにより，機器メーカは特許料の個別交渉による体力の消耗と，累積ライセンス料が高額になるという事態から免れている。

9.4 さらなる飛躍を求めて（MPEG-4）

9.4.1 良きライバル（H.263）

　1993年，MPEG-2の仕様にほぼめどを立てたMPEGメンバーは，当時ITU-Tで始まった超低ビットレート画像符号化方式（VLBR: 64Kbps以下）の標準化に刺激され，MPEG-2のさらに10倍の圧縮効率を目標にMPEG-4標準化の検討を開始した。当初は，飛躍的な圧縮効率実現のためにまったく新しい符号化方式の試みとして，ウエーブレット符号化やベクトル量子化，フラクタル圧縮方式，オブジェクト別符号化方式など様々な技術を試したが，いずれも思うように圧縮率が上がらず，試行錯誤を繰り返していた。1995年，良きライバルであるITU-TがH.262（MPEG-2）をベースにしたVLBR用符号化規格H.263を早々と発表した事もあって，MPEG-4はそのターゲットを超低ビットレートのみならず，オブジェクトベース符号化によって実現される，受信側でのフレーム再構成にユーザが関与できるユーザインタラクション機能を加えた。また，自然映像のみならずコンピュータグラフィックスデータの効率的な圧縮方式（SNHC）や，ウエーブレットをベースに

する静止画圧縮方式，モバイル機器に搭載された場合の伝送エラー耐性を高める機能を加えるなど，広くマルチメディアデータ一般に適用可能な汎用符号化方式として，1998年末，MPEG-4ビジュアル符号化方式の最終規格案（FDIS）を完成した．

MPEG-4規格の中の自然映像符号化方式は，MPEG-4ビデオ符号化方式と呼ばれ，図9.3に示す構成から成る．基本的な考え方は，各フレームの中の映像を前景や背景のオブジェクトに分解し，それぞれを任意形状オブジェクトと見なして，個別にMPEG-2符号化方式をベースとする改良方式で符号化し，背景と重ね合わせるために，各前景オブジェクトの形状データを符号化して添付する方式である．オブジェクトごとに最適な符号化パラメータが選べるので，フレーム全体を一様に符号化するよりも圧縮効率は良くなるが，オブジェクト重ね合わせのために形状データを送らなければならないという負担がある．

オブジェクトの形状は，オブジェクトの存在する画素を2値，または透明度を持った多値で表す．多値のオブジェクトデータの場合は，これを画素ごとにオブジェクトの有無を表す2値データと，多値の透明度データに分離し，それぞれ別に符号化する．2値の形状情報データは，MPEG-2と同様に前後のフレームから動き補償付きフレーム予測が行われるが，オブジェクトの外

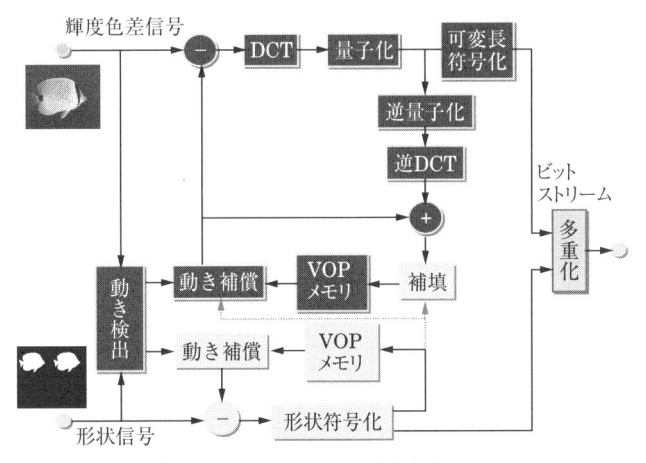

図 **9.3** MPEG-4ビデオ符号化方式

の画素値がゼロのため，小さな動き補償のずれでも大きなエラーが発生し，正しい動き補償ができない。それを防ぐため，オブジェクトの外の画素は適当な値で補填されてから，動き検出とフレーム予測が行われる。動き補償付きフレーム予測後の予測誤差信号は，2値画像符号化方式（JBIG）でも採用されている，周囲の画素値を考慮した文脈依存算術符号化（CAE）で可変長符号化される。透明度情報は，次に述べるオブジェクト内符号化と同じ符号化が適用される。

オブジェクト内のテキスチャデータ（輝度・色信号）は，MPEG-2と同じ動き補償付きフレーム予測とDCT，量子化，可変長符号化の組み合わせのいわゆるハイブリッド符号化方式で圧縮する。動き補償，フレーム予測でオブジェクト外の画素を補填するのは，形状符号化と同様に行われる。DCTも，オブジェクト外のゼロ画素値が大きな擬似高周波ノイズを発生するので，これを抑えるために，適当な値でオブジェクト外の画素を補填した後DCTするか，または，オブジェクト外の画素値を一切使わない形状適応DCT（SA-DCT）が行われる。量子化は，超低ビットレートの場合に高周波成分を余計に抑圧しないで，細部の情報を残す周波数重みの付かないモードを選択可能である。可変長符号化（VLC）は，MPEG-1/2で採用された二次元VLCを改良したもので，ジグザグスキャンの途中で以降の係数値がすべてゼロであることが判明した場合に送る比較的短い終結符号（EOB）を廃止し，ゼロランとノンゼロ値の組み合わせにそれが最終であるか否かの情報を盛り込んだ三次元VLCを採用した。これにより，従来EOBに割り当てられていた短い符号を，頻繁に出現する実データの組み合わせに割り当て，符号化効率を改善した。

伝送エラー耐性を強化する仕組みには，ビットストリーム中に一定ビット数ごとに同期マーカを入れて，次の同期マーカ位置を予測可能にした再同期マーカや，動きベクトルなどの比較的重要なデータを一箇所に集めて，長くエラー伝搬の起こる可能性のあるテキスチャデータから分離するための動きマーカを間に挿入したデータ分割がある。また，エラーが発生した場合に，次に検出できた同期マーカーから後ろ向きに復号可能な可逆VLCの採用などがある[4]。

MPEG-4ビジュアルプロファイルには，携帯電話などの超低ビットレート用にオブジェクト符号化機能や双方向予測を省いて，エラー耐性機能を採用し，H.263と互換性を持たせたシンプルプロファイルから，CGグラフィックスデータ符号化用の各種アニメーションプロファイルまで，当初九つのプロファイルを制定し，その後さらに多数のプロファイルを現在も追加中であるが，現在実用化されているのは，シンプルプロファイルとそれを改良したアドバンストシンプルプロファイルの二つである。MPEG-4の最初の実用化は，パソコンの映像入力用としてのMPEG-4カメラや，フラッシュメモリカードを用いたムービーカメラ，携帯ビデオプレーヤ，携帯TV電話などで開始された。当初計画されていた動画コンテンツのダウンロードサービスや，ディジタル地上波放送での1セグメントを使った補助放送は，コンテンツ配信に特許料をかけるか，かけないかで決着がつかず，現執筆時点でいまだ実用化に至っていないが，早晩解決するものと思われる。

ブロードバンド応用の観点からは，シンプルプロファイルは最大384Kbpsまでで，画像サイズも352×240画素程度であるので，どちらかといえばナローバンド用であり，アドバンストシンプルプロファイルなら最大8Mbpsまで可能で，扱える画像サイズも720×576画素程度まで可能であり，ブロードバンド向けである。

符号化効率の観点からは，アドバンストシンプルプロファイルで，MPEG-2の約2倍程度であり，符号化効率改善はほぼ飽和状態に近づいたと思われた。一方，オブジェクト符号化の入ったコアプロファイルやメインプロファイルは，自然映像からのオブジェクト切り出しが困難でいまだ実用化に至らず，今後の課題として残っている。MPEG-4バージョン1標準化の後，MPEGはマルチメディア圧縮方式の標準化から1歩踏み出し，音声や映像コンテンツの流通を促進するための標準化であるMPEG-7やMPEG-21を開始することになる。

9.4.2 ライバル再来（H.264）

MPEGメンバーの多くが，次の標準化テーマとしてコンテンツの特徴記述方式を標準化するMPEG-7や，コンテンツの構造記述（DID），識別子定義（DII），著作権保護情報記述（IPMP，REL，RDD）などを標準化する

MPEG-21に注力していた2000年7月,突如ITU-TメンバーがMPEG-4のさらに2倍の高能率画像圧縮技術を開発した事を報告した。これに刺激されたMPEGは,ITU-Tメンバーと協力して新符号化方式を開発するジョイントビデオチーム(JVT)をISO,ITUの外に結成し,2003年春に完成させたのがMPEG-4 AVCである。この方式は,ITU-TではH.264と呼ばれている。

図9.4にAVC符号化方式のブロック図を示すが,基本構造は従来のMPEG-1/2/4符号化方式となんら変わる所はない。子細に見ると,フレーム予測に可変ブロックサイズを取り入れ,動くオブジェクトの大きさに予測を適応させたことや,マルチフレーム予測を用いて遠い過去のフレームも予測候補に使えるようにしたことで,前景が遮るまえの背景データも使えるようになったことがある。可変長符号化に文脈依存の適応VLCを採用して効率を上げたことや,フレーム予測のフィードバックループにローパスフィルタを入れ,ブロックひずみを軽減した参照画像を予測に用いたこと,面内符号化に予測符号化を追加したことなど,細かな改善の積み重ねでトータル2倍の符号化効率を捻り出している。しかし,この6dBの効率改善にかかるコストは,符号化演算量約100倍程度と見積もられており,実時間符号化のためのアルゴリズムの高速化が今後の課題である[5)]。

このような課題があるにもかかわらず,AVCは当初一部提案者からロイヤルティフリーと宣言されたため,ロイヤルティ問題で採用が保留中であったMPEG-4の代替案として一躍脚光を浴び,1セグメント放送や携帯電話へのコンテンツダウンロード用,次世代光ディスク用,インターネット配信

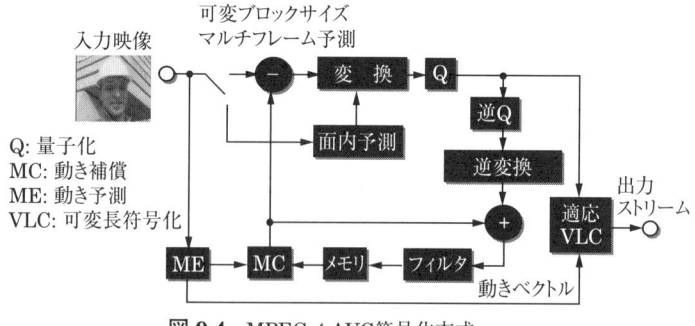

図 9.4 MPEG-4 AVC符号化方式

用符号化方式として注目されている．実際には，AVCもMPEG-1/2/4の基本技術を多数使用しており，これらの特許権利が満了するまではロイヤルティフリーにはならないと思われる．

9.5 ブロードバンド化対応（光コンソーシアム）

符号化方式のブロードバンド化対応には様々な動きがあるが，以下では，その一例として光コンソーシアムの活動を紹介する．光サービスアーキテクチャコンソーシアム（HSAC）とは，2005年以降，光ファイバーが各家庭まで届き始めるのを見越して，100Mbps程度のブロードバンドサービスに必要な，コンテンツの権利保護，情報セキュリティ，サービス品質保証などの技術条件を検討するコンソーシアムである．2000年11月に，この設立が国内で提案され，2001年1月設立総会が開かれた．このコンソーシアムでは，エンドツーエンドの光サービスのためのインタフェース条件を設定するために，コンテンツ流通事業者，アプリケーションサービスプロバイダ，通信システム事業者，情報システム事業者，家電メーカなどが集い，サービスモデ

- 光サービスにより新たなIT産業を立ち上げるために，幅広い業界が相互に連携し光サービス基盤のデファクト化を推進
- 2001年1月22日に発足

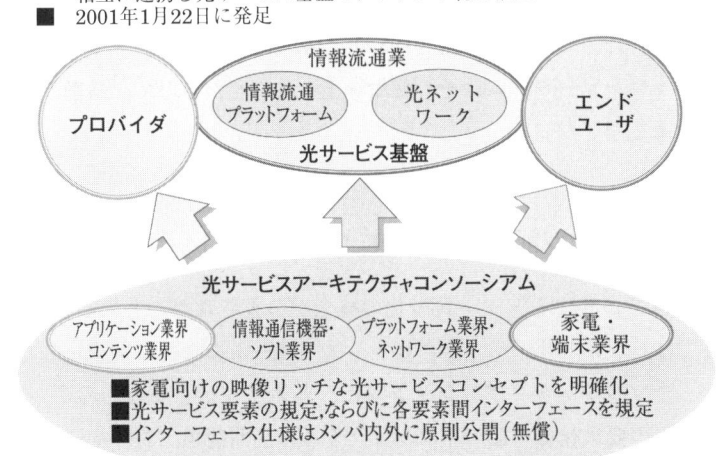

■ 家電向けの映像リッチな光サービスコンセプトを明確化
■ 光サービス要素の規定，ならびに各要素間インターフェースを規定
■ インターフェース仕様はメンバ内外に原則公開（無償）

図 9.5　光サービスアーキテクチャコンソーシアム［光コンソーシアム公開資料より］

ル，機能モデル，システムモデルを検討し，その結果を順次公開している[6]。

2001年3月には，インテルがこの活動の一環として，インターネット・エクスチェンジ・アーキテクチャ・コンピタンス・センタを開設し，光ネットワーク用半導体とソフトウエアを開発する計画を発表した。同年7月には，NTT/シャープ/大日本印刷が連名で，各社の最先端技術を持ち寄って定期的なイベントを開き，実際の光サービスの提示やビジネスモデルの構築を推進する光ソフトサービスの開発に着手した事を発表した。また，2002年4月にはNECが，MPEG-4に対応した420ストリーム同時配信可能なインターネットストリーミングサーバと基盤ソフトを製品化したことを発表。同年9月にはNTT/パイオニア/松下/NEC/PACE/nCUBEが，HSACの規定したVODプロトコルを実装した各社製品の相互接続実験を行ったことを発表。同年11月には，第15回情報伝送と信号処理ワークショップで，光コマース基盤プロトコルが開発されたことが報告された。2003年2月には，NTT/ブルーノート/国際観光会館/ジャスマックスが，光ブロードバンドによる高品質ライブ映像のリアルタイム配信トライアルを行うことを発表した。このトライアルでは，光コンソーシアムで規定したVODプロトコルを安定に実行するために，新規に開発した配送制御技術を用いることにより，UDP/IPネットワークで，6MbpsのMPEG-2映像を安定にリアルタイム配信することを可能にした。この発表のあと開かれた第8回幹事会で，光サービスアーキテクチャコンソーシアムはその使命をまっとうしたとして，解散が承認され活動の幕を閉じた。

9.6 コンテンツ記述の必要性（MPEG-7）

MPEG-4で，オブジェクト符号化の概念が導入されたことに端を発して，それまではビデオとオーディオのビットストリームを単純に多重化したものでよかったマルチメディアコンテンツは，各オブジェクトの内容や，識別，デコーダへの要求仕様，他のオブジェクトとの同期関係，著作権情報等を記述するオブジェクトデスクリプタ（OD）の定義が必要になった。これは，MPEG-4システムとして標準化規格が作成されたが，その中から特に，コ

9.6 コンテンツ記述の必要性（MPEG-7）

ンテンツの内容記述部分を，特徴記述の観点から充実拡張した規格策定が，MPEG-7標準化として1998年から開始された。

MPEG-7では，今後のマルチメディアコンテンツの市場流通を促進し，ユーザが希望するコンテンツを素早く容易に選択・検索できるようにするため，コンテンツの構造や意味的内容を記述するキーワードを標準化する。そのために，図9.6に示すように，拡張メタ言語であるXMLスキーマを用いて，コンテンツの特徴を記述するための言語を定義するメタ言語（DDL）を定義し，このメタ言語を用いて，コンテンツの構造的特徴を記述するための記述スキーマ（DS）と，コンテンツの物理的特徴パラメータを記述するための記述子（D）を定義する。実際のコンテンツの特徴は，特徴抽出・記述生成エンジンによって抽出され，記述スキーマ（DS）と記述子（D）を用いて記述される。

記述子（D）には，ビデオデータの物理的特徴である周波数成分や，色成分，動き成分やテキスチャ成分などを記述するビデオ記述子と，オーディオデータの物理的特徴である周波数エンベロープ（音色）や，ピッチ，リズムなどのオーディオ記述子がある。またビデオ記述子の中には，人の顔の特徴を記述する記述子も定義されている[7],[8]。

記述スキーマ（DS）には，コンテンツの構造や意味的な特徴を記述するも

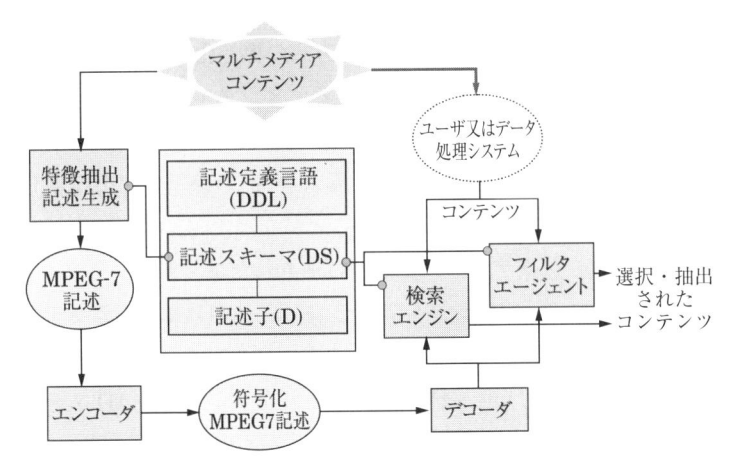

図 9.6 MPEG-7標準化項目とコンテンツとの関係

のや，コンテンツのデータ型や他の情報へのリンク情報を記述する基本エレメント，コンテンツの任意の位置に容易にアクセスすることを可能にするナビ・アクセス情報，コンテンツの選択抽出に役立つユーザ好み情報の記述，複数コンテンツの相互関係記述などがある[9]。

MPEG-7で規格化するものは，これらの記述言語（DDL），記述スキーマ（DS），記述子（D）と，抽出された特徴記述データを圧縮符号化する方式（BiM）のみである。特徴抽出エンジンや，特徴を用いて希望のコンテンツを検索する検索エンジンなどは，アプリケーションマターとして標準化しない。

MPEG-7は，マルチメディアコンテンツのデータベース検索や，多数の放送番組の中からユーザが好むコンテンツを自動選択する用途などを想定して標準化された。一部の用途では，個人の好みに合わせて音楽を分類・抽出するソフトウエアなどが実用化されているが，意味的特徴の自動抽出が困難なことや，物理的特徴での記述能力限界のため，いまだ本格的実用化に至っていない。

9.7 MPEG-21と著作権保護

9.7.1 MPEG-21

MPEG-7で始まったコンテンツ記述の標準化は，特徴記述のみならず，コンテンツ流通に必要な各種情報の記述方式の標準化としてさらに発展し，2000年からはコンテンツの構造を記述するディジタルアイテム宣言（DID），識別子記述（DII），著作権保護方式記述（IPMP），権利表現言語（REL），権利データ辞書（RDD），コンテンツの端末適合（DIA）などを標準化するMPEG-21として本格的に標準化されることになった。

MPEG-21では，メタデータの記述が付加されたコンテンツをディジタルアイテム（DI）と呼ぶ。ディジタルアイテム宣言（DID）は，コンテンツの構造を記述するが，MPEG-7と同じXMLスキーマを記述言語とする。コンテンツの識別子記述（DII）は，日本で結成されたコンテンツIDフォーラム（cIDf）の仕様がベースに採用された。コンテンツの権利記述言語としては，すでに民間で作成されていた権利記述言語XrMLを権利表現言語（REL）と

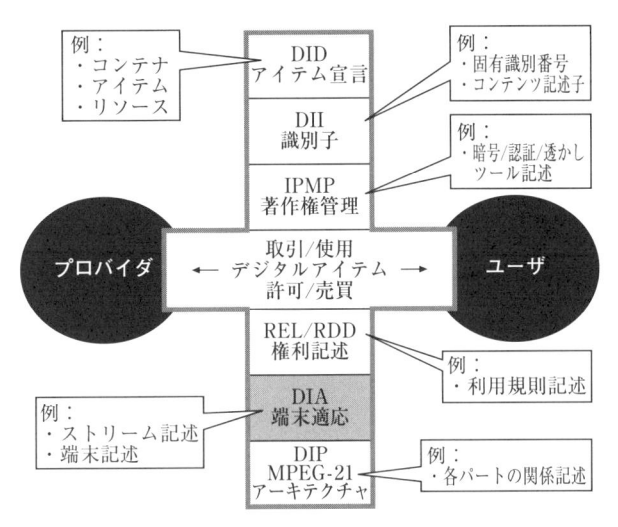

図 9.7 MPEG-21標準化体系

して採用し，記述に使う用語も〈indeccs〉2rddの仕様が権利データ辞書（RDD）として採用された．著作権管理保護の記述（IPMP）には，次に述べるMPEG-2/4 IPMPの採用が検討されているが，現在はいまだ要求仕様作成段階である．コンテンツの端末適合記述（DIA）は，サーバから配信するコンテンツを端末の仕様に適合させるために必要なメカニズムを標準化する[10)〜15)]．

9.7.2 著作権保護（IPMP）

1995年MPEG-4標準化のころから，それまで乱立していた著作権保護方式の互換性確保のため，コンテンツの著作権保護メカニズムを標準化することの必要性が訴えられ，1998年制定のMPEG-4システム規格の中に著作権管理保護（IPMP）仕様が盛り込まれた．しかし，この仕様は，それまで信じられていたシステムの脆弱性を露見させる恐れのあるオープンな国際標準の仕組みには，著作権保護技術はなじまないとの意見が強く，著作権保護方式の内容は一切開示せず，適用されているコンテンツ保護システムの識別フラグ（実際にはURLを使用）のみを標準化した．

この仕様ではやはり互換性が得られないため，新たな標準化のうねりが直後から始まり，紆余曲折を経た後2003年，MPEG-4 IPMPXとして著作権

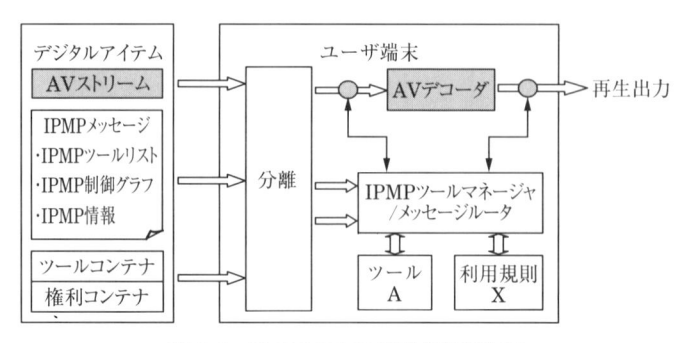

図 9.8 MPEG IPMP（著作権管理保護）

管理保護拡張規格が作成された．この仕様では，個々のサービスプロバイダは独自の保護システムを採用可能であり，ユーザ端末との相互運用性確保のために，採用している保護システムの情報をIPMPメッセージとして，コンテンツ（AVストリーム）に添付して端末に送る．

IPMPメッセージの中には，暗号/透かし/権利記述などの著作権保護ツールの識別子とそのツールを入手可能な場所を指定したIPMPツールリスト，および，そのツールの端末内での組み込み位置を示すIPMP制御グラフや，そのツールに供給する鍵情報などの入ったIPMP情報などがある．IPMPツールは，ツールコンテナに入れてコンテンツに添付して送ってもよい．このメカニズムによれば，サービスプロバイダは独自のセキュリティシステムを維持したまま，どのユーザに対してもサービス可能であり，また，セキュリティに脆弱性が予見された場合はいつでもシステムの更新が可能であるなどのメリットがあるので，現在混沌としているDRM分野の共通プラットホームとして有望である[16)〜18)]．

9.8 今後の展望

以上，ブロードバンドの流れに沿いながら進化してきたコンテンツの符号化技術と，その標準化取り組みを紹介した．フレーム予測と変換符号化を組み合わせたハイブリッド方式を基本とするコンテンツ圧縮技術の符号化効率改善は，ほぼ頂点に達したと思われる．今後は三次元空間符号化や，パーセ

プチャル符号化，また，ユビキタスネットワーク環境下でのインタラクティブ符号化の方向に進化していくものと思われる。

　一方，コンテンツの管理・保護方式の開発・標準化は，今後も重要なテーマとしてさらに進化を遂げていくであろう。

　この背景には，メタデータの役割が変わってきたことが挙げられる。初期のWebの文書構造の記述のためのメタデータから，符号化データ構造の記述や，権利・ライセンス記述に適用されたり，コンテンツの意味解釈（Semantics）のための記述に使われ，最終的にはコンテンツそのものの記述手段に向かいつつあるように思われる。

　また，標準化のあり方にも変革が起きている。例えば，標準にまつわる特許，ライセンス，ロイヤリティ，パテントプールなどのあり方が，標準の実用化に大きな影響を及ぼし始めている。国際標準は，公平性を重視するため参加者を選ばず，そのためか，標準を実用化対象としてよりはライセンス対象として見る参加者が増えてきたように思うのは，筆者だけの思いすごしであろうか。一方，デファクト標準は，ビジネス化の中から生まれる標準であるので，必ず実用化されるが，放送・通信等の広く普及する公共インフラ用規格としては，永続的なメンテナンス保証が得られないため，採用され難い傾向が強い。また逆に，著作権保護技術などの分野では，仕様の公開が方式の脆弱性につながるとの思いすごしから，国際標準としてなじみ難いという問題も残っている。しかし最近では，一企業が作成した仕様が国際標準として採用されたり，公共インフラ方式として採用が検討されるなど，国際標準とデファクト標準の境界は急速になくなりつつある。

参考文献

1) 曽根原他："ブロードバンド社会とディジタル流通技術"，画像電子学会誌，Vol.32, No.5, pp.737-744 (2003).
2) ISO/IEC11172 "Coding of Moving Picture and Associated Audio for Digital Storage Media at upto about 1.5Mbps" (1993).
3) ISO/IEC13818-2: 2000 "Generic Coding of Moving Pictures and Associated Audio Information: Video" 2nd Edition (2000).
4) ISO/IEC14496-2: 2001 "Coding of Audio Visual Objects-Part2: Visual", 2nd Edition (2001).

5) ISO/IEC14496-10 FDIS "Coding of Audio Visual Objects-Part10 : Advanced Video Coding" (2003).
6) http://www.hikari-sac.org/info/info.html, (2003.5).
7) ISO/IEC15938-3 "Multimedia Content Description Interface Part3: Visual" (2001).
8) ISO/IEC15938-4 "Multimedia Content Description Interface Part4: Audio" (2001).
9) ISO/IEC15938-5 "Multimedia Content Description Interface Part5: Multimedia Description Schemes" (2001).
10) ISO/IEC21000-2 FDIS "Multimedia Framework Part2: Digital Item Declaration" (2002.10).
11) ISO/IEC21000-3 FDIS "Multimedia Framework Part3: Digital Item Identification" (2002.11).
12) ISO/IEC JTC1/SC29/WG11/N6043 "Requirements for MPEG-21 Architecture&MPEG-21 IPMP" (2003.10).
13) ISO/IEC FDIS 21000-5 "Multimedia Framework-Part5 : Rights Expression Language" (2003.8).
14) ISO/IEC FDIS 21000-6 "Multimedia Framework-Part6 : Rights Data Dictionary" (2003.7).
15) FCD "Multimedia Framework Part7 : Digital Item Adaptation" (2003.7).
16) ISO/IEC13818-1 : 2000/FDAM2: 2003 "Generic Coding of Moving Pictures and Associated Audio Information-Part1 : System, AMENDMENT2: Support of IPMP on MPEG-2 Systems" (2003.4).
17) ISO/IEC FDIS 13818-11: 2003 "Generic Coding of Moving Pictures and Associated Audio Information-Part11 : IPMP on MPEG-2 Systems" (2003.4).
18) ISO/IEC14496-1 : 2001/FDAM3 : 2003 "Coding of Audio Visual Objects-Part1 : Systems, AMENDMENT3 : IPMP Extensions" (2002.12).

第10章

ディジタル情報家電技術

シャープ株式会社　大野良治

10.1　はじめに

　2000年12月よりBSディジタル放送が開始され，2003年には3大都市圏において地上ディジタル放送が開始されてきた。これは，既存映像システムにおいてアナログからディジタルへのインフラが遷移しただけではなく，蓄積メディア，蓄積方式のディジタル化にも影響を与えてきている。

　HDD＋DVDレコーダは，DVDの普及に伴い，2000年に市場に登場して約3年で市場に認知され，ビデオの後継としての位置を築き始めている。

　これは，HDDメーカにおいて，PC市場におけるHDDが飽和しているため，HDDレコーダが新たな市場開拓となりHDDレコーダ向けシェアが高まってきているのである。2007年には20％台となる見通しである。HDD

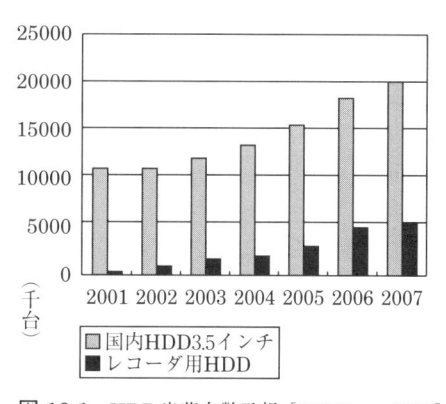

図 10.1　HDD出荷台数予想［IDC Japan, 2003］

レコーダ製造メーカにおいては，新たな情報家電機器として市場の拡大が期待され，メーカ各社はHDDレコーダ応用商品の開発を進めている。

また，ディジタル放送の開始を受け，よりディジタル化が加速する中で，HDDレコーダは急速に市場に取り入れられている。2003年を契機に急激に増加し，2005年には，普及率10％を超え2006年には普及の目安である20％を超える急激な普及が起こると予想されている。

普及に伴い，HDDレコーダの価格は低下するが，HDDの大容量化により低価格化を補い，価格は下がらないとデバイスメーカは予測している。

このような環境化において，現状のHDDレコーダの技術動向と今後のHDDレコーダの展開について述べていきたい。

10.2 ディジタル放送の特徴

アナログ放送からディジタル放送への移行は，2000年BSディジタル放送から始まり，2003年には地上ディジタル放送が開始された。ディジタル放送は，映像の高画質化（MPEG2@HL），音声の高音質化（AAC5.1ch）だけでなく，データ連動，番組表，番組情報等のSI情報の付加による高機能化にあり，放送により受信した映像/音声に加え，データのブラウジング（BML）による視聴者操作という新しい視聴スタイルを確立しようとしている。

ディジタル放送は，テレビ受像機のハードウェアの新たな需要に加え，新

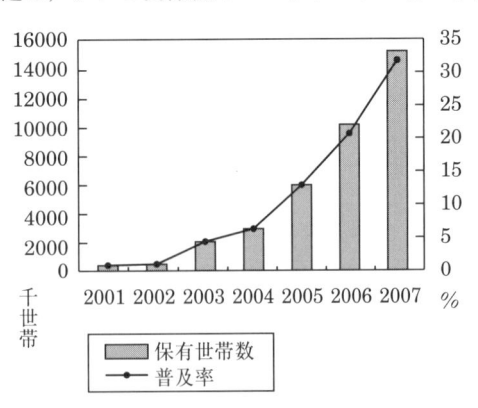

図 **10.2** HDDレコーダ世帯普及率予測［IDC Japan,2003］

たなサービスも含めた市場が立ち上がることが期待されている。特に映像が，MPEG2@HLを用いたハイビジョン映像になることから，既存のテレビ（特にブラウン管テレビ）から，ハイビジョン対応でPDP/液晶のような薄型が市場を拡大し，また，高音質化によるホームシアターシステムが商品化されてきている。

地上ディジタル放送の展開では，地域情報を映像ならびにデータ放送や，通信回線を用いることでよりきめの細かいサービスを視聴者へ提供することが期待される。

ディジタル放送が採用している映像符号化は，MPEG-2のハイビジョン対応であり，ディジタル放送受信機は，地上アナログ放送を受信していた今までの受信機に比べ，高性能なMPUと大容量のメモリを有した技術的に高度なAV機器となった。

2004年4月からディジタル放送は，スクランブル放送へ移行した。これは，放送されるコンテンツが基本的にはすべてCopy Once（1回だけコピー可能）になる。影響を受ける機能として，HDDレコーダに録画したコンテンツをダビング（iLINK出力のようなディジタル出力も含む）する場合，コピーではなくMoveによる対応が必須となる。

10.3　ディジタルレコーダの特徴と展開

ディジタル蓄積装置は，2003年以来ハードディスク（以下，HDD）およびDVDレコーダを中心に各メーカから商品化され，新たなディジタル機器として注目を浴びてきている。

HDDレコーダの主要部品であるHDDとHDDレコーダとしての特徴，課題について考察する。

10.3.1　ハードディスクドライブ

HDDはもともとPCを中心として，データ蓄積装置として使用され，通信の広帯域への展開により，映像蓄積にも使用されつつあったが，AV機器への採用については，表10.1に示すように，耐久性，静音性，信頼性，起動性能等の要求仕様を満足するための技術的ハードルが高かった。このうち，

表 10.1　HDDへの要求仕様

課題目	内　容	対　応
耐久性	振動に対する障害	耐震を考慮した設置 ヘッドの耐震性向上
静音性	スピンドルモータ音 シーク音 回転音	FDB（流体軸受）での解消 シーク速度の低下による静音化 回転速度の低下
信頼性	家電製品寿命8年程度 長時間使用	放熱対応/サービス体制強化 連続使用の検証
起動 性能	起動時間 アクセス時間	AV専用コマンドによる連続動作の実現 内部キャッシュの増加による応答性向上

　HDDそのもの性能についてはHDDメーカの努力による所が大きいが，システム的には，録画時の書込み遅延を吸収するためのバッファ制御やHDD録画/再生時のエラー耐性強化により商品として信頼性を確保している。HDDの利点は，高速大容量が挙げられ最大の利点であり，また，場合により課題ともなり得る。

　HDDの高速性能により，HDDレコーダでは，ハイビジョン映像の同時録再や，タイムシフト視聴を実現することが可能である。しかし，同時録再は，PCで行うアクセス方法（セクタ単位のアクセス）では，書込み単位が小さいため，HDD内部のデータが離散する。そのため，HDDへの書込み時のヘッドのシーク時間がオーバヘッドの原因となり，パフォーマンス低下が問題となる。この課題に対し，ハイビジョン映像を録画するためには，HDDに対して連続にストリームを書くことが可能な，新たなAV用コマンドが必要となった。各HDDメーカもしくは，電機メーカは独自にAVコマンド体系を策定しHDDレコーダに実装してきている。標準化の動きとしては，HDDに使用されるATAコマンドを定義しているANSI（American National Standards Institute）INCITS（International Committee for Information Technology Standards）T-13において，ATAコマンド規格であるATA/ATAPI-7でAVストリームをアクセスするためのAVコマンドが盛り込まれ，AVストリームの連続アクセスを可能にした。

　しかしながら，ディジタル放送は，多チャンネルが特徴であり，今後，HDDレコーダでは1チャンネル録画から，同時多チャンネル録画機能が実

装されて行く．そのためには現行のパラレルATAからシリアルATAに移行し，より高速性能が重視されるであろう．

　大容量化は，HDDレコーダにおいては重要な仕様であり，各社は大容量化を目指して商品化が進んでいる．現在は，160Gバイトから250Gバイトが搭載されているが，ディジタル放送におけるハイビジョン映像では，最大24Mbps（3Mバイト/秒）の帯域が必要なため，1時間録画に10Gバイト，200Gバイトで約20時間の録画が可能である．しかしながら，まだ十分な録画時間とは言えないため，今後も大容量化は進み，PCで使用されているHDDの大容量化と同様に展開されていくと予想される．また，HDDはあくまでも一時記録媒体として使用されるため，大容量化は，バックアップにおいては逆に大きな課題となってきている．現在は，まだバックアップの商品仕様としては，録画番組単位のダビング機能として行われていることから，2時間程度のコンテンツが対象になる．現在可能なバックアップメディアについて，表10.2に示すように課題が残る．

　これらリムーバブルメディアは，ユーザの利用により使い分けが行われるが，現時点でディジタル放送をそのままバックアップ（ダビング）が可能のメディアはBlu-ray DiscとリムーバブルHDDである．BPAの申請がなされているメディアはBlu-ray Discである．

10.3.2　HDDレコーダの機能

　HDDレコーダのアプリケーション仕様としては，当初は，HDDへの同時録再，タイムシフト機能が重要であったが，レコーダとしての位置付けか

表10.2　バックアップメディア

メディア	項目	課題内容
DVDメディア (DVD-RW) (DVD-RAM)	転送時間 データ内容	ハイビジョンをそのまま転送は不可（ダウンコンバート転送） MPEG-2-PSへ変換が必要なため，等速転送になる DVDでの再生互換性を保つため音声はAACではない
D-VHS	転送時間	iLINK接続のため等速転送
Blu-ray Disc (BD-RE)	転送時間	TSフォーマットによる互換性がある ファイル転送による転送が可能
リムーバブルHDD	転送時間 互換性	HDDからHDDのため高速転送が可能 他のリムーバブルHDD再生機での互換性に問題

ら，リスト表示方式，予約機能の拡充，DVDとの連携によるダビング機能，また，ダビングのための編集機能の充実が重要となってきている．

　リスト表示については，HDDへの録画済みコンテンツの表示方法においてサムネイル表示が一般的で，表示速度の向上が図られている．サムネイルそのものの表示速度の向上と，一度表示した再表示速度の向上が図られている．また，表示内容は，静止画表示や動画表示等ユーザビリティの向上を図っている．

　予約機能は，ディジタル放送では放送波と共に受信できるEPG（電子番組表）を用いたEPG予約が利便性を向上した．これに伴い，地上アナログ放送でも同様な機能としてG-Guideやインタネット EPGを用いたEPG予約が主流を占め，HDDレコーダにおいて標準的機能となってきている．

　ダビング機能は，DVD/iLINKへのダビング機能の充実が図られている．DVD/iLINKでは，表10.2に示すようにダビング時間が課題となるため，各社ダビング予約機能等による対応が行われている．ディジタル放送対応では，ハイビジョン映像は速度的（最大24Mbps），TSストリームなどにより直接DVDへの録画ができない．そのため，DVDへの録画は，ダビングを前提としてHDDへ一回の録画の後，ダウンコンバートによりDVDへダビングを行うか，受信ストリームをダウンコンバートしながらDVDへダイレクト録画することで実現している．

　コピー制御を伴うダビング機能として，Copy Onceのコンテンツに対するMove処理が必須となる．これは，DVDへのダビングおよびiLINKを介したD-VHSや外付けHDDに対しても行う必要がある．Move機能は，ダビング元とダビング先との間で映像として1分以上同じストリームを保持してはいけないルールに基づき実現される．等速ダビングにおいては，時間管理によるMove機能の実現化は容易であるが，今後，Blu-ray DiscやリムーバブルHDD等への高速ダビング（ファイル転送）機能を実現する場合，技術的な課題となるであろう．

　編集機能は，各社工夫を凝らし対応を行っているが，DVDレコーダ搭載の機器では，基本的にはMPEG-2PSによるDVDでの編集機能をHDD上で実現している．ディジタル放送ではMPEG-2TSのため，基本的にはGOP

単位での編集を行い，GOP単位でのシーン消去を実現し，編集後のストリームをDVD/iLINKへダビングしている．

10.3.3 コンテンツ保護技術

ディジタルコンテンツを取り扱う上で，重要な技術としてコンテンツ保護技術がある．ディジタル放送においてはARIB（社団法人電波産業会）が規定している規格に基づくコンテンツ保護を実施しなければならない．また，HDDレコーダで採用しているHDDは，ほとんどの場合がPCで使用しているHDDと同等のドライブを使用している．そのため，基本的にHDDはIDEコントローラに接続され，PCIなどの一般的に言われるコモンバスを経由して映像ストリームをHDDに書込み/読出しを行っている．そのため，コモンバスでのストリームのプロービングが可能となり，コンテンツ保護を確保できない．したがってHDDへの書込みは，コンテンツを暗号化し，コモンバス経由でHDDに書込む必要がある．また，ファイシステムの機密性を高めるため，ファイルシステムの論理構造は各社，公開してはいない．暗号化は，強度を高めることは容易であるが，パフォーマンスとのトレードオフのため，ARIBではDES56ビット以上の暗号強度が必要と取り決めている．

今後，暗号化については，Copy Onceのディジタル放送が開始されることを考慮すると，暗号強度についてはトリプルDESもしくはAES（Advanced Encryption Standard）での対応が望ましい．AESは米国商務省の標準技術局（NIST）で，連邦情報処理標準（FIPS）の暗号化に承認された．また，TV Anytimeフォーラムでも必須の暗号化であることから，今後のディジタル放送対応HDDレコーダでの暗号化もAESに移行していくのではないかと考えられる．

10.3.4 ネットワーク対応

ディジタル放送受信機では，ネットワーク接続についてTCP/IPはオプション扱いで，基本的にはモデムによる無手順通信で行われている．この通信を用いて，ディジタル放送における有料放送の課金情報や，連動データ，データ放送における双方向番組でのデータ送信のみが行われている．ネットワークへの対応は，各社がディジタル放送対応受信機/テレビ，HDDレコーダの展開として行っている．T-ナビ，epステーション等は，ディジタル放

Copy Onceコンテンツは，
Move機能でダビング

Move後削除

原画像
Move実行

ダビング元

コンテンツは
CPRM対応で録画

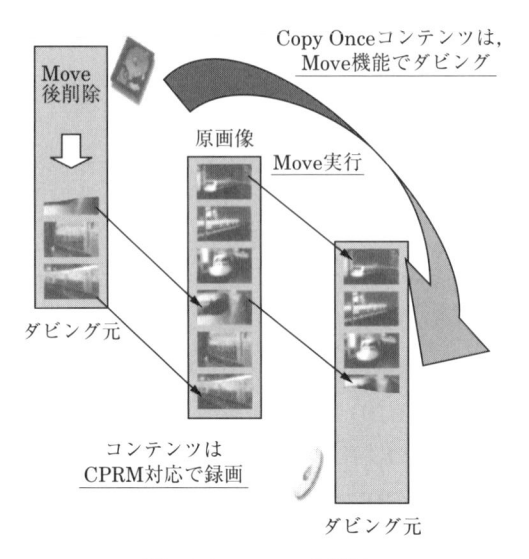

ダビング元

図 10.3 Moveの実行例

送と連携した新たな視聴スタイルを提案しているが，あくまでもテレビにおけるネットワークへのアプローチであり，PC，ホームサーバのような通信への積極的な取り組みは，今後の展開と考えられる．

10.4 今後のレコーダの展開

放送インフラが，地上ディジタル放送において全国展開することにより，HDDレコーダは，ディジタル放送ハイビジョン対応の録画装置になることは明白である．ディジタル放送はライブ放送に加え，現在，総務省を中心に，放送局，および関連メーカ各社が集まり検討が進められているサーバ型放送方式による新たな放送サービスを展開することが予想される．サーバ型放送方式は，通常の視聴する番組と異なり，データ放送でコンテンツを事前に内蔵のHDDに蓄積し，ブラウザ（BML）にてブラウジングすることで再生することができる．蓄積するコンテンツは，BMLコンテンツに加え，ファイル型のコンテンツも含む．これは，プッシュ型のサービスとして期待されている．このサービスが展開される場合，現在，HDDレコーダで行われてい

る映像/音声の録画方法に加え，ディレクトリ構造を有する蓄積，アクセス方式が必要となる。また，サーバ型放送方式ではインタネットへの接続が想定されていることから，HDDレコーダが，放送，通信，蓄積を融合した新たな情報家電機器としてのAVホームサーバとして展開されることとなる。

バックアップメディアとしては，Blu-ray DiscがMPEG-2TSを録画できるメディアとして有望であるが，iVDRハードディスクドライブコンソーシアムが提唱しているリムーバブルHDDは，著作権保護機能を有するHDDとしてアプリケーションレイヤまでの規格を提案し，他社間の互換性を保障することで新たなリムーバブルメディアとして提案している。HDDへのバックアップは，高速大容量を考慮した場合，最も有効な手段と思われ，ホームでのリムーバブルメディアから，モバイルへの展開が期待されるであろう。

リムーバブルメディアの大容量化，またネットワーク化により，HDDレコーダ本体には大容量のHDDを搭載せず，ネットワーク端末もしくはリムーバブルメディアでの対応が行われていくことは，拡張性を考える有効な方式と考えられる。

このように，HDDレコーダに大容量のHDDをのせたり，リムーバブルメディアやネットワーク機能の充実により，AVホームサーバとして発展していくことは，これまではビデオの後継と位置付けられ，あくまでもビデオとの機能比較や，HDDを搭載したことによる有効性な機能拡張により市場を拡大してきた。しかし今後，AVホームサーバとしての役割は，HDDレコーダの延長線ではなく新たな情報家電機器として中核となり，周辺のネットワーク，モバイル機器を取り込み，ホームドメインから，モバイルドメイン，また，カードメインとのネットワークを行い成長を続けていくであろう。そして，AVホームサーバとして，システム化されたディジタルエンターテイメントの世界を実現するであろう。

参考文献

1) Blu-ray Discが目指すもの（第1回），日経エレクトロニクス（2003年3月31日）．
2) Blu-ray Discが目指すもの（第3回），日経エレクトロニクス（2003年7月21日）．
3) IDC Japan, 市場動向セミナー資料（2003年6月18日）．
4) Storage Vision Japan 2003, 記憶装置市場コンファレンス資料（2003年11月13日）．

第11章

ディジタルTVのメタデータ技術

NTTサービスインテグレーション基盤研究所　岸上順一

11.1 放送の動きとブロードバンド

　放送関係者の中では，2003年12月に放送が開始された地上波ディジタルのことが大きな話題になった。しかし，ディジタル放送自体はすでに図11.1に示すように2000年12月から衛星を用いたBSとして始まっていた。また，ベンダーが集まってep[*1]という形での放送も始まっていた。もちろんインターネット放送と呼ばれるものもいろんな形で行われている。しかし，多くの視聴者はアナログ放送に満足していることも事実であり，なかなかディジタルへの移行はされていない。

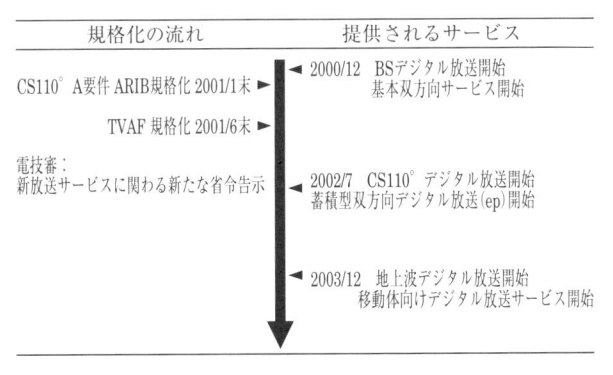

規格化の流れ	提供されるサービス
CS110°A要件 ARIB規格化 2001/1末	◀ 2000/12　BSディジタル放送開始 　　　　　　基本双方向サービス開始
TVAF規格化 2001/6末	
電技審： 新放送サービスに関わる新たな省令告示	◀ 2002/7　CS110°ディジタル放送開始 　　　　　蓄積型双方向デジタル放送(ep)開始
	◀ 2003/12　地上波デジタル放送開始 　　　　　　移動体向けデジタル放送サービス開始

図11.1　ディジタル放送の規格化とサービス

[*1] ep：110度CSデジタル放送の蓄積型サービス，2002年12月からサービス開始

通信と放送の流れ

役務放送によるサービス / 通信から放送への進出 → IP系

光CATVインフラ整備 / V系WDM → V系

放送コンテンツのアーカイブ化と再利用 → 放送

通信業界の水平、垂直展開 → 通信

コンテンツを中心とした再編成 ⇒ メタデータの重要性

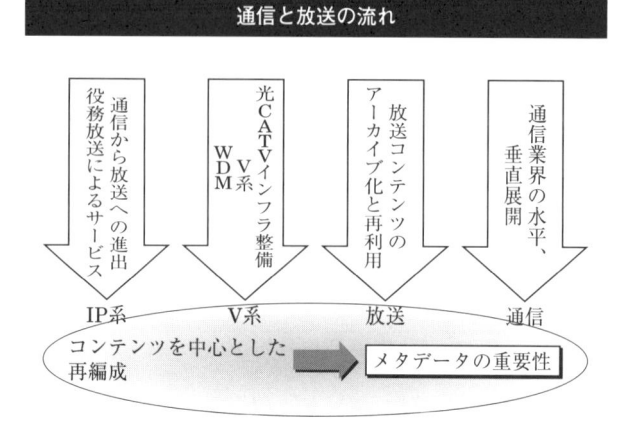

図 11.2　通信と放送のこれから

　ディジタルのメリットが明確でないことや,海外の放送と比較したときに,アナログ放送の画像品質の差を帰国した人がよく指摘することからもわかるように,日本の放送品質は非常に高いことから,ディジタルにしたときの差があまり感じられないことなども影響している。

　一方,いくつかのブロードバンドサービスが新しく制定された通信役務利用法という通信の枠組みを用いて行われている。また,それらを伝達するメディアをみると,インターネットを用いたIP系と,いわゆる放送あるいはケーブルテレビと同じ方式で送るV系といわれるものに分けられる。今はこれらの伝達系,送信方法がビジネスモデルを求めて試行している状態と見ることができよう。図11.2に示すようにビジネスモデルを中心として放送,通信との動き,またそれらを伝送するためのメディアとして光ファイバ,CATV,電波とそのプロトコールとしてのIP系,V[*2]系の選択が考えられる。しかし,いずれの方法を用いるにせよ,最終的にユーザからの要求という観点からコンテンツの重要さが増している。まさに"Content is King"である。

[*2] V系放送に整合した方式で送信するサービス

11.2 メタデータの標準化

メタデータは広い意味でコンテンツの属性を表現するデータと言われる。図 11.3 に，幅広い分野におけるメタデータの標準化の歴史を簡単に示してみた。標準化といっても，やはり目的別，あるいは分野別で制定されてきている。逆に考えると，すべてに使えるメタデータというのはないのかもしれない。それは，各分野ごとに必要な項目＝メタデータが異なるからである。

メタデータの元祖とも言ってよい Dublin Core と呼ばれるシステムは，それまで 10 年以上にわたり，元々 MARC : Machine Readable Code という形で図書情報を機械にも理解できる形で表現することが行われてきたものを，1995 年 3 月に Dublin Core という形で新たにメタデータを用いて表現していくことが合意されたものである。これは非常に簡易に表現できることが重要であるため，15 個のエレメントですべてを表そうとした。これをベースに，教育では GEM [*3] と呼ばれる教育用のメタデータが整備され，また電子政府に用いられるメタデータが，イギリスにおいて eGMS という名前で整

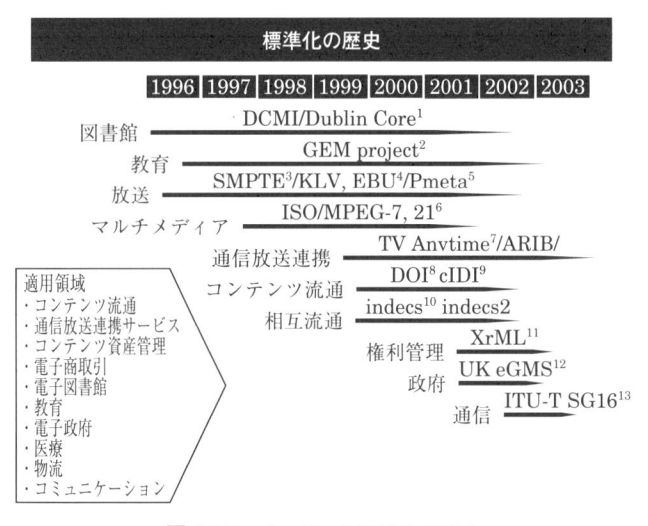

図 11.3 メタデータ標準化の歴史

[*3] GEM : The Gateway to Educational Meterials；インターネットを利用した教育用コンテンツ。アメリカ教育省のプロジェクト

備された。これらはいずれも，人間が見て理解しやすいということをベースに制定されたものである。これに対して，電子的に処理することを優先に考えたメタデータが，最初はISOのMPEG-7で整備されてきた。これをベースに，次世代のサーバー型放送の標準化を中心となって進めてきたTV Anytime Forumがさらに発展させた。これは主にB2C，すなわちユーザが用いることまで考慮しているので，例えばUserPreferenceと呼ばれるユーザ情報などもメタデータで表現されている。また特に，二次流通を考えると最も重要になる権利のメタデータに関しては，XrML[*4]と呼ばれる権利記述の方式などが検討されている。他にも，ネットワーク制御とのかかわりのメタデータの標準化を進めているITU-T SG16や，各社の独自メタデータ間の交換を容易にするためのメタデータ交換フレームワークがEBU[*5]，ECや総務省などで検討されている。各メタデータの関連サイトを，この章の最後に付す。

11.3 メタデータの構造

図11.4の左側は，メタデータ自身の構造である。メタデータはそれを表

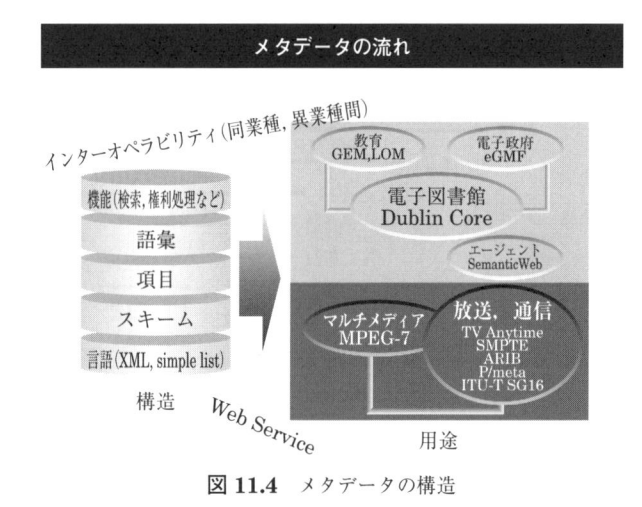

図 11.4 メタデータの構造

[*4] XrML：eXtensible rights Markup Language；XMLを用いた権利記述言語
[*5] EBU：European Broadcast Union；ヨーロッパにおける放送事業者の集まり

現する言語，さらにそれぞれの項目の関係を明らかにするスキーム，さらに項目が示すものに対する値を制御する語彙と，そのアプリケーションに大きく分けられる。言語に関してはXMLが用いられることが多いが，必ずしもその必要はなく，データベースで表現するということも可能である。またその用途によって，前章でも述べたように，人間にわかりやすいDublin Coreをベースとする集まりと，電子的な処理に重点を置いたMPEG-7やTV Anytime Forumなどがある。後者は通常XMLを用いて処理する方向にある。

全体の構造については以下のようになる。

  言語　　：ex.XML，自由記述
  スキーム：ex.XML Scheme
  項目　　：〈title〉…〈/title〉
  語彙　　：controlled vocabulary，シソーラスなど
  機能　　：何に用いるか

また，複数のメタデータが存在する場合，構成する上記どのレイヤでの整合を図るかということも重要である。その方法には大きく分けて2通りある。

マッピング：indecsなどが用いているが，お互いの項目の写像を定義する。

サブセット方式：XMLで表現されていると，名前空間を定義するとき他の定義をインポートすることが容易にできるので，これで整合を取ることが重要である。

中間メタデータ：これはEBUのP/meta［EBUの開発したメタデータ交換に関するスキーム］や総務省のJmeta［総務省が2003年に開発した複数のメタデータ標準間の交換することを容易にする仕組み］が有名であるが，複数のメタデータの間で整合を図るときに，中間的なメタデータ群を定義し，それを通じて会話ができるようにする。

11.4　TV Anytime Forumにおけるモデル

図11.5にTV Anytime Forum(TVA)におけるメタデータの流れモデルを示す。TVAでは，メタデータを用いてコンテンツの制御をすることを一番の特徴としている。すなわち，これまで考えられていたコンテンツ流通以上

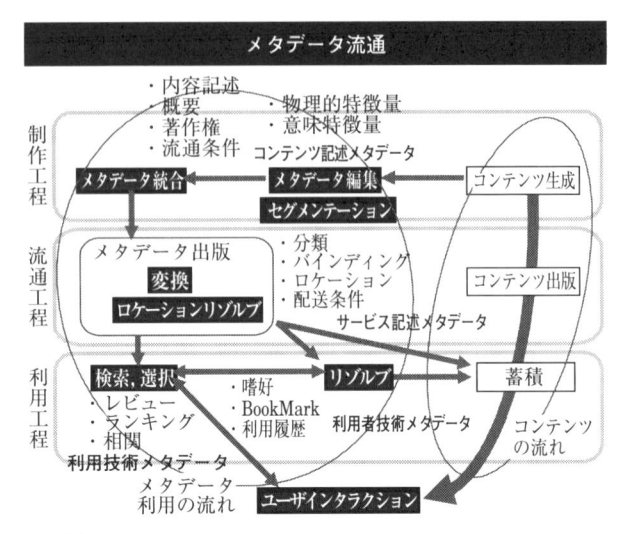

図 11.5 TV Anytime Forum におけるメタデータの流れ

のエネルギーをメタデータの流通に費やすということである。

メタデータはコンテンツを作成するのと平行して作成される。コンテンツの各シーン，あるいはカットレベルでの説明を行うものなどの内容記述，権利に関する基本的な記述などが作成，編集される。さらに流通過程においては，コンテンツに紐付けされたメタデータを，どこに問い合わせれば獲得することができるかというリゾルブの情報などが整備される。ユーザは，自分の欲しいコンテンツを獲得する際に，検索やレビュー，あるいはリコメンデーションなどのメタデータビジネスを使ってコンテンツの獲得方法，利用条件などを手に入れる。このようにメタデータにも様々な種類がある。

これにより，コンテンツは最後の一瞬まで移動させなくても流通が実現できるのである。つまり，自分の必要なものはコンテンツそのものを見て判断するのではなく，メタデータの持つ情報で検索し選択するようになる。このような世界を実現するため，メタデータをいかに簡単に，誰もが安く作成できるかという作成編集技術，メタデータとコンテンツあるいはメタデータから派生するe-Commerce などとの整合技術，さらにはユーザーの状態（コンテキスト）に合わせて自動的に最適なメタデータを提供できる技術などが今

11.4 TV Anytime Forum におけるモデル

後は期待される。

次に，TV Anytime Forum で考えられているメタデータを用いたビジネスケースに関して紹介する。

1. カスタマイズされた CM と自由なコンテンツとの結合
2. TV 品質でのインターネット放送と自由な編集
3. 書評などを拡張したコンテンツのメタデータ集の流通
4. 地域に特化したメタデータライブラリの提供
5. 「自分だけの放送局」→さらに，人にもメタデータを通じて渡せる
6. 紙媒体などとのメディアミックス「超 EPG」(各ユーザーに特化されており，さらに番組だけでなく e-Commerce などとリンクしているサービス)

これらの新しいサービスを実現するために，1999年9月以降必要なメタデータの開発を行ってきたが，今年に入り新しいフェーズに入りつつある。当初は蓄積利用とインターネット利用をベースに，放送と通信におけるマルチメディアコンテンツの相互流通システムを目標にし，ストレージシステムだけでなく，コンテンツ制作から伝送・流通ネットワーク，統合型受信端末までを含むトータルなモデルを提案してきている。「いつでも，どこでも」視聴可能な，放送と通信を連携し蓄積を利用した総合的なコンテンツ流通標準が目的である。

その中で放送モデルを中心としたフェーズ1仕様は，2003年1月に終了し，各仕様はヨーロッパの企画団体である ETSI [the European Telecommunications Standards Institute；ヨーロッパを中心とした通信規格] に技術仕様として提出される。その後，超流通，P2Pやネットワークストレージなどを対象としたフェーズ2の標準化が引き続き開始され，現在，要件が整理されつつある。フェーズ1とは図11.6に示すような単純放送モデルである。

2003年に入ってから検討が本格化してきたフェーズ2は，インターネットを取り込んだ複雑なモデルに関しても WEB サービスと一緒に扱うことができる仕様を制定することを目指している。図11.7にそのイメージを示す。まず新しいコンテンツタイプ，例えば音声・映像コンテンツに加え，ゲーム，

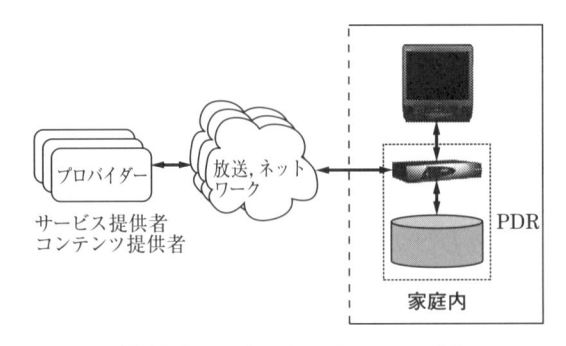

図 11.6 TV Anytime Phase-1 model

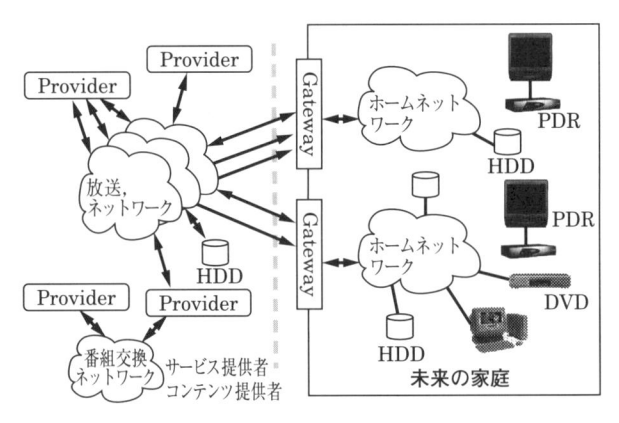

図 11.7 TV Anytime Forum Phase-2 model

高度TV放送，Webページ，音楽メディア，画像ファイル，データ他のコンテンツを統合することを対象としている．主たるサービスとしては，視聴者のプロファイルに応じたコンテンツの自動配信などのターゲッティングを重要視している．

　また，権利の問題が絡むためなかなか難しいとは言われているが，いわゆる再流通を用いて以下のようなコンテンツの広い再配信を目指している．

コンテンツ・シェアリング：事業者ネットワーク上での保護された（時には保護されていない）コンテンツのP2P再配信

ホームネットワーク：特定個人に割り当てられた物理的領域内での蓄積や表示端末の多重ネットワーク内でのコンテンツ視聴

11.4 TV Anytime Forumにおけるモデル

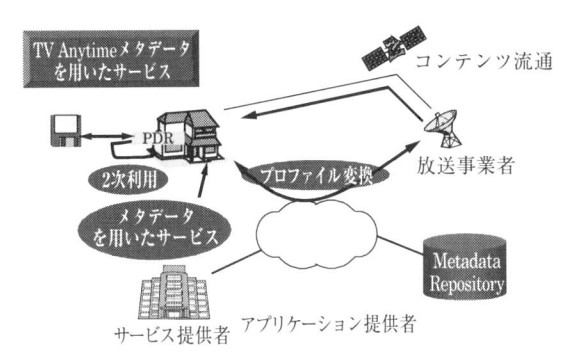

図11.8 メタデータを用いたサービス例［出典：www.tv-anytime.org/］

リムーバブルメディア：着脱可能な蓄積メディア上での保護された（時には保護されていない）コンテンツのP2P流通

図11.8にTV Anytime Forumのモデルを用いたメタデータビジネスの例を示す。ますます個別化を望むユーザに合わせるため，現在のラテ欄を大幅にパーソナライズすることが求められる。そこで現在のEPGを個別化するようなビジネスが考えられるだろうとの予想である。

TVAで考慮されているメタデータは四つに分けられる。そこでは，放送コンテンツとインターネットコンテンツに対する統一的なメタデータ表現（意味・構造）が求められる。

11.4.1 ユーザメタデータ（UserPreference）

ビジネスの多様化，ユーザーの利便性を考えると，ユーザのメタデータは非常に重要である。ユーザ個人の個人情報（personal data）とユーザの嗜好を表すメタデータに分けられる。

11.4.2 コンテンツ参照識別子（Content Referencing ID）

放送コンテンツとインターネットコンテンツに対する統一的な識別子管理・アドレス解決を行う。仕様としては，メタデータとは別に扱われており，CRIDという名前で呼ばれている。通常のIDと違い，InternetのDNSをベースにしたシンタックスにしているため，ユニーク性に関しては，DNSで保証する形になっている。なおインスタンスとしてのIDはlocatorと呼ばれ，CRID, locatorの間にはIMIと呼ばれる中間的なIDが存在する。

11.4.3 権利管理保護（Rights Management and Protection）

コンテンツの保護機構を担う。複雑なビジネスモデルを可能にする高度なRMPI（権利管理保護情報）自体の保護を主として検討している。

11.4.4 コンテンツ記述（ContentDescription, Segmentation）

いわゆる正統派的なメタデータであり，検索等に用いる。またセグメンテーション情報はハイライト視聴，ダイジェスト視聴などコンテンツを生かすために主要な役割を果たす。TV Anytime Forumでは多くをMPEG-7からインポートしている。しかし，実際に先に述べたようなケースに適用することを検討していく中で多くの改良が行われている。

11.5 メタデータとコンテンツの融合とは

これまで述べてきたように，メタデータはコンテンツの属性情報というマスター・スレーブの関係になっているのが現状である。しかし，メタデータにはコンテンツを制御できる様々な情報が埋め込まれている。またそのデータをダイナミックに変更していくこともできる。さらに，その場で作成することも可能である。これらの特徴を生かし，メタデータを最初から生かしたコンテンツができないものであろうか。

これに関して具体的な例を持っている訳ではないが，現在のほとんどのコンテンツが一方的な鑑賞を前提に作られ，RPG［Role Playing Game：ストーリを解いていくゲームの総称］のようなゲームだけがインタラクティブ性を前提としている。この中間に来るものがないのだろうか。

これらのことを検証するためには，多くの人のコラボレーションが必要である。技術者，クリエータ，心理学者などの協力が必要である。

図11.9にイメージを示す。コンテンツ，メタデータが分離して存在するのではなく，完全な融合することを実現するものである。これは現在コンテンツ属性情報だけを表現するにすぎないメタデータをより深く利用し，メタデータがなければ価値がないコンテンツを示す。現在これを表現するジャンルはないが，今後の研究に期待したい。

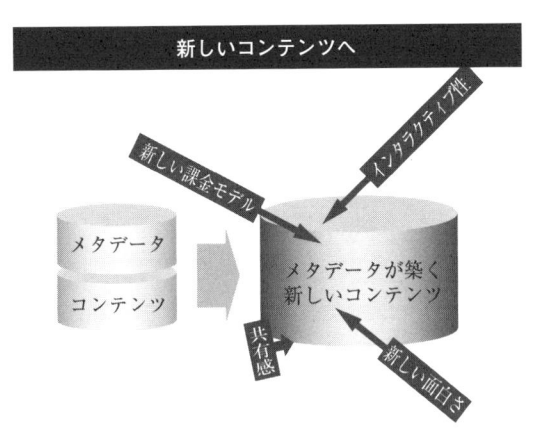

図 11.9　新しいコンテンツとは？

11.6　高度コンテンツ流通実験

　このように，コンテンツ流通をめぐる環境の動きは急だが，ディジタル環境をフルに生かしたサービスはまだ行われていないと言ってもよいだろう。ユーザの嗜好が多様化する中，コンテンツの見方も多様化している。さらに放送とブロードバンドの連携も将来スコープに入ってくる。これらを結ぶものとしてメタデータが注目されている。

　TV Anytime Forumでもケーススタディの一つとして挙げられているターゲッティングを実現することにより，多様なユーザの期待に添うことができよう。また放送と通信のギャップを埋めるものとしても，メタデータが期待されていることを図11.10に示す。すなわち原コンテンツは同じであっても，様々なメディアに合わせた視聴形態を見せるためのメタデータの役割，さらに放送コンテンツとブロードバンドコンテンツの連携で双方に新しい価値を生み出すことが期待される。

　2002年から総務省のプロジェクトとして行われている高度コンテンツ流通実証実験を図11.11に示す。

　ここでは，一つの試みとして放送からのプロトコールを64QAM，通信（ブロードバンド）からはIPでそれぞれ送信し，ネットワークではアクセス

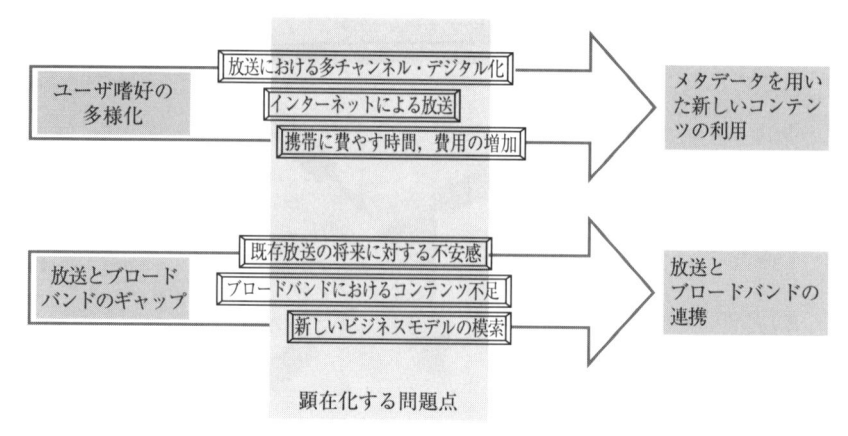

図 11.10 高度コンテンツ流通プロジェクトの位置

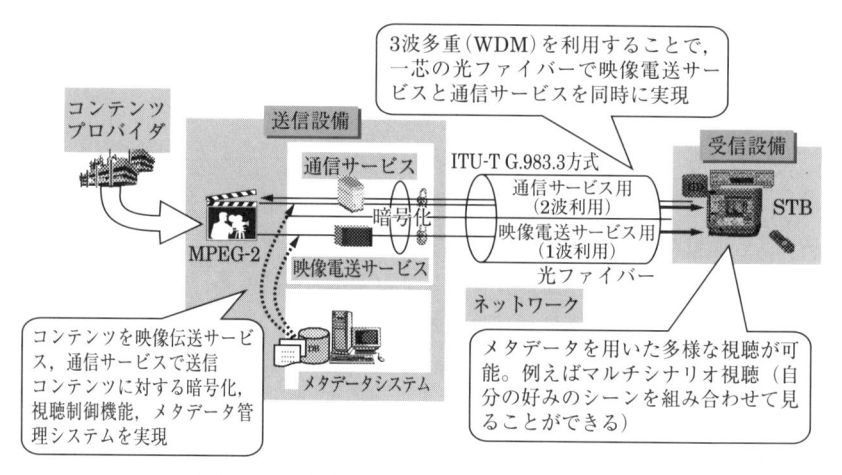

図 11.11 高度コンテンツ流通システムイメージ

部分をWDMという波長多重技術を用いる。WDMとは，一本のファイバーの中を複数の色を持った信号が流れる方式で，ITU-Tで規格化された技術を使い，ユーザの所にあるSTBでその両方を連携させるという方式が使われている。この連携を実現させるのがメタデータである。無論，従来の放送方式でも簡単なデータを出すことは可能であった。しかし，メタデータを用いることにより，インターネットなどと連携した，より高度で幅広い表現が可能になる。例えば，インターネットで得られた情報をベースに，放送コン

11.6 高度コンテンツ流通実験

テンツを自分なりの角度で見たり，教育コンテンツを自分のレベルに合わせて自動的に編集したりできるのである．

図11.12にはブロードバンドサービスを行うにあたり，様々な場面で想定されるメタデータの位置付けを簡単に示した．先ほど放送局内の作業として取り上げた素材の検索は，そのほんの一例である．これはDAM：Digital Asset Managementと呼ばれており，ここ数年急激に導入が検討されてきているものである．多チャンネル化，メディアの多様化がもたらした膨大なコンテンツ流通チャネルは，プロバイダに多くのコンテンツを安価に提供することを要求する．これらの要求を満たすため，一つのプロバイダだけで閉じるのではなく，アメリカのシンジケーションのような動きが必要となる．そのため，素材もいろんな会社間で交換されるようになるだろう．また，ユーザ側ではこのメタデータを用いてすでにEPGを使用するサービスが提供されている．現在は，一方的な配信業者からのテレビ欄的なものであるが，一部の蓄積装置を内蔵されたPDR：Personal Digital Recorderではユーザーが自由につける私的なメタデータを付加するものも出てきている．これからは，プロバイダとユーザを結んで様々なサービスを提供するプラットホーム業者の出現が予想される．そこではメタデータを用いた課金やコンテンツの権利処理だけでなく，コンテンツ制作者の著作権を保護しながら様々な新しいサービスが考えられている．

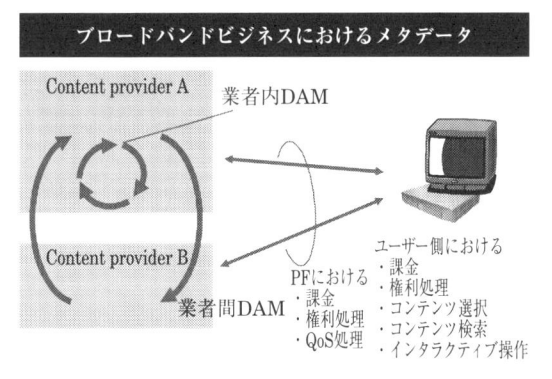

図 11.12 ブロードバンドに用いられるメタデータ

関連サイト：

1) *Dublin Core: dublincore.org*
2) *GEM: / www.geminfo.org*
3) *SMPTE : www.smpte.org*
4) *EBU : www.ebu.org*
5) *P / meta : www.ebu.ch / trev284 - hopper.pdf*
6) *MPEG - 21 : www.itscj.ipsj.or.jp / sc29*
7) *TV Anytime Forum : www.tv - anytime.org*
8) *DOI : www.doi.org / index.html*
9) *cIDf : www.cidf.org*
10) *Indecs : www.indecs.org*
11) *XrML : www.xrml.org*
12) *eGMS : www.govtalk.gov.uk*
13) *ITU - T SG16: www.itu.int / ITU - T / studygroups / com16 / index.asp*

第12章

次世代のセマンティックウェブ技術

NTT第三部門　赤埴淳一

12.1 はじめに

　WWWがインターネットやブロードバンドの普及に果たした役割は大きい。総務省の情報通信白書（平成16年版）によると，個人のインターネット利用の57％はWWWの情報検索であり，1位の電子メール（58％）とほぼ同率の利用率となっている。現在のWWW情報検索は，ウェブページのテキスト解析とページ間のリンク解析に基づく検索技術が主流である。このような検索技術は，テキストが主体であった従来のWWWでは有効に機能していたが，画像や動画などのコンテンツには有効ではない（上記の白書によると，日本のWWWの総ファイルのうち，7割が画像で，テキストは3割である）。画像や動画，音声など多様なコンテンツを扱うためには，そのコンテンツが何を表しているかなどの意味を考慮する必要がある。

　セマンティックウェブ[1]は，情報をその意味に基づいて処理する次世代のウェブである。セマンティックウェブでは，対象領域の意味構造（オントロジと呼ばれる）に基づいて，情報の意味がメタデータとして付与される。例えば，絵画コンテンツの作者や作成時期に関するメタデータを用いて，「江戸初期の狩野派」による作品が検索可能となる。セマンティックウェブ技術により，情報検索だけでなく，情報の編集や要約など，意味に基づく情報統合も可能となる。意味付けされるのは，コンテンツだけではない。利用者端末の種別やディスプレイの大きさなどのメタデータを用いて，端末（例えば，携帯電話やPC）に応じたコンテンツの配信も可能となる。さらに将来的に

は，利用者の位置や環境など状況に応じた情報提示も期待できる。

　ブロードバンド社会の実現という観点から，セマンティックウェブ技術は大きな役割を担うと考えられる。そこで，本章では，将来のブロードバンド社会について考察し，セマンティックウェブ技術がその実現にどのように寄与できるのかを考えてみたい。

　現在のブロードバンドの利用形態は，ADSL（非対称ディジタル加入者線）という言葉に象徴されるように，情報の発信者と受信者の関係が非対称である。すなわち，少数の発信者と多数の受信者という非対称な関係にある。ブロードバンド化の進展により，発信者が増加し，多様な情報が発信され流通することが予想される。特に，携帯電話のブロードバンド化により，ビデオカメラ付き携帯電話で撮影した実世界の映像（例えば，サッカーの試合や風景の映像）がネットワーク上で大量に流通すると考えられる。このような実世界の映像情報やセンサ情報に意味付けを行うことで，これらの情報を活用した新たなサービスの実現が期待できる。

　また，上記の白書が示すように，人々はコミュニケーション（電子メール）とサービス利用（情報検索やネットショッピング）のために，インターネットを利用している。ブロードバンド社会では，多様な文化的背景をもつ人々の間でのコミュニケーションが増大するであろう。人々のコミュニケーションにおいて，実際にやり取りされる情報に意味を付加して伝え合うことにより，新たなコミュニケーション環境の実現が期待できる。例えば，情報の経緯や背景を伝え合うことにより，人々がより理解し合えるコミュニケーションが実現できると考えられる。

　本稿ではまず，セマンティックウェブの概要を紹介する。次に，セマンティックウェブ技術が拓く将来のブロードバンド社会像について，以下の三つの観点から考察する。

（1）ブロードバンド社会の情報流通基盤
（2）ブロードバンド社会のコンテンツと情報
（3）ブロードバンド社会での新たなコミュニケーション
　さらに，意味的情報理論への展開に関して，議論する。

12.2 セマンティックウェブとは

セマンティックウェブはWWWの創始者Tim Berners-Leeが1998年に提唱した次世代のウェブであり，図12.1に示す階層で構成される。XML (eXtensible Markup Language)層以下が，現在のウェブに相当する。XML層の上のRDF (Resource Description Framework)層がメタデータの層である。セマンティックウェブの根幹は，情報を意味付けるメタデータと，メタデータを意味付けるオントロジにある。

図12.2に，コンテンツとメタデータ，オントロジの関係を示す。メタデ

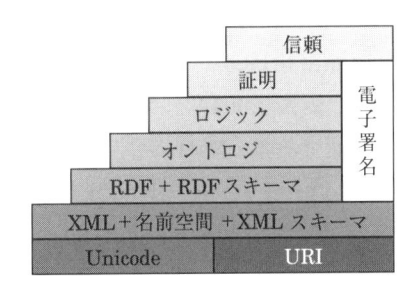

図 12.1 セマンティックウェブの階層構成

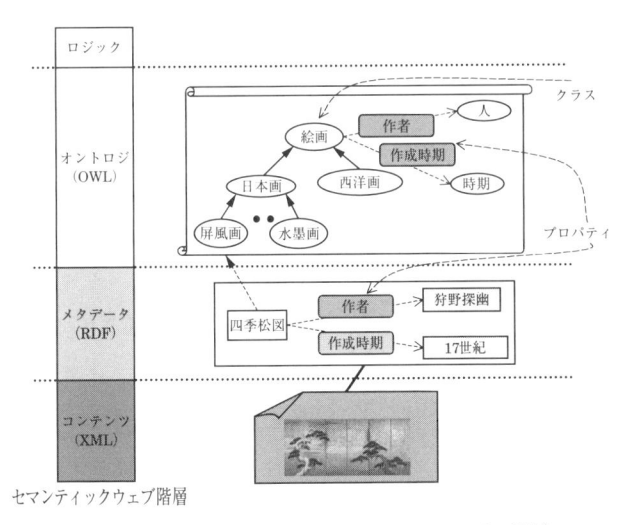

図 12.2 コンテンツとメタデータ，オントロジの関係

ータ層では，コンテンツに対するメタデータが記述される。セマンティックウェブでは，メタデータの属性名をプロパティと呼ぶ。図12.2では，「作者」と「作成時期」がプロパティである。オントロジ層では，プロパティの定義が記述される。図12.2の例は，「作者」プロパティは「絵画」に定義されるプロパティで，その値は「人」であることが記述されている。すなわち，オントロジとは対象領域（この例では絵画）の意味構造を記述したものである。直感的には，オントロジは構造化されたメタデータセットと見ることもできる。

　WWWの標準化団体W3Cにおいて，メタデータ記述言語RDFとオントロジ記述言語OWL(Web Ontology Language)の標準化が進められている[2]。以下，これらについて，簡単に説明する。

12.2.1　メタデータ記述言語RDF

　RDFは，1999年にW3C勧告（2004年に修正版が勧告）となったメタデータのモデルおよび記述言語である。XMLシンタックスが定義されており，RDFの流通に用いられる。（セマンティック）ウェブでは，ネットワーク上の情報をリソースと呼ぶ。図12.1の最下層のURI(Universal Resource Identifier)はリソースのIDを意味する。RDFという名が示すとおり，RDFはリソースを記述するための枠組である。

　RDFでは，〈リソース，プロパティ，値〉の三つ組で，メタデータを記述する。図12.2の点線矢印がこの三つ組に対応する。値は，リソースあるいはXMLデータのいずれかである。例えば図12.2は，「四季松図」リソースの「作者」プロパティの値が「狩野探幽」リソースであることを意味する。「狩野探幽」リソースに対し，「誕生年」などのメタデータも記述可能である。

　RDFの代表的な利用例として，ウェブサイトの要約情報を記述するためのRSS(RDF Site Summary)がある。RSSは，ニュースサイトのヘッドラインの配信などに用いられている。具体例としては，CNETニュースサイトのRSSデータ[3]を参照されたい。XML形式のRDFデータを見ることができる。また最近，ブログ(Blog, Weblog)の更新情報を発信するのに，RSSがよく用いられている。

　メタデータに関連する研究課題は，コンテンツに対していかにメタデータを付けるかである。コンテンツのタイプ（画像，映像，テキストなど）によ

ってアプローチは異なる．テキストを対象としたものに，WWW上の2.6億ページに4.3億個のメタデータを自動的に付与した研究[4]がある．

12.2.2 オントロジ記述言語OWL

OWLは，2004年に勧告となったオントロジ記述言語である．OWLでは，クラスとプロパティにより，対象領域の意味構造を記述する．例えば，図12.2では，「絵画」，「人」などがクラスである．オントロジは，クラスやプロパティの関係や制約により記述される．例えば，図12.2の左側は，クラス間の階層関係を表している（図12.2では簡単化のために実線矢印で表しているが，実際にはsubClassOfという組込みプロパティが用いられる）．

同様に，プロパティにも階層関係を定義できる．例えば，「作成年」プロパティを「作成時期」プロパティの下位のプロパティとして定義可能である．各クラスには，リソースがインスタンスとして定義される．図12.2の例では，「四季松図」リソースは「屏風画」クラスのインスタンスである．

(1) オントロジの役割

上で述べたとおり，オントロジはメタデータで用いられるプロパティを定義する．したがって，オントロジはメタデータの整合性チェックに利用可能である．例えば，あるメタデータの「作者」プロパティの値が「人」クラスかどうかを調べて，メタデータの整合性をチェックすることができる．

オントロジはメタデータのデータベースに対する問合せにも用いられる．データベースの観点からは，オントロジは構造化されたスキーマと見ることができる．例えば，絵画データベースのスキーマは，絵画クラスと作者や作成時期などのプロパティからなる単純なオントロジと考えることができる．したがって，「狩野探幽の絵画は」という問合わせに対し，図12.2のクラス階層とプロパティを用いて，「四季松図」が問合せ結果として得られる．

より複雑な問合わせも可能である．例えば，「狩野派」クラスが定義されていて，「狩野探幽」をインスタンスとしてもつとする．このとき，「17世紀の狩野派の絵画は」という問合わせに対し，「四季松図」が問合せ結果として得られる．さらに，「人」クラスに「誕生年」プロパティが定義されているとすると，「16世紀に生まれた人が描いた絵画」などの問合わせも可能である．

(2) OWLの高度な制約記述

OWLはクラスやプロパティに関する様々な制約を記述可能としている。例えば，日本画クラスと西洋画クラスが互いに排反（共有インスタンスをもたない）などが記述可能である。さらに，プロパティの取り得る値のクラスや個数に制約を付けて様々なクラスを定義可能である。例えば，文献オントロジで，「論文」クラスに「著者」プロパティが定義されているとする。このとき，著者がすべて日本人の論文や，著者に少なくとも1人の日本人を含む論文，著者が3人以上の論文などのクラスが定義できる。このような制約は，メタデータの整合性チェック（例えば，作成時期が複数定義されていないか）や問合わせに用いることができる。

W3Cで標準化しているのは，オントロジの記述言語であり，図12.2のような対象領域のオントロジでないことに注意されたい。すなわち，同じ対象領域に複数のオントロジが定義可能である。複数のオントロジの取り扱いは，オントロジに関する重要な研究課題の一つであり，次節で詳しく述べる。他の研究課題としては，オントロジの構築方法論があげられる。オントロジは人工知能における知識表現や推論に関する研究が背景にある。これらの研究課題に対し，人工知能によるアプローチで研究が進められている。

12.3 ブロードバンド社会の情報流通基盤

以下では，セマンティックウェブ技術により，どのようなブロードバンド社会像が描けるのかを考察する。

12.3.1 意味を考慮した情報流通

インターネットの歴史を振り返ると，相互運用性（interoperability）をネットワーク階層の下のレイヤから達成してきたことが見て取れる。現在のインターネットは，1970年代に提案されたTCP/IPに基づいている。TCP/IPにより，ネットワークレベルの相互運用性が達成された。しかし，1980年代までは，ネットワーク上でやり取りされるデータ形式はバラバラの状態であった。1990年代にXMLが登場し，データ形式レベルの相互運用性が達成されることになる。データ形式までは，対象領域に依存しない標準

化が可能であった．しかし，その上のデータモデルは対象領域に依存する．

データモデルは，メタデータセットやデータベースのスキーマに対応する．データモデルの相互運用性とは，例えば，同じ対象領域で異なるメタデータセットを統合することである．具体的には，図12.2の例で，「作成時期」プロパティを「作成年」プロパティにしたオントロジや，「価格」プロパティが定義されたオントロジとの統合をどうするのかという課題である．すなわち，これまで考慮の対象外であった情報の意味の領域に踏み込まざるを得ない段階に到達したと考えられる．

意味レベルの相互運用性をどのように達成するかが，ブロードバンド社会の情報流通基盤を実現するためのキーとなる．アプローチとしては二つある．一つは対象領域でオントロジを標準化するというアプローチである．これはメタデータセットを標準化することに相当する．もう一つは，複数のオントロジを統合するというアプローチである．

ブロードバンド社会では，多様な文化的な背景をもつ人々が情報を流通させ，またその変化のスピードも速いと考えられる．このような状況下では，オントロジを標準化するのは困難である．例えば，文化の差違により，オントロジは地域によって異なる．また，オントロジは時間により変化する．あるオントロジは，独立に更新あるいはカスタマイズされる可能性がある．このようなオントロジの時間的・空間的な拡がりに対処するためには，オントロジを統合するアプローチが有望と考えられる．

12.3.2 情報の意味的統合

複数のオントロジを統合する技術は，情報の意味的統合（Semantic Integration）と呼ばれ，研究が盛んになってきている．上述のとおり，オントロジは構造化されたデータベース・スキーマと見ることができる．データベース分野における異種データベースの統合などのデータ統合研究，および人工知能におけるオントロジ研究を背景に，オントロジに基づく問合わせ変換などの研究が進められている．

図12.3に，オントロジに基づく問合わせ変換[5]の概念図を示す．オントロジに基づく問合わせ変換では，オントロジAにおける問合わせが，オントロジ間の関係に基づいて，別のオントロジBにおける問合わせに変換さ

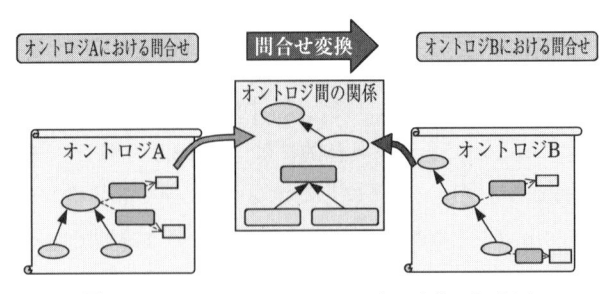

図 12.3 オントロジに基づく問合せ変換の概念図

れる．例えば，上述の絵画に関するオントロジで，「17世紀」が「江戸初期」に属するという関係を用いて，「江戸初期の狩野派の絵画は」という問合わせが可能となる．

12.3.3 セマンティックウェブサービス

ネットワーク上の様々なサービス（例えば，ホテル予約や航空機予約）も，ウェブサービスの登場により，データ形式レベルの相互運用性が達成されている．すなわち，サービスの入出力のデータ形式が統一されているので，複数のサービスをつなぐことができるというレベルである．しかし，サービスのダイナミックな連携には，意味レベルの相互運用性が必要となる．この観点から，セマンティックウェブサービスの研究が盛んに進められている[6]．セマンティックウェブサービスでは，サービスの処理モデルを記述したオントロジに基づいて，サービスをダイナミックに連携する．例えば，旅行計画サービスのオントロジに基づいて，ホテル予約サービスと航空券予約サービスがダイナミックに連携される．

12.4 ブロードバンド社会のコンテンツと情報

次に，ブロードバンド社会において，情報流通基盤の上で流通する情報（コンテンツ）について考察する．個人の情報活用という観点からは，WWWだけが活用可能な情報源ではない．ビデオカメラを含むセンサ類や，個人が蓄積した情報も重要な情報源である．

12.4.1 ユビキタスコンテンツ

1990年代前半までは，新聞社やTV局などごく少数のマスメディアが非常によく練られたコンテンツを発信していた．1990年代にWWWが登場してからは，一般の人々が情報を発信するようになった．ブログの登場により，情報発信者はさらに増加しつつある．ブロードバンド化の進展により，発信者はますます増え，多様な情報が発信され流通することが予想される．

ブロードバンド社会では，オフィスや家庭のパソコンだけでなく，携帯端末・携帯電話もブロードバンドネットワークに接続される．現在のWWWにおいて，ウェブカメラが発信する大量の映像データが存在する状況から考えると，今後，ビデオカメラ付き携帯電話によるリアルタイム映像が大量に流通すると想像される．例えば，サッカー競技場やモータショーなどのイベント会場で，ビデオカメラ付き携帯電話による個人レベルの中継が増えるであろう．携帯電話からブログに情報をアップロードするモブログに，その萌芽を見ることができる．

ネットワーク上に潜むこのような映像データをいかに探し出すかが，まず問題となる．最初に述べたように，現在の検索技術では歯が立たない．メタデータによる検索が必要である．将来的には，画像認識などのメディア処理技術によるメタデータの自動付与が考えられるが，別の解決策として，時空間メタデータの利用[7]がある．映像データの撮影日時や撮影場所が，例えば携帯電話に付いたGPSなどでわかったとすると，WWWから対応する日時や場所をもつページを検索すればよい．ウェブページでは，日時や場所が様々に表現されるので，時空間オントロジに基づくメタデータ付与が必要である．

また，ユビキタス化の進展により，実世界の様々なモノにRFIDが付くようになるだろう．このようなカメラ映像やRFIDを含むセンサデータは，意味付けられて初めてコンテンツ（ユビキタスコンテンツと呼ぶ）としての価値をもつ．セマンティックウェブ技術により，センサデータをユビキタスコンテンツとして活用できると考えられる．

12.4.2 個人の情報環境

ハードディスクの高容量化，低廉化に伴い，個人が蓄積する情報が増えて

いる。ブロードバンド社会では，情報流通量の増大に伴い，個人に流入する情報量も増大すると考えられる。人間の情報処理能力には限界があるため，何らかの支援が必要である。セマンティックウェブ技術により，個人の情報処理を支援することが可能となる。

まず簡単な例として，電子メールやスケジュール管理などの個人レベルのアプリケーション統合が挙げられる。例えば，会議の開催を知らせる電子メールに，会議に関するメタデータを付与することで，自動的にスケジュールを更新することができる。ここで用いられるのは，会議の開催日時・場所という時空間オントロジと，参加者である人に関するオントロジである。ここで，人に関するオントロジとは，氏名，電子メールアドレスなどのプロパティから構成されるので，メタデータはアドレス帳などから容易に抽出できる（前に述べたとおり，データベースのスキーマは最も単純なオントロジである）。このように電子メールを意味付けした研究例に，Semantic Email[8]がある。

情報を受け取った人が，その情報をどのように扱ったかというのも，その情報に対する重要なメタデータである。例えば，ある会議に関する電子メールを受け取った人Aが，そのメールを別の人Bに転送して，自分（A）はゴミ箱に捨てた場合を考える。この場合，その会議はAにとっては興味がなく，Bが興味をもつと考えられる。このように，情報の内容に関するメタデータだけでなく，情報の取扱われ方に関するメタデータも考慮した研究例に，パーソナルレポジトリ[9]がある。パーソナルレポジトリには，個人が受信・発信した情報にメタデータが付与されて蓄積される。パーソナルレポジトリを用いて，個人の情報処理を支援するパーソナルエージェントを実現できる。上の例で，Aのパーソナルエージェントは，同種の会議に関するメールを受け取った場合，そのメールの優先度を低くし，Bに転送することを提案することが可能となる。

12.5　ブロードバンド社会における新たなコミュニケーション

ブロードバンド社会では，様々な文化的背景をもつ人々が互いにコミュニ

12.5 ブロードバンド社会における新たなコミュニケーション

ケートし合うであろう。このような多様な人々の間での誤解や摩擦を減らし，互いにより理解し合えるコミュニケーション環境の実現が望まれる。セマンティックウェブ技術により，このような新たなコミュニケーション環境の実現が期待できる。

セマンティックウェブ技術により，人々のコミュニケーションにおいて実際にやり取りされる情報にメタデータが付加される。例えば，前章で述べた，電子メールに対するメタデータである。このメタデータを用いて，その電子メールの意味を明確にすることができる。最も簡単な例は，人名や地名など単語レベルでの曖昧性解消である。例えば，メール中の「田中さん」が誰なのかが明確となる。さらに，パーソナルレポジトリを参照することで，メール中の「先日の資料」も明確にできる。パーソナルエージェントは気を利かせて，この資料を自動的に開いて利用者に提示することも考えられる。また，メール中の未知語（例えば，「ブログ」）に対し，相手側のパーソナルエージェントに問合わせて，関連情報を利用者に提示することもできるだろう。

パーソナルレポジトリには，電子メールなどのメッセージにメタデータが付与されて蓄積される。このメタデータを用いて，メッセージのやり取りを要約し，メッセージの背景や経緯をメタデータとして伝えることが可能になると考えられる。将来的には，音声認識技術の発展により，音声会話に対してメタデータをリアルタイムに付与可能となると考えられる。上記の技術を音声会話に適用することにより，会話内容に応じた関連情報を提示し，互いの理解を深める新たなコミュニケーション環境[10]の実現が期待できる。

さらに，オントロジ統合技術を用いて，相手側のオントロジに合わせて，情報やメタデータを変換し，相手側の理解を助ける情報を提示するコミュニケーション環境も考えることができる。セマンティックウェブ技術は，意味を扱うための技術である。意味を考慮したコミュニケーション環境により，人々が互いに理解し合える理想的なブロードバンド社会が実現できると考えられる。

12.6 意味的情報理論に向けて

　本章では，情報という言葉の定義があいまいなまま議論を進めてきた。12.4で見たように，「情報」の発信源は人間か機械（センサ）である。しかし，センサから発信されるのはデータであり，人間が解釈して初めて情報となる。例えば，温度センサが発信するのは温度に関する数値データであり，人間が解釈することにより，寒い，暑いなどの意味のある情報となる。ウェブカメラが発信する映像データも同様に，人間が解釈して風景などの情報となる。人間による解釈とは，データに対する意味付けである。すなわち，意味が付けられたデータが情報となる。

　ここで，データに対する意味付けは，解釈する人によって異なることに注意が必要である。例えば，摂氏15度という温度データは，地域（例えば，熱帯と寒冷地）によって意味付けが異なるであろう。厳密には，人によって異なるかもしれないが，同じ地域の人はほぼ同じ解釈と考えられる。これは，温度に関するオントロジが地域ごとに共有されていることに対応する。

　人間が発信する情報も同様である。人間が発信する音声やテキストなどのデータは，発信者のオントロジに基づいてコード化され，受信者のオントロジに基づいてデコード（解釈，意味付け）される。同じコミュニティ内でコミュニケーションが成立するのは，オントロジを共有しているからである。異なるコミュニティ（例えば，英語圏と日本語圏）間でコミュニケーションを成立させるためには，オントロジに基づくデータ変換（例えば，英日翻訳）が必要となる。

　このような観点からは，現在の情報通信技術の多くは，発信者と受信者がオントロジを共有していることを仮定していたと考えることができる。オントロジの共有を仮定すると，情報の意味を考慮することなく情報通信を議論でき，様々な情報通信技術が発展してきた。しかし，12.3で見たように，情報の意味を考慮すべき段階に到達したのである。

　言い換えると，セマンティックウェブ技術は，シャノンの情報理論を越えた意味的情報理論（Semantic Information Theory）への第一歩を踏み出すものである。セマンティックウェブでは，データ（XML）だけでなく，そのデ

12.6 意味的情報理論に向けて

ータの意味がオントロジ(OWL)に基づくメタデータ(RDF)として流通する。すなわち，発信者側のオントロジに基づいてコード化されたデータに，その意味を記述したメタデータが付与されて発信される。受信者は，発信者側のオントロジと自分のオントロジに基づいて，受信したメタデータを自分のオントロジに基づくメタデータに変換し，受信したデータを解釈する。すなわち，メタデータとオントロジの流通により，意味を考慮した真の情報流通が可能となる。

オントロジに基づくメタデータの変換は，通信路が行ってもよい。オントロジ間の対応関係をいかに巧妙に付けるかをノウハウとする，新たなサービスが発展する可能性も考えられる。

ブロードバンド社会の主役は，言うまでもなく人間である。人間による解釈(すなわち，意味)を考慮した情報処理が，ブロードバンド社会には必須である。本章で見たように，セマンティックウェブ技術は，ブロードバンド社会の情報流通基盤，その上で流通する情報，さらに情報を活用したコミュニケーション環境の様々な側面で重要な役割を担うと考えられる。

本章では触れなかったが，セマンティックウェブ階層には，オントロジ層の上にロジック層がある。ここでは，ビジネスルールやワークフローなどのルールが記述され，流通される。現在，W3Cを中心にルール記述言語の標準化が進みつつある。ブロードバンド社会における知識流通にも，セマンティックウェブ技術が貢献できる可能性もある。

セマンティックウェブは，新しい研究領域である。現在は，人工知能，データベース，自然言語に関する研究者が中心となって，研究コミュニティを形成している。12.6で述べたとおり，セマンティックウェブの概念は従来の情報理論を変革し，大きなパラダイムシフトを引き起こす可能性を秘めている。しかし，セマンティックウェブを実現するための研究課題も多い。特に，12.4で述べたような映像などのマルチメディアデータに対するメタデータの自動付与が大きな課題である。画像処理などのメディア処理技術が，本章で述べたブロードバンド社会の実現のキーとなるであろう。

参考文献

1) T. Berners-Lee, J. Hendler, and O. Lassila : "The semantic web", Scientific American, Vol.284, No.5, pp.34-43（May 2001）, ［邦訳："自分で推論する未来型ウェブ", 日経サイエンス, pp.54-65, 2001年8月号］.
2) http://www.w3.org/2001/sw/
3) http://japan.cnet.com/rss/index.rdf
4) S. Dill et. al : "Sem Tag and Seeker : Bootstrapping the Semantic Web via Automated Semantic Annotation", International World Wide Web Conference（WWW2003）, pp.178-186（2003）.
5) J. Akahani, K. Hiramatsu, and T. Satoh : "Approximate Query Reformulation for Ontology Integration", ISWC-2003 Workshop on Semantic Integration（SI-2003）, pp.3-8（2003）.
6) 幸島明男, 和泉憲明, 車谷浩一, 中島秀之："セマンティックWebエージェントによる実世界指向のサービス連携". Joint Agent Workshop and Symposium 2003（JAWS'03）, 人工知能学会, pp.123-130（2003）.
7) 平松 薫, 赤埴淳一, 佐藤哲司："時空間構造に基づくWeb検索の拡張", 人工知能学会セマンティックウェブとオントロジー研究会, SIG-SWO-A201-08（2002）.
8) L. McDowell, O. Etzioni, S. Gribble, A. Halevy, H. Levy, W. Pentney, D. Verma, and S. Vlasseva : "Mangrove : Enticing Ordinary People onto the Semantic Web via Instant Gratification". 2nd International Semantic Web Conference（ISWC-2003）, LNCS 2870, pp.754-770, Springer-Verlag（2003）.
9) K. Kamei, S. Yoshida, K. Kuwabara, J. Akahani, and T. Satoh : "An Agent Framework for Inter-personal Information Sharing with an RDF-based Repository", 2nd International Semantic Web Conference（ISWC-2003）, LNCS 2870, pp.438-452, Springer-Verlag（2003）.
10) A. Sugiyama, J. Akahani, and T. Satoh : "Semantic Phone : A Semantic Web Application for Semantically Augmented Communication", 2nd International Semantic Web Conference（ISWC-2003）, Posters and Demonstrations, pp.91-92（2003）.

第13章

メタデータ管理技術

日本オラクル株式会社　林　徹

13.1 はじめに

　1995年頃から始まったインターネットの爆発的な普及は，われわれのビジネスとライフスタイルに大きな影響を与えた。ブロードバンドは，この流れを加速させ，大容量コンテンツでもストレスなくやり取りすることが可能になった。この変革は，データベースにも大きな影響を与えた。インターネット普及以前は，データベースは企業内の業務で利用されることが多く，クライアント/サーバ形式で接続していた。インターネットでは，Webサイトのバックエンドとして顧客，コンテンツなどの管理にデータベースが利用されている。インターネットで提供されるサービスは，24時間365日の運用が基本となり，社内システムのようにデータベースのバックアップのためにサービスを停止することが困難である。したがって，サービスを運用したまま，データベースをバックアップする機能が追加されている。さらにブロードバンドを利用して，データベースを遠隔地のデータセンタにバックアップするディザスタリカバリーの機能も追加され，天災・テロなど物理的な障害から重要なデータを守ることも可能になった。ブロードバンドでは，リッチコンテンツがやり取りされるため，これらの情報もデータベースに一元管理したいとの要望があり，現在では多様なデータ型をデータベースに格納することができるようになってきた。

　本章では，データベースに格納できるデータ型として，位置情報の解説とブロードバンドを利用したコンテンツ配信におけるデータベースの利用につ

いて述べる。

13.2 位置情報

ブロードバンドを利用して地図のコンテンツをサービスとして提供する事業が活発になり，企業内の情報と位置情報を連携するアプリケーションの開発・利用が促進されている。

しかし，従来の一般的な GIS（Geographic Information System）や位置情報に特化された LBS（Location - Based Services）システムは，RDBMS（リレーショナルデータベース）に格納した属性データや業務データとは別に独自のフォーマットで空間データを格納している。そのため，データ管理が煩雑になり，管理コストが増大するという問題点がある。データを二重に管理しなければならないため，データの整合性やメンテナンス性，システムの拡張性にも限界がある。

これに対して，データベースで位置情報を扱う Spatial Service 用 DB（Unified Spatial Relational DB system）Spatial DB は，RDBMS（例えば，

空間データ　　　業務・属性データ

－アプリケーション開発効率
－データ二重管理
－パフォーマンス

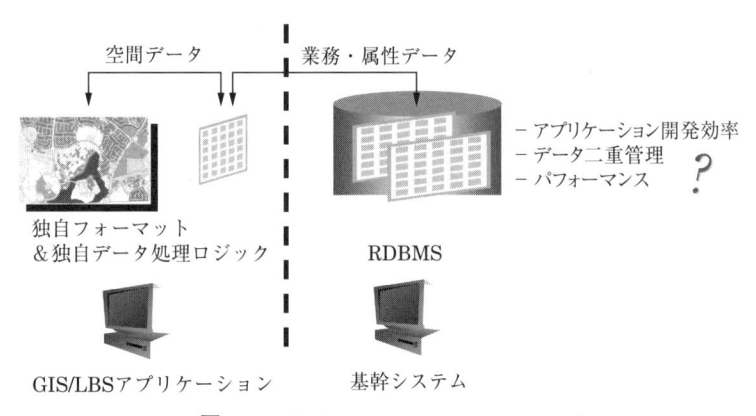

独自フォーマット
＆独自データ処理ロジック　　　RDBMS

GIS/LBSアプリケーション　　　基幹システム

図 13.1 従来のGIS/LBSシステムの問題点

Unified Spatial Relational DB システムを Oracle9i DB を用いて実現したアーキテクチャを示す。Oracle Spatial は Oracle9i Database 上で動作する。空間データ，空間索引を RDBMS 内に格納する。データや索引のメンテナンスは RDBMS で一括して実行可能である。検索やデータロードは RDBMS の機能を利用する。独自のプロセスは起動しない。…という特徴がある。

Oracle9i) に空間データを格納できるため，属性データや業務データとの一元管理が可能である (図 13.1)。データを一元管理すれば，管理コストを大幅に削減できるだけでなく，データの整合性，メンテナンス性，システムの拡張性の問題を解消できる。

13.2.1　アプリケーション開発の簡素化

従来の一般的な GIS システムや LBS システムは，空間データの格納方法やアクセス手段が独自のデータ処理ロジックで作り込まれているため，複雑なアプリケーション開発が必要である。

これに対して，図 13.2 に示す Oracle Spatial は，OpenGIS Consortium (OGC) Standard に準拠しているので，RDBMS の標準的な手法 (SQL) を用いることができる。そのため，「ある幹線道路沿いにあるガソリンスタンドの価格の安い順リスト」など，空間データと業務・属性データを組み合わせた条件検索を SQL で実行できる。

アプリケーション開発をさらに容易にするために，データの座標系変換や空間データ集計，二つの空間図形の位置関係判断などの空間演算を実現する様々な演算子と関数を提供している。

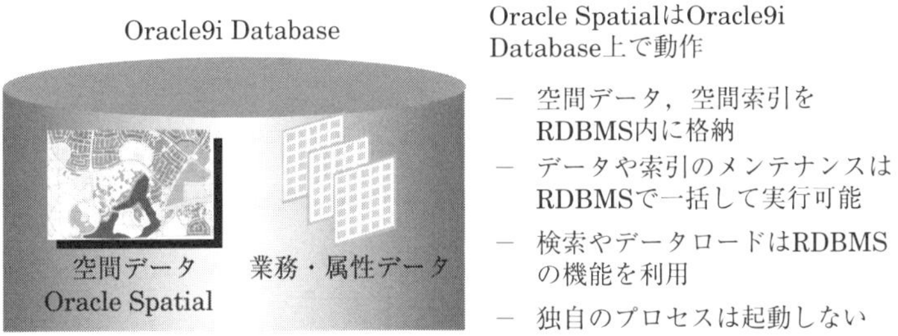

図 13.2　Oracle Spatial のアーキテクチャ概念

Oracle9i Database

Oracle Spatial は Oracle9i Database 上で動作
- 空間データ，空間索引を RDBMS 内に格納
- データや索引のメンテナンスは RDBMS で一括して実行可能
- 検索やデータロードは RDBMS の機能を利用
- 独自のプロセスは起動しない

空間データ Oracle Spatial　業務・属性データ

13.2.2　検索の高速化

Oracle Spatial は，図 13.3 に示すように R-ツリー索引という空間データに最適な索引を Oracle9i に実装し，空間検索の高速処理を実現している。このスキーマの構成は，一つのセルに座標情報を格納し，R-ツリー索引化により高速処理する，という特徴がある。

図 13.3 Oracle Spatialによる空間データ格納テーブル例

13.2.3 Oracle Spatialの機能概要
(1) 空間データの格納

Oracle Spatialには，数値地図データ，ポイントデータ（POI: Points of Interest），CAD/CAMデータなどを格納できる．扱える基本図形を図13.4に示す．

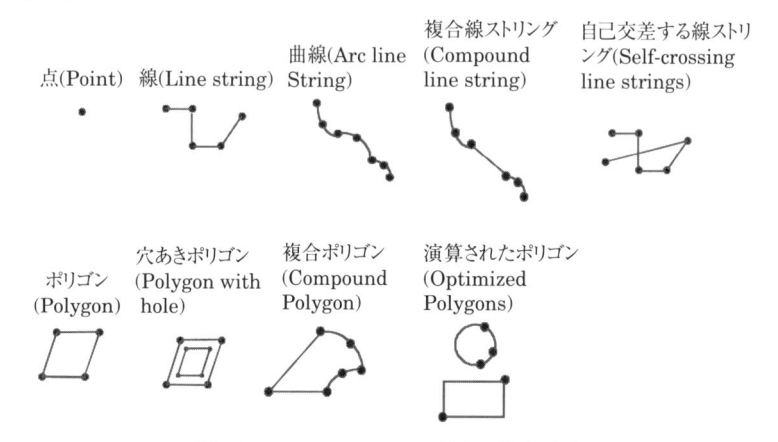

図 13.4 Oracle Spatialが扱える基本図形

(2) 空間索引

Oracle Spatialは，RDBMSに格納されている業務データや属性データと同様に空間データにも索引付けができるため，高速な空間検索が可能である．空間索引には「R-ツリー索引」と「クワッド・ツリー索引」の2種類がある．いずれもOracle9iに格納され，通常の索引と同様のメンテナンスが可能である．

(a) R-ツリー索引(デフォルト)

それぞれの空間図形を囲む最小のく形(最小境界く形＝MBR)をベースとし，点，線，ポリゴンなど，すべてのエレメントが対象である。二次元から四次元まで対応する。レイヤー内の空間図形のMBRに対する階層索引で構成する。

(b) クワッド・ツリー索引

レイヤーを四角形に区分けし，空間図形とそれを覆う四角形と関連付ける。これを四分木分割と呼ぶ。

(3) 空間問合せ

Oracle Spatialは，重複や包含など，ある空間図形と空間関係を有する別の空間図形をSQLによって求めることができる。判断できる空間関係は，図13.5のとおりである。

Oracle Spatialによって，空間データを属性データや業務データと同様にSQLで扱えるため，空間の条件を指定した次のような検索もSQLで実行できる。例えば，台風の通過した地域の損害保険加入者リストを求める，現在地から近いコンビニ5店の場所と現在地からの距離を求める，ある幹線道路沿いにあるガソリンスタンドの価格の安い順リストを求める，などのサービスを実行するのに効果的である。

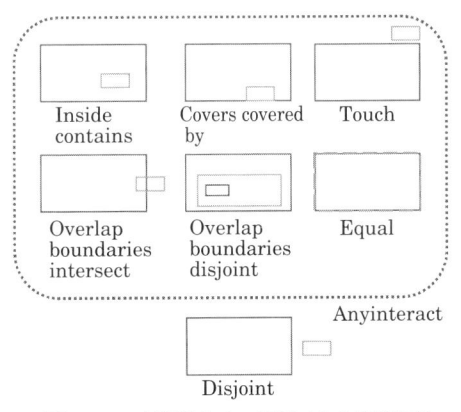

図 **13.5** 空間問合せで判断できる空間関係

(4) 空間演算

Oracle Spatialでは，次のような空間演算ができる空間関数を定義した。

(a) 最もそばにあるN個の空間図形：
現在地から最も近いATM5カ所のリストを求めるのに適用できる。

(b) ポリゴンの中心・重心・周囲長・面積（穴のあるポリゴンも含む）：
面積が100平方メートル以上の一般家形リストを求めるのに適用できる。

(c) 二つのオブジェクトが指定された距離内にあるかどうかを判定：
国道246号沿い（距離5km以内）にある行楽地のリストを求めることが適用できる。

(d) ある空間図形にバッファポリゴンを作成する：
ある電波基地局がカバーするエリアを求めることができる。

(e) 二つのジオメトリー和集合，共通部分，排他的論理和：
この空間問合せと空間演算によって，ゲノムの解析に適応することも可能で，すでに実用として利用されている。

(5) 座標系サポート

Oracle Spatialは1000種類以上の座標系をサポートしている。空間データをある座標系から別の座標系へ変換することができる。例えば，日本測地系（TOKYO）データからと世界測地系（WGS84）データの相互変換ができる。

座標系が地理参照の場合はデフォルトの測定単位（メートルなど）が関連付けられ，指定した別の単位（マイルなど）で結果を得ることもできる。

こうすることで，現在地から1km以内にあるコンビニのリストを求める。

座標系（空間参照システム）とは，位置に座標を割り当て，それらの座標セットの種類を関連付ける。すべての空間データには座標系が関連付けられており，その座標系は，地理参照（地表の特定の表現に関連）または非地理参照（CAD/CAMデータなど地表の特定の表現に関連しない）のいずれかになる。地理参照には，緯度，経度を座標とする測地座標系がある。

13.3 ブロードバンドによるコンテンツ配信

本節では，ブロードバンドのコンテンツ流通ビジネスを本格的に開始するために必要となる技術的要件およびマーケティングデータの収集の目的として設立した「CDN JAPAN」のシステム構成，メタデータ管理システム，配信システムについて解説する。(株)インターネットイニシアティブ(以下，IIJ)，シスコシステムズ(株)(以下，CISCO)，日本オラクル(株)の3社は，2001年3月に全国約30万世帯をカバーするコンテンツ配信プラットホーム「CDN JAPAN」を構築し，映像コンテンツを中心に配信した。「CDN JAPAN」の仕様を表13.1に示す。

表13.1 「CDN JAPAN」の仕様

コンテンツ仕様	コンテンツ本数	常時100本～150本（毎月20本から30本更新）
	ジャンル	エンターテイメント中心（アニメ，映画，音楽，趣味，情報，等）
配信仕様	配信帯域	300kbps/1Mbps
	配信フォーマット	Windows Media
機能一覧	認証機能（SSO）	キャッシュサーバーと連携した認証
	不正利用防止（DRM）	アクセス制限，コンテンツ保護
	映像配信機能	キャッシュを利用したブロードバンド配信
	コンテンツ補完・配送	キャッシュへの配送管理（スケジューリングによる自動配送）
	コンテンツ登録・管理	ブラウザーベースによるリモートでのコンテンツ情報管理
	会員管理	会員情報の登録，変更，削除
	マーケティング	DB，キャッシュサーバーの連携によるログ収集レポーティング
	購買管理	視聴，購買履歴
	決済	クレジット決済
	課金	期間，回数制限によるペイパービュー（コンテンツごと，チャンネル）

13.3.1 システム

コンテンツ配信プラットホーム「CDN JAPAN」のネットワーク構成を，図13.6に示す。CDN JAPANは，IIJのHigh Speed Media Network(以下，HSMN)を利用して構築した。HSMNに接続するCATV会社，他社ISP，IIJのADSLを通じて全国30万世帯へのコンテンツ配信を可能とするコン

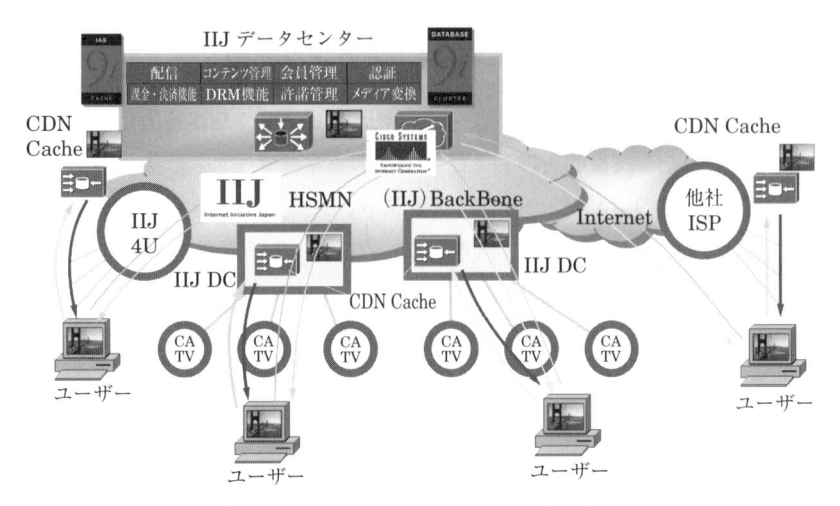

図 13.6 CDN JAPANネットワーク構成概要

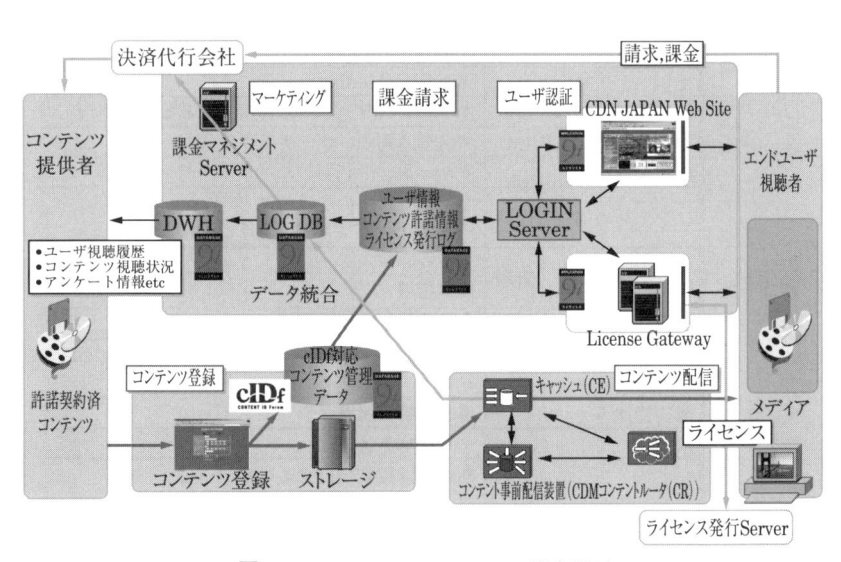

図 13.7 CDN JAPANシステム構成概要

テンツ配信プラットホームを構築した.

「CDN JAPAN」のシステムは,図13.7に示すようにコンテンツ登録,コンテンツ配信,ユーザ認証,課金処理,ライセンス発行,ログ収集・分析な

どサブシステムから構成した。

13.3.2 メタデータ管理システム

「CDN JAPAN」では，データベースを活用してマーケティング分析を実施した。ブロードバンドのコンテンツ流通におけるメタデータには以下がある。Webサーバ，CDN Cache，決済サーバ，ライセンス管理サーバ，認証サーバなどに分散しているログとコンテンツ情報，ユーザ情報。これらの統合が必要不可欠である。そのためログデータ，コンテンツ情報，ユーザ情報をログデータベース（以下，ログDB）に統合した。このログDBを解析することで，マーケティングデータを多角的に分析した。

この方式は，負荷の高いログ分析を専用のログDBに任せているためユーザ認証，課金処理，ライセンス発行などリアルタイム性を要求する他のデータベース処理に影響を与えない。図13.8にCDN JAPANログ収集・分析サブシステム概要を示す。

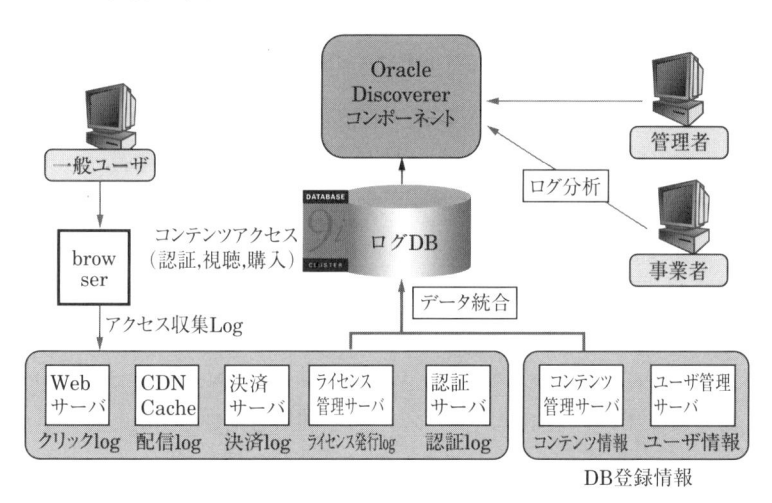

図 13.8 CDN JAPANログ収集・分析システム

13.3.3 メタデータの分析・評価

ログDBにどのような情報を格納して分析したか，図13.9にCDN JAPANログ分析データ概要を示す。ユーザ管理サーバからは，住所，生年月日，性別などのユーザに関する情報，コンテンツ管理サーバからは，タイトル，ジ

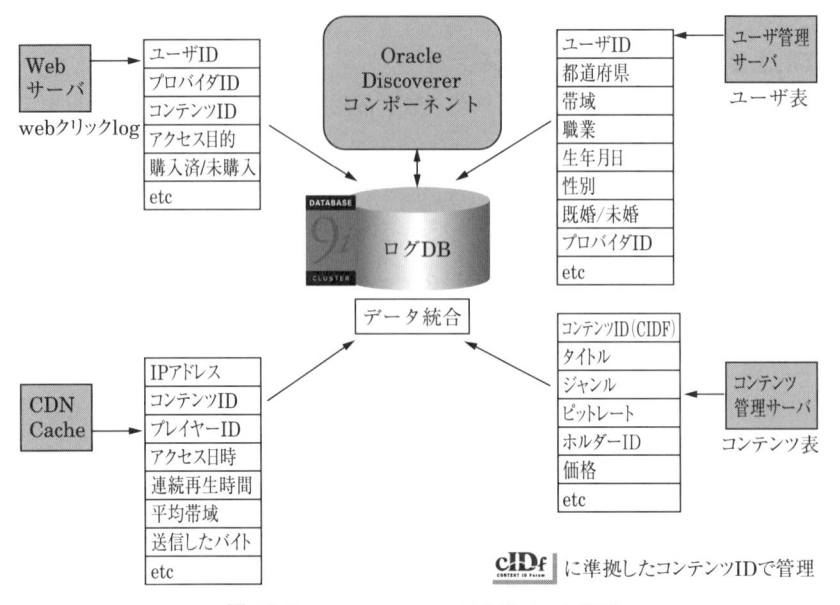

図 13.9 CDN JAPANログ分析データ概要

ャンル，価格などのコンテンツに関する情報，CDN CacheからはコンテンツID［コンテンツIDフォーラムが規定しているID体系に準拠し，デジタルコンテンツを区別するために符番したコード］，プレイヤーID［デジタルコンテンツを再生するPCを特定するための情報］，アクセス日時，連続再生時間などコンテンツの視聴履歴に関する情報，WebサーバからはコンテンツID，アクセス日時，コンテンツの購入に関する情報をログDBに統合する。ここで注目して欲しいのは，Webサーバ，CDN Cacheともコンテンツを特定する手段として，コンテンツIDを利用したことである。コンテンツIDはすべてのコンテンツに重複しない番号が付与されており，コンテンツIDがわかるとコンテンツ管理サーバのコンテンツ表を参照してコンテンツを特定する。

「CDN JAPAN」のコンテンツ配信プラットホームを利用してコンテンツ配信した結果は，すべてログDBに格納される。このログDBはOracle Discovererというツールを利用して，簡単な操作で下記のメタデータとしてのマーケティング情報が分析できるように開発した。

13.3 ブロードバンドによるコンテンツ配信

- コンテンツアクセスランキング(ユーザ数，アクセス数)
- ジャンル別アクセスランキング
- プロバイダ加入者ランキング
- サイトアクセス数推移(週単位，1日単位，時間別)
- ジャンル別アクセス数推移(週単位，1日単位，時間別)
- コンテンツごとのアクセス数推移(週単位，1日単位，時間別)
- 視聴時間分析(個々のコンテンツ毎の平均視聴時間)
- ユーザ分析(地方，性別，職業，生年月日)

コンテンツを提供するコンテンツホルダには，自社のコンテンツおよびジャンルに関するマーケティング分析結果を提供した．なお，プライバシー保護の見地から個人を特定できる情報は一切開示しない．つまりマーケティング分析の目的なら氏名など個人情報は不用で，住所も都道府県単位までのデータを利用した解析にとどめた．図13.10にコンテンツの視聴頻度を解析した例を示す．視聴頻度は日，週，月などの単位で簡単に集計することができる．さらにコンテンツ名をダブルクリックすることにより，コンテンツごとにどのような属性のユーザが多くアクセスしているか表示できる．なお，図

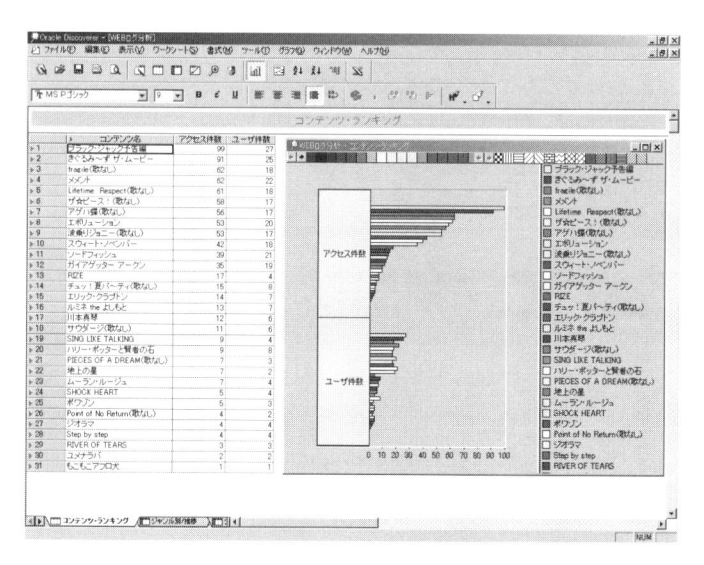

図 13.10 コンテンツの視聴頻度

中のデータは実証実験のデータではない。

ジャンル別のアクセス頻度の解析例を図13.11に示す。この図では月別のデータを表示しているが，日，週でも簡単に集計表示できる。横軸を一日に設定すると時間ごとのアクセス頻度が表示でき，一日のうちで，どのジャンルは何時頃にピークがくるかを表示できる。実際に解析した結果，コンテンツのジャンルによりピークの時間帯が異なる現象を確認した。このデータを注意深く解析した結果，ジャンルと視聴者属性に一定の関係があることが判明した。例えば，男性30～34歳は映画，カラオケの最大アクセスユーザだが，女性だと同じジャンルでも最大アクセスは25～29歳となる。また，映画，音楽，カラオケは最大アクセス時間帯が夜10時台，アイドルは夜11時台であった。

このほか，都道府県別のアクセス頻度，趣味，年齢，性別によるコンテンツのアクセス頻度の違いなど数多くのマーケティングデータを収集・分析した。例えばカラオケは20歳以下のアクセスが男性，女性とも非常に高かった。特に女性14歳以下のアクセス数は，他の年代と比較しても約3倍を示した。

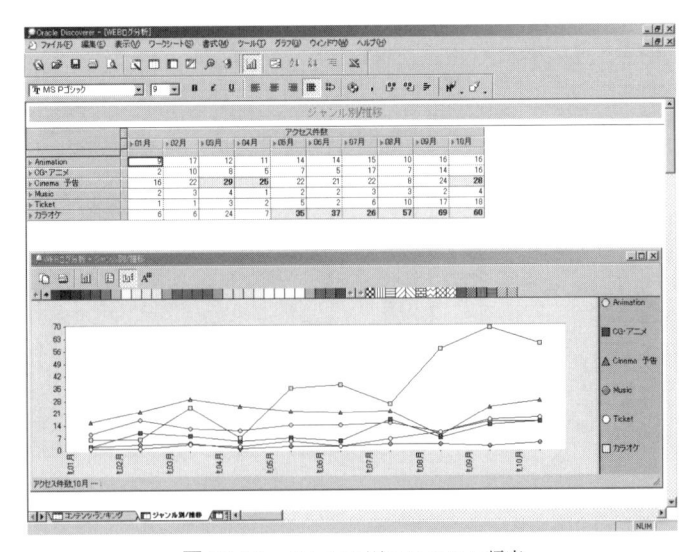

図 13.11 ジャンル別のアクセス頻度

13.4 今後のデータベースの動向

これまで紹介してきたように，データベースは進化を続け適応範囲を広げてきている．今後の課題は，下記の3点を解決し，データベースのコストパフォーマンスをさらに改善することが期待されている．
・アプリケーションごとに構成されたシステム
・システムごとのピークに合わせた構成
・単一の障害点によりシステムが停止することに対する対策

つまり，データベースを使うアプリケーションは，個別にシステムが構築され運用されている．さらに個別のシステムごとにピーク性能に合わせたシステムを用意している．各システムのデータベースにかかる負荷は，時間的には分散されるため，複数のデータベースを連携して管理することにより，負荷に最適なコンピュータリソース（CPU，メモリ，ディスク）を配分し，システム全体のパフォーマンスを改善することが可能となる．われわれは，この問題の解決に，エンタープライズグリッドコンピューティングの考え方を採用したデータベースOracle10gを開発した．データベース管理システム，メタデータ管理システム，ブロードバンドサービスの活性化に役立てば幸いである．

参考文献

1) 日本オラクル：Oracle Location - Based Services フレームワーク，テクニカル・ホワイトペーパー

第Ⅳ部
コンテンツ流通サービス

第14章 コンテンツ流通ビジネスモデル
第15章 ディジタルアーカイブ・コンテンツ流通モデル
第16章 P2Pコンテンツ流通モデル
第17章 超高精細(SHD)映像配信サービス
第18章 映像通信(TV会議)サービス
第19章 e-Learning サービス
第20章 コラボレーション映像制作サービス

第14章

コンテンツ流通ビジネスモデル

NTT東日本電信電話株式会社　　大村弘之
NTTサイバースペース研究所　　堀岡　力
NII国立情報学研究所　　　　　　曽根原　登

14.1　はじめに

　1990年代後半のインターネットの爆発的な普及以来，コンテンツの流通量は年を経るごとに増加し，昨今のブロードバンドサービスの普及により，その傾向はさらに加速しつつある（図14.1）。しかしながら，ネットワーク上でコンテンツを対象とした流通ビジネスが，真に成功しているとは言いがたい状況が続いている。

　過去においては，通信ビジネスでトラフィック量に応じて課金する従量制課金を採用し，通信プレイヤ間のトラフィックを増加させることでビジネスを活性化させていたという事実がある。例えば，通話において1組の利用者が回線を占有することに対し，その利用時間に応じて従量課金を行っていた[1]。そこで，同様のスキームをコンテンツ流通ビジネスにも適用し，従量制課金

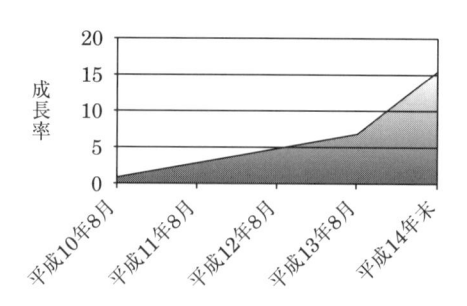

図14.1　コンテンツ流通量の推移
［総務省情報通信政策研究所「WWWコンテンツ統計調査」より，平成10年の値を1とした相対値で表示］

の仕組みを導入することが考えられる．しかし，現状のコンテンツ流通においては，通信トラフィックに対応する課金対象が明確になっていない．

14.2 コンテンツ流通サービスにおけるビジネス

本節では，コンテンツ流通における課金対象としてコンテンツの価値に着目し，ビジネス対象をサービスレイヤという概念で整理した上でコンテンツ流通ビジネスの要件を明らかにしていく．

14.2.1 サービスレイヤモデル

コンテンツを扱うサービスでは，映画，音楽，メールから，個人の日記まで様々なものが対象となる．一見これらのコンテンツは無造作に存在しているように思えるが，ある価値基準に基づいて流通している．例えば，史跡や名勝などを紹介したコンテンツは文化的価値に基づいて流通しており，日記は日常生活における多様な価値観に基づいて流通している．これらのコンテンツ流通をビジネスの側面から眺めると，時間，空間あるいは知識等の対価

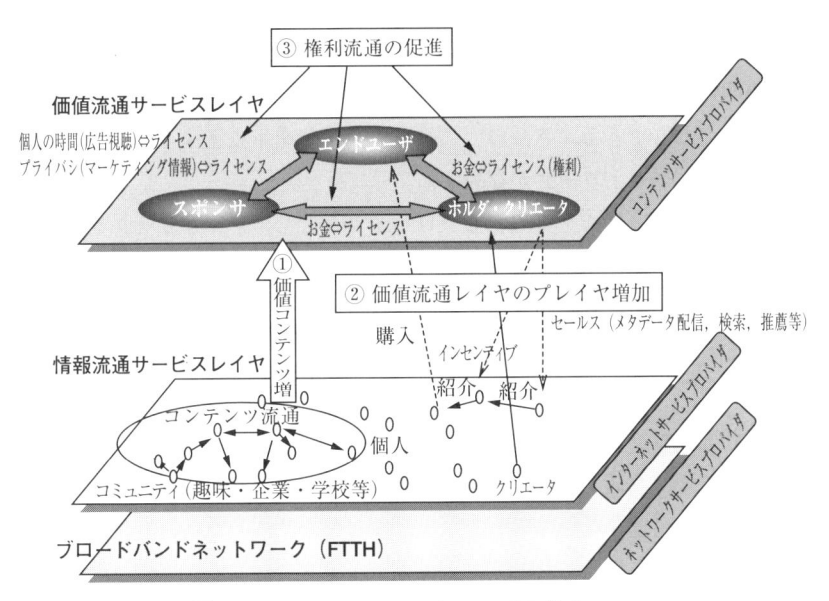

図 14.2 コンテンツサービスのレイヤ構成

第14章 コンテンツ流通ビジネスモデル

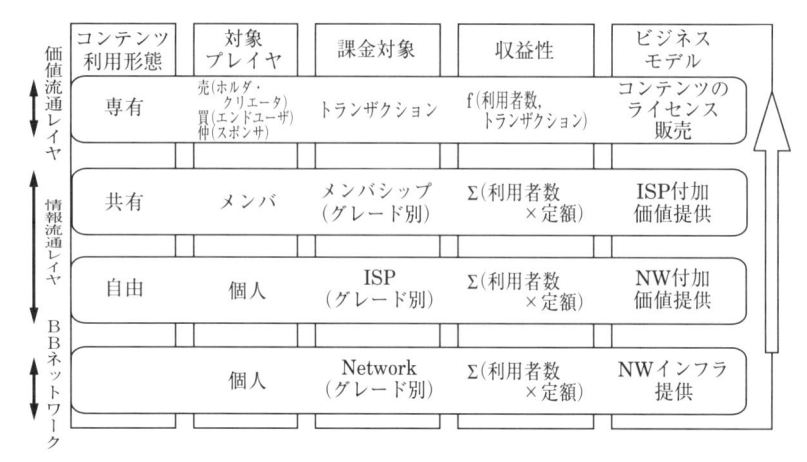

	コンテンツ利用形態	対象プレイヤ	課金対象	収益性	ビジネスモデル
価値流通レイヤ	専有	売(ホルダ・クリエータ) 買(エンドユーザ) 仲(スポンサ)	トランザクション	f(利用者数,トランザクション)	コンテンツのライセンス販売
情報流通レイヤ	共有	メンバ	メンバシップ(グレード別)	Σ(利用者数×定額)	ISP付加価値提供
	自由	個人	ISP(グレード別)	Σ(利用者数×定額)	NW付加価値提供
BBネットワーク		個人	Network(グレード別)	Σ(利用者数×定額)	NWインフラ提供

図14.3 コンテンツ流通サービスのレイヤモデルと特長

として課金することが可能と考えられる。この課金可能な価値を持つコンテンツを価値コンテンツと定義すると，コンテンツ流通サービスは，仮想的に，価値コンテンツを扱うサービスレイヤ(価値流通サービスレイヤ)と価値が不明確なコンテンツを扱うサービスレイヤ(情報流通サービスレイヤ)に分類できる。これは，情報流通サービスレイヤを流通するコンテンツのうち，価値が明確なコンテンツのみを価値流通サービスレイヤとして取り出したものと見ることもできる。さらに，これら両レイヤを下支えする基盤としてブロードバンドネットワークが存在する。

各レイヤのサービスを実現するプロバイダとして，ネットワークサービスプロバイダ，インターネットサービスプロバイダ，コンテンツサービスプロバイダが存在することとなる。これらの関係を図14.2に示すとともに，各々において，コンテンツの利用形態，プレイヤ，収益性などの特徴を図14.3に示す。

(1) 情報流通サービスレイヤ

このレイヤで流通するコンテンツは価値が不明確なもの，ビジネス的観点から言うと換金できないコンテンツが対象となる。個人が制約もなく自由に扱うコンテンツが存在したり，コミュニティメンバがコミュニティ内で共有化したり，コンテンツの利用形態は様々である。ただし，コミュニティの場

合，外部へのコンテンツの流出はコミュニティの方針により異なり，メンバを勧誘するために積極的に流出させる場合もあれば，企業のように(企業も目的を共有化したコミュニティと考える)，基本的に外への流出を避ける場合もある。

　サービス提供というビジネス的観点から眺めた場合，(例えば，コミュニティとしての企業を想定すると)企業内のイントラシステムのSI構築などの一時的な収益や，イントラNW(専用線やVPNなど)料金などのオプション的な収益が期待できるが，大部分はISPサービスやコミュニティサービスのように定額である。これは企業向けサービスのみならず，一般利用者向けの場合も同様である。このため，マーケット規模(収益)は，利用者が享受するサービスを時間，帯域，品質などでグレードごとに差異化したとしても，定額料金と利用者数を乗じた値の和となり，利用者数には限界があるため収益が頭打ちになる。したがって，利用者ごとの定額課金では，コンテンツ流通ビジネスを活性化させることは困難であると言える。

(2) 価値流通サービスレイヤ

　ここで扱われるコンテンツは，すべて換金可能なコンテンツが対象となる。また，コンテンツは利用者ごとにカスタマイズされており，許諾された範囲で占有することができる。価値流通サービスレイヤのプレイヤは基本的に売り手(コンテンツホルダ)，買い手(エンドユーザ)，仲介者(スポンサ)である。この3者あるいは2者間におけるコンテンツの取引に伴って，課金対象となるトランザクションが発生する。3者間の関係については14.2.2(3)で述べる。

　ビジネス性については，基本的にコンテンツごとの取引に応じたトランザクション課金(従量制課金)であるため，マーケット規模は，各トランザクション料金にトランザクション数を乗じた値となり，利用者数に直接依存することなく，トランザクション数が増加すればそれに応じて収益も増加する。したがって，トランザクション単位の従量課金こそが，新規ビジネスのチャンスを増加させ，コンテンツ流通ビジネスを活性化させる原動力となり得る。

14.2.2　ビジネス化の要件

　これまで述べてきたことから，コンテンツ流通ビジネスを活性化させるに

は，情報流通サービスレイヤのユーザ数，コミュニティ数とその中のメンバ数を増やすと共に，マーケット規模から見ると，価値流通サービスレイヤでのトランザクション数を増加させることが必要である。そのためには，

① 価値コンテンツ増加
② 価値流通サービスレイヤにおけるプレイヤ増加
③ 価値流通サービスレイヤにおける同一コンテンツの流通促進（価値流通促進）

が重要と考える（図14.2）。それぞれについて述べる。

(1) 価値コンテンツの増加

　情報流通サービスレイヤでは，流通するコンテンツが増加しても収益は変わらないため，まず，情報流通サービスレイヤの価値不明コンテンツの価値を何らかの手段で明確にし，価値流通サービスレイヤに上げることが必要となる。例えば，情報流通サービスレイヤを流れるコンテンツに関連する流通情報を加工し，別の形の価値コンテンツを生成し，価値流通サービスレイヤに上げるということが考えられる。

　これは，個人で自由に扱っているコンテンツを，コミュニティなどのメンバで共有するコンテンツに発展させ（コミュニティ参画），さらにコミュニティ内で価値を認め合い（知名度向上），売買に発展させることである。これを可能にする取り組みとして著作物の柔軟な取扱いを目指すクリエイティブコモンズ[2]のような仕組みがある。また，コミュニティとして企業を考えると，企業内のコンテンツを価値コンテンツ（例えば，特許，設計書，調査資料など）として企業外に販売することも考えられる。

　コンテンツを整形し別形態に変えてしまう方法として，実社会における口コミ情報や口コミ伝搬モデルにおけるオピニオンリーダ情報などが考えられる[3]。口コミ情報は商品購入時の判断の一助や，商品のヒットにつながることがしばしばある。最近では，P2P技術を利用した口コミ型情報伝搬の特徴を持つコミュニティシステムも考えられている[4]。情報流通サービスレイヤのコンテンツ流通を通してユーザの属性や趣味・嗜好等の情報を体系化すると，この情報は広告主や企業におけるマーケティングに有用なコンテンツとなる。

(2) プレイヤの増加

　価値流通サービスレイヤのホルダは，情報流通サービスレイヤのユーザにセールスするため，コンテンツのメタデータのユーザ配信やメタデータ検索機能向上，購入者を紹介した紹介者にインセンティブバックを行うアフィリエートサービス[5]や，共同購入者を募るサービスなどを積極的に行うことが重要である。

　また，コンテンツサービスプロバイダなどは新たなコンテンツホルダを育成するために情報流通サービスレイヤのクリエータに対して登竜門サービス（コンテスト，視聴率調査，投票，コンテンツ価値評価等）などを行うことが重要である。

(3) 価値流通促進

　価値流通サービスレイヤにおいて，価値交換の基本形はホルダとエンドユーザ間の有料コンテンツ販売である。これは，ホルダのコンテンツライセンスとエンドユーザのお金の価値交換である。これ以外にも，スポンサを介したサービスが考えられる。

　例えば，エンドユーザがコンテンツを視聴するときにスポンサ広告の視聴や，アンケートに協力すると，エンドユーザは無料または割引でコンテンツを入手するサービスが考えられる[6]。スポンサはバナー広告やテレビCMや雑誌新聞広告と異なり，確実にエンドユーザが広告を見るというメリットがある。コンテンツホルダはスポンサからライセンス料を徴収する。価値交換の視点でみると，エンドユーザとスポンサ間はエンドユーザの時間（広告視聴）やプライバシー情報（アンケート）とスポンサが購入したライセンスを交換し，スポンサとホルダ間はお金とライセンスを交換する（図14.2の③）。

14.2.3 各レイヤおよびレイヤを上げるための必要技術

　コンテンツ流通サービスをビジネスの視点から価値流通サービスレイヤと情報流通サービスレイヤに分解し，ビジネスを活性化させるために，価値流通サービスレイヤのトランザクション数を増加させることが必要で，そのために重要と思われる方針について述べた。各レイヤにおけるサービスの実現や，コンテンツやプレイヤを上位のレイヤに上げることを実現するには，種々の研究・技術開発が必要である。一例を図14.4に示す。

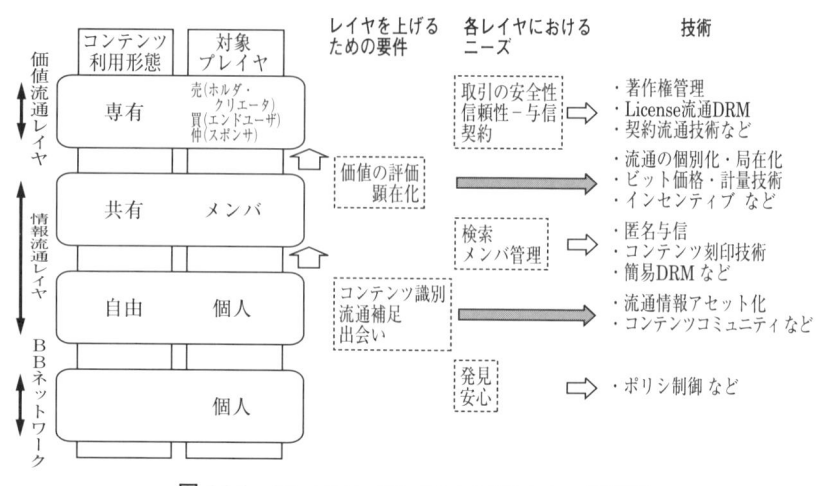

図14.4 各レイヤおよびレイヤを上げるための必要技術

　情報流通サービスレイヤでは，個人が自由にコンテンツを扱っている間は，個人情報が漏れないようにすることが要求されるが，特定のコミュニティでのみ流通可能なコンテンツを対象とする場合には，当該コミュニティのメンバのみが閲覧できるような簡易なDRM（Digital Rights Management）が必要になる。これに対し，価値流通サービスレイヤでは，流通するコンテンツが換金対象となるため，個々のコンテンツの著作権管理や，利用範囲に関する契約情報のやり取りが必要となる。そして，コンテンツ流通サービスを本物のビジネスに発展させるには，まずは価値流通サービスレイヤにおけるこれらの機能を実現する必要がある。価値流通サービスレイヤの基盤を構築することにより，情報流通サービスレイヤから価値流通サービスレイヤへの移行を企図した種々のサービス産業が活発化すると考える。以上より，次節では価値流通サービスレイヤの基盤である権利流通プラットホームについて述べる。

14.3　権利流通プラットホーム

　本節では，コンテンツ流通ビジネスの主戦場である価値流通サービスレイ

ヤにおいて，サービスを実現する権利流通プラットホームの必要性，機能要件，設計方式のポイント，実現例について述べる．

14.3.1 権利流通プラットホームの必要性

ブロードバンドサービスの普及に伴い，コンテンツ製作者（クリエータ），コンテンツ所有者（ホルダ），コンテンツ流通業者，コンテンツ販売業者などのプレイヤはネットを介したコンテンツ流通の大きなビジネスチャンスを手に入れようとしている．

一方，コンテンツ流通サービスを利用するエンドユーザにとっては，さらなる良質のコンテンツを安価で容易に安心して入手できることを望んでいる．コンテンツ流通サービスの成否はコンテンツの中身にある．多くのクリエータやホルダは，コンテンツ流通業務をコンテンツサービスプロバイダにできるだけ安価に委託し，本来業務のコンテンツ制作の中身で競うことを望んでいる．

各プレイヤはコンテンツプロバイダに対してコンテンツやそれに関わる情報を効率的に格納・管理・検索し，ブロードバンドを介して安全に交換し，確実にお金を代行徴収するため，コンテンツ流通インフラとしての権利流通プラットホームを求めている．

14.3.2 権利流通プラットホームの機能要件

価値流通サービスレイヤにおける権利流通プラットホームを中心としたサービスフローと，提供機能を図14.5に示す．

(1) ライセンス発行

課金処理プロトコル　権利流通プラットホームは流通業者やスポンサに対して，種々のライセンス発行と課金処理の組み合わせを提供する．権利流通プラットホームは，エンドユーザからライセンスの発行要求（購入要求）を受けた場合，以下の処理を実施する（図14.5の⑤）．

・エンドユーザに対して課金（代行徴収）し，ライセンスを発行する（図14.5の⑤A）
・スポンサの広告サイトやアンケートサイトにリダイレクトし，広告視聴やアンケート投入の確認情報を該当サイトから受信すると，スポンサに対して課金し，エンドユーザに無料または割引課金でライセンスを発行

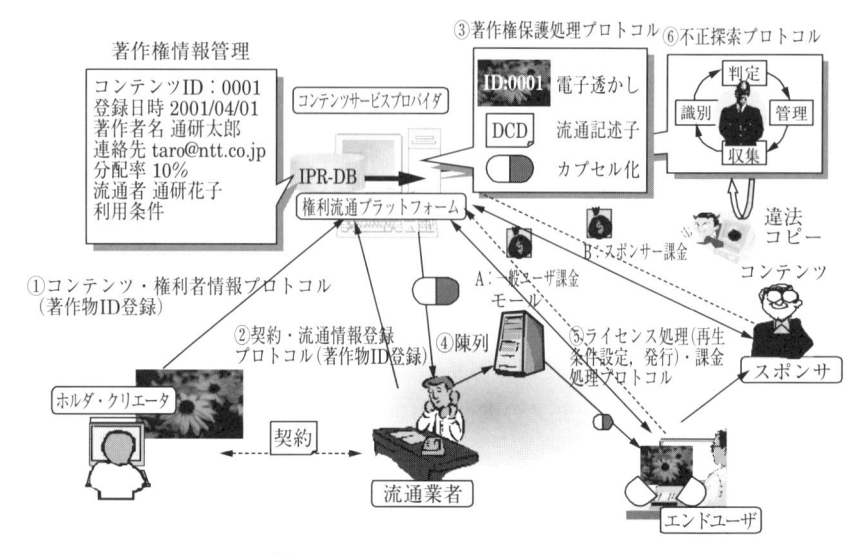

図 14.5 サービスフローと提供機能

する（図14.5の⑤B）。

権利流通プラットホームは代行徴収したお金を流通属性および権利属性に応じて，各プレイヤに分配する。

(2) 不正探索プロトコル

権利流通プラットホームは，コピーしたコンテンツを不当にWebで公開するなどの不正利用コンテンツを検出するために，Webサイトからコンテンツを収集し，コンテンツに埋め込まれている電子透かしやDCD（Distributed Concept Descripter）の情報を検出することで，不正利用の証拠とすることができる（図14.5の⑥）。特に，販売するコンテンツごとにユニークに発行IDを付与すれば，不正利用を行ったエンドユーザを特定することができる。

14.3.3　権利流通プラットホームの設計要件

権利流通プラットホームのシステム設計上の主なポイントについて述べる。

(1) コンテンツID

コンテンツIDは，広く認知されているグローバルスタンダードを採用す

ることが重要である．ただし，現実的にはアナログコンテンツ時代のローカルなコード体系が多く存在しており，グローバルスタンダードな新しい体系に移行させることが困難な場合がある．この場合，EDI (Electronic Data Interchange) の世界[7]と同様に，異なる ID 間のトランスレーション機能を持たせることにより，プラットホーム利用プレイヤ増大を図ることが必要である．

(2) プロトコルセットの独立性

権利流通プラットホームのすべての機能を利用するプレイヤもあれば，権利流通プラットホームのコンテンツ ID 管理機能を利用し，コンテンツ保護処理などのその他の機能は自前で実現するプレイヤも考えられる．このように，プレイヤのビジネスモデルに柔軟に対応するため，14.3.2 で示した各種プロトコルセットは各々独立性を高めることが必要である．

(3) 機能拡張性

電子透かし技術，カプセル化技術，DCD 技術，ライセンス技術については，様々な製品があり，ビジネスの現場では権利流通プラットホームで用意している製品以外の顧客指定製品を用いる場合がある．これらの製品をプラットホームに容易に取り込む機能拡張性が必要である．

(4) スケーラビリティ

プラットホーム利用プレイヤが実現するビジネスモデルにより，プラットホームに要求されるトラヒック条件が異なる．処理コスト削減の観点から，トラフィック条件に応じて必要機能を増設するスケーラビリティが必要である．

(5) 待時系処理

コンテンツ流通サービスは電話等の即時系処理と異なり，コンテンツ保護処理などのように処理要求を一旦受け付けて，その後処理を行う待時系処理がある．異常が発生した場合，即時系処理は直ちにユーザが認識し再処理要求などの対応策が可能であるが，待時系処理ではプラットホームから何らかの通知がないと認識できない．このように，待時系処理に応じた処理機能が必要である．

14.3.4　権利流通プラットホームの実現例

実現例として，ここでは NTT 研究所で開発された著作権流通プラットホ

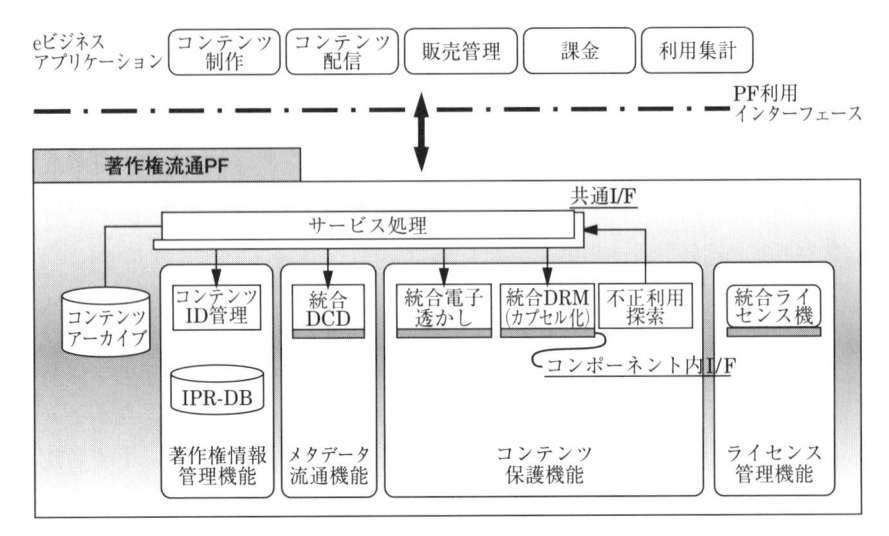

図 14.6 著作権流通PF機能構成図

ーム[8)]について紹介する。機能構成を図14.6に示す。

(1) サービス処理機能[9)]

　コンテンツ制作，販売管理，課金などのeビジネスアプリケーションは，プラットホーム利用者のビジネスモデルや，既存システム（例えば，自社の販売管理システムや課金システム）との接続に大きく影響する。これら，eビジネスアプリケーション（e-AP）との接続インタフェースを装備している。さらに，コンテンツID管理や統合DCDなど配下のコンポーネントの起動順序や実行状態などの管理を行い，著作権管理プラットホーム全体の業務トランザクションを制御する。配下のコンポーネントへのリクエストに対するタイムアウトやリトライ，トランザクション救済などの耐障害性の向上や，配下のコンポーネントの追加・削減が容易な（スケーラビリティ）共通インタフェースを実現している。

(2) コンテンツID管理機能

　cIDf仕様書第2.0版に準拠したコンテンツの権利情報のデータベースをIPR-DB（Intellectual Property Rights Database）として実現し，コンテンツ属性，権利属性，流通属性など，約200項目の情報を管理している。コン

ポーネントが独自に使用する情報に対しては，専用領域を設けており，柔軟な対応が可能となっている．

(3) 統合電子透かし機能

コンテンツID管理機能で払い出されたコンテンツIDを，電子透かしとしてコンテンツに埋め込む．各社の電子透かし技術が組み込み可能な統合インタフェースを有する．これにより，ライブラリや実行形式のモジュールであれば容易に接続可能である（図14.7）．

(4) 統合DCD機能

DCDは，今後のコンテンツ流通を活性化させるメタデータ流通の一形態として注目されている．コンテンツID管理機能で払い出されたコンテンツIDや付加情報をコンテンツにバインドする機能で，cIDfで規定されたIDバインド技術を実装している．コンテンツIDを各メディアのユーザ自由領域に埋め込む形態とし，具体的には，静止画，動画の各形式をはじめ，文書のPDF形式，音楽のWAV形式などの主な形式に対応している．

(5) 統合DRM機能[10]

コンテンツの利用を制御するため，コンテンツの暗号化・カプセル化を行う機能である．各社のカプセル化技術が組み込み可能な統合インタフェース（図14.7）を装備し，IPR-DBで管理されているコンテンツ利用条件などと

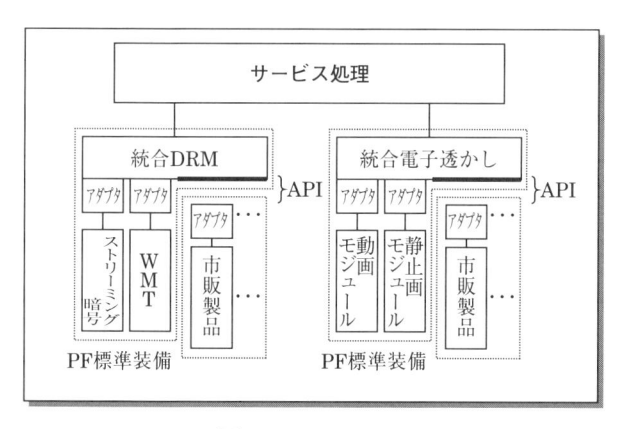

図 14.7 統合化技術

連携したカプセル化を行う。

(6) 統合ライセンス管理機能[10]

カプセル化されたコンテンツを開く鍵をライセンスと呼ぶ。ライセンス発行条件(課金など)を満たすと,各種DRMに応じたライセンスを発行する機能である。

(7) 不正利用探索機能

電子透かしやDCDを利用したコンテンツ特定と,ID管理とを連携して不正利用判定を行う。

本章ではコンテンツ流通サービスをビジネスの視点から価値流通サービスレイヤと情報流通サービスレイヤに分解し,ビジネスを活性化させるために,価値流通サービスレイヤのトランザクション数を増加させることが必要で,そのために重要と思われる方針について考察した。さらに,価値流通サービスレイヤのサービスを実現する権利流通プラットホームについて述べた。これは,通信における,技術,意味,価値に関する三つの課題[11]のうち,これまで敬遠されてきた価値の課題に踏み込んで取り組もうとしているとも言える。

ブロードバンドサービスの普及に伴い,情報流通サービスレイヤのユーザ数とトラフィックが増加し,コンテンツ流通ビジネスのブレークの下地はできていると考える。これをブレークにさせるには,情報流通サービスレイヤから価値流通サービスレイヤへのユーザとトラフィックの移動がポイントであると考える。無論,価値流通サービスレイヤにおいても,各プレイヤの要望にマッチしたサービス開発は重要である。今後,価値流通サービスレイヤにおける権利流通技術の研究開発に加えて,情報流通サービスレイヤから価値のあるコンテンツを発見・生成するためのコンテンツ価値測定技術や流通情報アセット化技術,P2P技術,仲介技術,バリューチェーン管理技術,情報開示制御技術などの研究開発が重要になってくると考える。

参考文献

1) 林敏彦:"情報経済の展望",情報経済システム,pp.5-33,NTT出版(2003).

参考文献

2) Lessig : "the future of idea"［邦題「コモンズ」］翔泳社 (2002).
3) 田中義厚：「口コミの経済学」青春出版社 (2003).
4) 清野浩一："P2P技術およびビジネスの展望", オペレーションズ・リサーチ, Vol.48, No.3 (2003).
5) 山下博之他："Content Reference Forumの標準化動向", NTT技術ジャーナル, Vol.15, No.10, pp.62-63 (2003).
6) 小柴 聡他："ウェブサイト誘導方法及びウェブサイト誘導システム", 特願 (2001-005751).
7) 井上英也："情報流通アプリケーション技術", 電気通信協会 (2002).
8) 大村弘之他："ディジタルコンテンツの著作権管理・保護プラットフォーム", NTT技術ジャーナル, Vol.14, No.10, pp.16-19 (2002).
9) 松浦由美子他："コンテンツ流通における業務分析とプラットフォーム化のためのアーキテクチャ提案", 情報処理学会シンポジウムシリーズ, Vol.2003, No.19-46 (2003).
10) 西岡秀一他："ライセンス情報の統合管理方式に関する一手法", 情報処理学会研究報告, Vol.2003, No.72 (2003-DBS-131 (II)), pp.33-40 (2003).
11) Shannon, Weaver : "The Mathematical Theory of Communication (邦題：コミュニケーションの数学的理論)", pp.9-13, 明治図書出版 (1967)

第15章

ディジタルアーカイブ・コンテンツ流通モデル

NTTサイバースペース研究所　萬本正信，堀岡 力
　　　　　　　　　　　　　　山本 奏，黒川 清

15.1 はじめに

　わが国のブロードバンドの普及率は，ADSL技術，FTTH技術の発展や定額制料金の低廉化により，年々加速度的に増加している[1]。それに伴いインターネット上で流通する映像や画像といった大容量コンテンツの重要性が高まってきている。これまでブロードバンドで流通するコンテンツは音楽やゲーム，映画，マンガ，アニメといったエンターテイメント性が高く，営利目的のコンテンツが中心であった[1]。情報社会インフラが整いつつある現在，社会の文化形成に必要な資産をディジタル化し，知の共有を目的とした教育への適用や，時間的劣化がない特徴を生かして文化遺産保存に利用する検討が始められている[2]。

　ディジタルアーカイブは，主に文化的，歴史的に価値のある資産や，メディア産業界に蓄積された資産をディジタル化し，後世に伝承していくことを目的として保存されたディジタルコンテンツのことである。さらにアナログ媒体に付随する情報をディジタル化し，メタデータとして付与することで，既存資産をこれまで活用できていなかった用途に拡大していくことも含まれる。ここで重要となってくるのは，アーカイビングしたコンテンツを活用する点である。コンテンツを活用することで，ディジタル化や維持管理に必要な費用の一部をまかなうと同時に，アーカイブの利用シーンを拡大する効果が得られるためである。

　本章では，まず15.2でディジタルアーカイブに取り組んでいる様々な事

例を紹介し，15.3でその問題点を整理するとともにその対策案と解決策を示す．15.4では，蓄積されたディジタルアーカイブを活用するためのNW連携について提案を行う．

15.2 ディジタルアーカイブへの取り組みと問題点

ディジタルアーカイブは，インターネットが普及し始めた1990年代中頃に，世界各地で時間的劣化のないディジタルデータとして蓄積することにより，文化財の保存や研究に活用する目的で始まった．国内では1996年にディジタルアーカイブ推進協議会が発足してから，徐々にアーカイビングの重要性が認知されてきたが，ディジタルアーカイブが本格的に普及し始めたのはここ2, 3年のことである．これはブロードバンドの普及により情報の発信・受信の環境が整ったことと，絵画や古文書といった静止画データ中心であったアーカイブから，無形の文化財や地域の動植物，景観といった音声や映像を用いたアーカイブにメディアが増えたことで，目的や対象が多様化したためと考えられる．本章ではディジタルアーカイブに取り組んでいる様々な事例を示し，それらの問題点を示す．

15.2.1 政府の取り組み

政府は「e‐Japan重点計画‐2003」の中で，総務省と文化庁が相互に連携を図り，「文化遺産オンライン構想」を掲げている[3], [4]．国家戦略として国や地域の有形・無形の文化遺産をディジタル化し，その情報をインターネット上に広く公開した上で，観光立国としてPRへの活用，国民の知的財産を高めるための教育への活用などを検討している．この中で総務省は，平成15年7月より「ディジタル資産戦略活用会議」として，ディジタルアーカイブを行う際の権利処理やメタデータの統一，ディジタルコンテンツのフォーマット，ディジタル化した文化遺産の活用方法についての議論を行っている．また文化庁における「文化遺産情報化推進戦略会議」で，国民の財産である文化遺産をより身近に感じるために，映像や高精細画像といった大容量のコンテンツとして，各地にアーカイビングされた文化遺産を，インターネットを通じて誰もが容易に総覧できる一元的なポータルサイトを作ることを議論

している[5]。これらの会議での検討，実証実験をもとに，平成18年に1000館の参加を目標とした文化遺産ポータルサイトの構築が検討されている。

さらに総務省は，「文化遺産オンライン構想」以外にも地域の博物館・美術館などに対し，地域文化の情報を蓄積し，情報を発信する起点となるべく「地域文化デジタル化事業」(旧「デジタルミュージアム構想」) を平成11年度より進めている[6]。具体的にはデジタルコンテンツ制作の支援をはじめとして，地域文化デジタル化推進協議会を通じた地域映像のコンクールやアーカイビングの支援などを行っている。過疎化や高齢化，市町村合併に伴い，伝統芸能や祭り・民謡といった貴重な地域文化が断絶していっている現状への危機感と，デジタルコンテンツを活用した地域の活性化の観点から，様々なコンテンツがアーカイビングされ始めている。

しかし，制作されているコンテンツの価値判断は難しく，玉石混交のコンテンツが制作されている中で，将来的にも価値あるコンテンツを選別できる幅広い知識や見識が必要である。また，インターネット上にこれらのコンテンツを情報発信したあとの，地域活性化へのフィードバックの方法が今後の課題となってくるであろう。

15.2.2　自治体・公共団体・推進団体の取り組み

全国の自治体・公共団体には，その地域にある固有の文化的資産が数多く残されている。「デジタルアーカイブ推進委員会」の調べによると，半数以上の自治体・公共団体がすでにデジタルアーカイブに着手済み，もしくは運用しているといった回答が得られている[2]。その開始年度は平成13年と平成14年度の2年間に開始されたものが50％を占めており，近年急速に広がっていることがわかる。これは文化遺産の保存と共に，情報発信による「地域ブランド」の構築や教育への利用といった目的があり，政府の施策のみならずブロードバンドの普及がデジタルアーカイブの広がりの大きな要因になっていると言えるだろう。またアーカイビングを行う対象は文化財，美術工芸品，歴史的遺産の他にも，その地域の動植物，方言集，伝統芸能といった映像や音声で保存する必要性があるコンテンツも増えてきており，今後も適用メディアと対象物の拡大は続いていくと考えられる。

アーカイビングを行っていくにあたり，ほとんどの自治体・公共団体で費

用面と人材面の問題が指摘されている[2]。ディジタルアーカイブの目的の一つである文化遺産保存という観点から見ると，ディジタルアーカイブは既存対象物の劣化に合わせて重要性が高まっていくことから，現状では必要性が低いと判断されてしまう。これは費用や人材を潤沢に使って行えないことを示唆している。またもう一つの目的である情報発信の面では，ディジタルアーカイブを行ったコンテンツを活用するための取り組みがまだほとんど実施されていないため，効果が測定できていない。そのため文化遺産保存と同様に費用，人材を使えない負のスパイラルに落ち込んでいるのではないかと思われる。またアーカイビングされたコンテンツには，維持管理・運用していくための費用も必要である。現在，ディジタルアーカイブを行うための費用を問題と挙げているが，今後はコンテンツの増加による維持管理費用の増加も問題となってくるであろう。

上記の問題点以外に，著作権や所有権といった権利に関して48％の自治体・公共団体が問題であると指摘している[2]。文化遺産・歴史遺産にかかわる権利問題の特徴は，著作権者が存在しない場合が多々ある点と商業利用以外で活用される点，所有権を自らで持っていない収蔵品に関しても対象になる点である。また著作権者，所有者から見れば，コンテンツの不正コピーにより不利益を被ることを懸念し，ディジタルアーカイブを行うことが否定的に捉えられていることも問題として挙げられる。

15.2.3　大学・図書館・研究機関の取り組み

大学などの研究機関のディジタルアーカイブに関する意識や現状の着手状況，問題点は自治体・公共団体とほぼ同じ傾向を示している。大学・研究機関が自治体と異なる点は，アーカイブ対象が古文書や公文書といった歴史的資料が大半を占める点にある。

研究目的でアーカイビングされる対象が多いことから，実際に利用される機会がなかったり，一般に公開したとしても解説が困難といった問題がある。また各研究機関の中に閉じた情報も多いため，研究を行う上で必要な情報が手に入らない点が考えられる。

15.2.4　博物館・美術館の取り組み

国内外を問わず博物館・美術館は，ディジタルアーカイブを行う他の公共

分野の場合と比較して，入場料収入やグッズ販売で独自の収入を持っていることもあり，商業性，独立性が高い。そのためディジタルアーカイブに関する意識は，各々の個別の館により大きく異なっている。アメリカの博物館・美術館では，文化遺産のディジタルコンテンツを複製し個人利用や商用利用することに対し，賛否両論がある。これは15.3で詳細を述べる所有権に対する解釈の違いによるところであろうと推測されるが，PRの効果として複製を許容する意見と，複製により満足し現物を閲覧されることがなくなるという意見がある[7]。ただし，第三者がコンテンツと併せて独自の講評を行うことには，どの博物館も批判的である。これは，所有権を持っている博物館・美術館にしかメタデータを付与できないといった考え方と，歴史的な背景や表現手法，意味などを示したメタデータがあってこそコンテンツの存在価値があるという考え方からである。音声による案内用レコーダーにお金を払い，館内を見学する来訪者が数多く見られるのも，メタデータ自体が価値を持っていることを裏付けている。今後はアーカイビングしたメタデータやコンテンツを活用し，来訪者を増やすことが課題となる。

15.2.5　放送事業者の取り組み

　公共分野でのディジタルアーカイブは，文化遺産保存や研究や教育での活用，情報発信を目的としていたが，放送事業者では主たる目的が異なる。文化的価値を持つ映像資産を保存する目的は言うまでもなく，過去の映像資産の管理コストを低減させることや，番組制作時の編集作業・権利処理にかかる作業を効率化させることも目的としている。またコスト低減目的だけでなく，これまで放映した作品に対しアングルや出演者，カメラワークなどの分析を行うことで，番組制作の質の向上や社内ノウハウの蓄積などの幅広い活用方法も検討されている。さらに，ここでは費用対効果が特に重視されているため，社内利用に限らず，外部への積極的な活用を図る必要がある。その際のコンテンツ保護や著作権管理，効率的なメタデータの付与技術，メタデータ標準化の研究が行われている[8],[9]。

15.2.6　新聞局・出版社の取り組み

　新聞社・出版社のディジタルアーカイブは他の事業者と比べて非常に進んでおり，アーカイブを活用して記事や電子書籍，CD-ROMやDVDのパッ

ケージの販売などで収益を上げている企業もある[10]。これは，本業である印刷業務の効率化・利便性向上の目的で，他の事業者よりも早くディジタルアーカイブに取り組んできたためコンテンツを活用しやすい環境にあった点や，テキストデータが多いことからPCをはじめPDAや携帯電話といった様々なデバイスに対応しやすいコンテンツである点が考えられる[11]。現在，ブロードバンドの普及により，コミックや写真集などの画像データを中心としたエンターテイメント系のコンテンツも多くなってきており，現在以上にコンテンツ保護技術，著作権管理技術が求められている。

15.3 ディジタルアーカイブの取り組みに対する解決策

ここまで，ディジタルアーカイブに取り組んでいる事例を述べてきた。問題点をまとめると以下のようになる。

(1) ディジタルアーカイブを行うための費用
(2) アーカイビング技術を持った人材の不足
(3) コンテンツの保護と著作権管理
(4) ディジタルアーカイブの活用方法

本節ではこれらの問題についての解決策を述べる。

15.3.1 ディジタルアーカイブを行うための費用

ディジタルアーカイブを進めて行くにあたり，ほとんどの事業者で問題として挙げているのが，アーカイビングを行うための費用である。ここでは，この費用を軽減させるためにアーカイビングされたコンテンツを活用して，収入を得るビジネスモデルを検討している二つの事例を紹介する。

まず始めに「京都ディジタルアーカイブ研究センター」（現在「財団法人京都高度技術研究所」）で行っていた素材販売モデルを紹介する[12]。京都には歴史的に価値が高いだけではなく，ブランドとして世界に認められる伝統工芸が数多く存在する。これらを現在のスタイルに合わせたインテリアや服飾品などのデザインに転用し活用することで，著作権料を得る仕組みを作っている。アーカイビングしたコンテンツをそのまま利用するのではなく，素材として位置づけることで，ディジタル化したコンテンツをベースにしなが

らも，それぞれの転用用途に適した形態に加工し直している点がこのモデルの優れている点である．文化の継承や発達は，歴史的に見ても，模倣することで先人の知恵を受け継ぎ，その上で新たなエッセンスを加えることで発展を続けてきた[13]．ディジタル化されたコンテンツはコピーが容易であるために，そこで留まってしまうことが多いが，この素材販売モデルは模倣から加工に至っている点，すなわち独創性を加え新たな創作物に昇華することで，優れた作品として認められているのではないかと考えられる．

次に「山形県ディジタルコンテンツ利用促進協議会」で行っている観光モデルを紹介する[14]．同協議会の前身である「山形映像アーカイブリサーチセンター」では，1999年より地域映像を数多くアーカイビングしてきたが，その活用としてホテルや旅館などの企業に地域映像コンテンツを提供し，各宿泊施設の周辺地域情報を客室のテレビから閲覧できる仕組みを検討している．宿泊施設にとっては，周辺の地域情報を提供することにより宿泊者の興味を喚起してリピータ効果を，また周辺施設にとっては観光によるその地域の収入増加を期待している．まだ実験段階ではあるが，地域のディジタルアーカイブを活用するモデルの一つとして，観光モデルは重要性が高まると思われる．

ここでは費用負担をまかなうための二つの活用事例を紹介したが，活用の前段階で重要な点は，目的別に優先順位をつけアーカイビングを行う検討である．つまり文化遺産保存用のディジタルアーカイブは，修復データとして用いるため正確かつ精細に保存する必要がありコストがかかるが，教育用やPR用には精細なアーカイブは不要でありコスト負担も小さい．文化財は常に劣化していくため，早期に現在の状態を保存しておくことが望まれるが，長期的な視野に立ち，収入につながるコンテンツ，文化的に重要なコンテンツが何かを見極め，収入につながるコンテンツから段階的にアーカイビングし活用することで，得られた収入を文化遺産保存の費用に充当していくなどの方策も考慮すべきであろう．

15.3.2 アーカイビング技術を持った人材の不足

大学などの研究機関の一部では，講義の一環としてディジタル化したデータの色補正などの画像処理技術や，データベース技術といった情報処理技術

を取り入れている。歴史・文化的な知識と共に情報処理技術の知識も身につけることにより，積極的にコンテンツを活用できる人材の増加につながると思われる。また人材不足を補うためには，アーカイビングしたコンテンツのメタデータを容易に入力・管理のできるシステムの検討や，複数の自治体・公共団体で人材やノウハウを共有する連携の枠組みなどの検討が必要になってくると考えられる。さらには，システム自体を共有するASP（Application Service Provider）の出現も期待される。

15.3.3　コンテンツの保護と著作権管理

前15.2で所有権の解釈の違いによる博物館・美術館での問題を指摘した。所有権とは物を直接的・全面的に支配する物権で，所有者が自己の所有物を自由に使用，収益，処分できる権利のことである。また，著作権は著作者が創作活動から生じた素材に対して得られる著作財産権と著作人格権のことである。

日本の著作権法では，著作者の死後50年（映画に関しては公表後70年）を経過していなければ，著作財産権の中のディジタルデータとして蓄積を行う複製権とネットワーク上で公開した場合の公衆送信権が関連し，著作物を利用する場合は著作権者から利用許諾を得る必要がある。また著作人格権は著作者の死後であっても有効であるため，著作物を改変する場合には著作権者もしくは遺族等継承者の同意が必要となる。

所有者のいる物を撮影したりするなど，その物を使用する場合には所有者の承諾を得る必要がある。歴史的・文化的遺産の多くは著作権者が存在しないが，所有権には複製権が認められていないため，ディジタルアーカイブを行った後の問題になる場合が多い。法的な整備も進められているが，現状では所有者との契約内容に利用に関する記述も追加しておくことで対応するのが望ましいと思われる。

また著作権管理技術としては，販売時や二次利用時に権利者，仲介業者に正当な対価の支払いを行うために，コンテンツと著作物の権利・許諾条件に関するメタデータの管理並びにネットワークに流れるコンテンツを個々に識別するIDの付与を行う技術がある[15]。電子透かし技術（Digital Water Mark Technology）やDRM技術（Digital Rights Management Technology）

といったコンテンツ保護技術と併せて用いることで，コンテンツの不正利用を防止しつつコンテンツの管理を行うことができる[8]。上記のようなコンテンツ保護技術と著作権管理技術を用いることで，偽の不正サイトでの模造品販売の取り締まりやコンテンツの不正コピーの販売を困難とする複製制御，権利者に正当な対価が得られる仕組みなどが可能となる。

15.3.4 ディジタルアーカイブの活用方法

　ディジタルアーカイブの活用方法について，ここではいくつかの例を挙げ提案を行う。大学・研究機関では，先に述べたように研究に必要となる情報が点在し，また各研究機関内で情報が閉じていることも多い。ディジタルアーカイブが進み，メタデータが付与されることで，相互に情報の交換が容易になり，これまで単独の情報では発見されなかった新たな関連のある事実が見つかる可能性が出てくるだろう。また，画像・映像といったマルチメディアコンテンツの教材への利用で，授業に対する学習意欲をより高めることができると思われる。博物館・美術館では，コンテンツやメタデータの国際標準が整備されていくことで，各館の所蔵品に関する情報が取得できることから，美術品の貸し借りがより活発になり，国際的な企画展示が容易になることが考えられる。また，バーチャル美術館や相互の所蔵品を用いた連携企画などで，ユーザの増加につながっていくことが期待されるだろう。放送事業者については，前章で社内利用での活用方法を紹介したが，取引系のメタデータの統一が進むことで，キー局と系列局との間でのコンテンツ流通の促進や，他の放送局で放映したものを別の放送局で再放送を行うといった，権利流通のB to Bへの展開も今後において実現されていくことが期待される。

15.4　ディジタルアーカイブとネットワーク連携

　ディジタルアーカイブに関連した取り組みを述べてきたが，まだ十分な活用には至っていない。例えば，インターネット上には有象無象の情報があるため，その中から信頼性に足る情報にたどりつくのは困難である。これまでの人間の文化形成の過程を鑑みると，教育や文化としてのコンテンツは単独で存在するより，時系列や系統，地域といったグループとなることでより価

値が高まる。物財は大きさや重さが存在し，移動するための時間やコストがかかり，グルーピングを行うのは困難である。ディジタル財の本質は，「普遍恒久的な，時空間の局在性のない存在」である[17]。ディジタルアーカイブでは普遍恒久的な特性を生かし，文化財保存に活用しているが，もう一方の特性である時空間の局在性のない存在の特徴は生かせていない。以下の項では，ディジタルアーカイブを活用するにあたって必要となる，ネットワーク化による連携を提案する。

15.4.1 メタデータ連携

　コンテンツのグルーピングを行うためには，そのコンテンツに関する情報を記述する必要がある。これをメタデータと呼んでおり，分野によりメタデータとして記述する情報は異なる。コンテンツの活用を促す際に，各自が独自のメタデータを記述していては二次利用時の取引や検索に支障をきたすため，統一的なメタデータの検討が行われている。ディジタルアーカイブに関連した標準化団体は，業界ごとにcIDf，TVA，DublinCoreなどがある[9]。どの標準化団体のものがディファクトスタンダードになっていくのかは，今後の展開次第であるが，前章で具体例を述べたようにアーカイブを行ったコンテンツをよりよく活用するためには，最低限，基本的なメタデータを統一する必要がある。

　また，これまでいくつかのシステムを作る際に上がった問題として，どの標準化団体のメタデータを採用したとしても，それぞれのコンテンツホルダでの独自の管理項目が出てくるため，項目が不足するという問題もある。すべてのコンテンツホルダに適用できる統一的なメタデータは現実的には難しく，基本部分以外は用途に応じていくつかの標準化団体に準拠したシステムを作ることになるだろう。例えば，二次利用の権利処理にはcIDf，検索用にはTVA，内部管理用にはこれらのメタデータに独自の項目を追加するといったシステムを作っていくことが望ましいと思われる。

15.4.2 サービスポータル

　基本的なメタデータを統一することを前節で示したが，一般の人に広く活用してもらうためには，これらのメタデータを総覧できる仕組みが必要である。サービスポータルに国内すべての自治体や博物館・美術館のメタデータ

を保持しておくことは、情報の二元管理につながり望ましくない。また、すべての情報は膨大であり、一元的に管理することは現実的ではないだろう。そのため、情報源となるメタデータはインターネットを介して、各自治体や博物館・美術館に存在することになる。データの保存・公開形式を見ても、データベースシステム、Webサイト、XMLファイルなど様々な形式がある。またメタデータも様々であり、例えばコンテンツのタイトルについてTitle・名称・名前など様々な表現が使用されている。サービスポータルにはこれらを解決するために、ユーザからの検索要求に合わせ該当する情報源を特定し、その情報源固有の照会方式に合わせて名称変換、構造変換、表現形式変換などを行い、結果取得を行うといったシステムが必要である。

15.5 ディジタルアーカイブの今後

「ブロードバンド社会」とは、FTTH技術やADSL技術に代表される広帯域の伝送路のことだけでなく、そのインフラを用いて「いつでも」「誰でも」「どこでも」高い信頼性とセキュリティのもとで情報を取得し、発信することで経済活動の効率化・活性化を促し、生活の豊かさを享受できる情報流通社会のことも指している[17]。これまでブロードバンドで流通してきた主なコンテンツは、エンターテイメント系のコンテンツである。娯楽にかかわるコンテンツも重要であるが、社会や文化の形成に必要となるコンテンツを中心としたディジタルアーカイブは、真の「ブロードバンド社会」を実現するために不可欠なものであると考えられる。

ディジタルアーカイブには、文化遺産を後世に伝えていくだけではなく、ネットワークを利用し連携をしていくことで、地域間で相互の文化を組み合わせた新たなコンテンツの創出、情報の広がりによる歴史的遺産に関する研究での新たな発見、映像や音声を活用した教育の質向上、日本文化のPRによる観光産業の活性化など様々な可能性があることを述べてきた。しかしアーカイビングを進めていくには、技術的な課題や著作権の問題はもとより、ディジタルアーカイブを行うことで何ができるようになるのかを考えていかなければ、蓄積した情報は埋もれてしまう。今後は、コンテンツを持つ事業

者，アーカイブ運営者，利用者のそれぞれで活用方法を見い出していくことが望まれる。

参考文献

1) 経済産業省 商務情報政策局監修：「デジタルコンテンツ白書2003」，財団法人デジタルコンテンツ協会（2003）．
2) デジタルアーカイブ推進協議会：「デジタルアーカイブ白書2003」，（2003）．
3) 高度情報通信ネットワーク社会推進戦略本部："e-Japan重点計画-2003"，（2003）．
4) 総務省："文化遺産オンライン構想について"，http://www.soumu.go.jp/johotsusin/policyreports/chousa/digital/index.html
5) 文化庁："文化遺産情報化推進戦略 中間まとめ"，http://www.bunka.go.jp/1hogo/bunkaisanjyouhoukachukan.html
6) 地域文化デジタル化推進協議会：http://www.digital-museum.gr.jp/
7) 著作権情報センター：http://www.cric.or.jp/
8) 大村弘之他："ブロードバンドにおける新たなコンテンツ流通"，画像電子学会誌，Vol. 33, No. 1, pp. 69-76（2004）．
9) 岸上順一："ブロードバンドに向けたメタデータ技術"，画像電子学会誌，Vol. 33, No. 1, pp. 85-93（2004）．
10) 電子書店パピレス：http://www.papy.co.jp/
11) Foobio: http://www.foobio.net/alltop/AllTop.html
12) 清水宏一他："文化遺産オンラインとデジタルアーカイブ"，情報処理学会EIP研究会，Vol. 21, No. 4, pp. 25-32（2003）．
13) Lawrence Lessig: "The Future of Ideas: The Fate of the Commons in a Connected World"，（2001）．
14) 山形県デジタルコンテンツ利用促進協議会：http://www.archive.gr.jp/
15) 安田浩，安原隆一監修：「コンテンツ流通教科書」ASCII（2003）．
16) 阿部剛仁他："ブロードバンド時代のP2Pコンテンツ流通の動向"，画像電子学会誌，Vol. 33, No. 1, pp. 85-93（2004）．
17) 曽根原登他："ブロードバンド社会とデジタル流通技術"，画像電子学会誌，Vol. 32, No. 5, pp. 737-744（2003）．

第16章

P2Pコンテンツ流通モデル

NTTサイバースペース研究所　　阿部剛仁
NTT情報流通プラットフォーム研究所　塩野入　理
NII国立情報学研究所　　　　　曽根原　登

16.1 はじめに

　P2P（Peer-to-Peer）という言葉は，新聞やテレビなどの一般メディアでもしばしば目にするようになった．P2Pの名を一気に世間に広めたのは，1999年に当時大学生だったShawn Fanning氏によって開発された音楽ファイル共有サービスNapsterであろう．個人がローカル端末に持つ音楽ファイルを公開することで，世界中の誰とでも簡単に検索・共有し合えるNapsterは多くのユーザの支持を得て，瞬く間に数千万人が同サービスを利用した音楽ファイルの共有を行った．しかし共有される音楽ファイルの多くは，著作権を有する市販の音楽CDなどから無断で複製・変換（リッピング）されたファイルであったため，NapsterはまもなくRIAA（全米レコード協会）から著作権侵害で訴訟を起こされることになり，その後サービス停止に追い込まれる結果となった．このような経緯から，P2Pには市販のコンテンツを無料で入手するための違法な技術であるといった，ある種ダーティなイメージが与えられ，現在も残っているように思われる．Napster敗訴の後も様々なP2Pファイル共有サービスが提供され，RIAAなどによる提訴が続けられてきた．その間，コンテンツ提供者とユーザの間には相互不信とも言える状況が続き，オンラインコンテンツ流通の発展に影を与えている．

　P2Pファイル共有サービスにより生じたきしみは，ブロードバンド社会の実現へ向け，避けては通れない重要な問題の一部を顕在化させるものであったと言えよう．本章では，16.2にてP2Pとファイル共有システムについ

ての基本技術を整理し，ネットワーク・インフラへの影響について述べる．16.3 で P2P コンテンツ流通と著作権問題について，関連技術の紹介と今後の方向性についての考察を行い，16.4 で今後の P2P ファイル共有システムの具体例を提案する．16.5 では P2P アプリケーションの新たな試みとして二つのトピックを紹介し，16.6 でまとめを行う．

16.2 P2P ファイル共有

16.2.1 P2P とはなにか？

P2P の定義に関しては様々な意見があり一言で説明するのは難しいが，おおよそまとめると，「同等の処理機能，性能，権限を持つ個々の端末(ピア)同士が直接リソースをやり取りするためのネットワーキング技術，アーキテクチャ，システムおよび，それにより実現されるサービス」と言うことができる．ピアはクライアントとサーバの両方の機能を持ち，各々が主要なリソースを提供してネットワークを構成する．Napster や Gnutella などの知名度から，P2P はファイル共有のための技術というイメージが強いが，実際は，グループウエア・インスタントメッセージングなどのコラボレーション分野，分散コンピューティング(グリッドコンピューティング)分野，分散検索分野などでの応用がなされている．コラボレーション分野および分散コンピューティング分野には大手企業の参入も相次ぎ，今後市場の伸びが期待される分野となっている．

16.2.2 P2P ファイル共有の種類と仕組み

P2P ファイル共有システムの具体的動作は，「検索フェーズ」と「転送フェーズ」の大きく二つに分けられる．検索フェーズは，目的とするファイルを持つピアを探索し発見するフェーズであり，転送フェーズは，発見したピアからファイルを入手するフェーズである．現在提供されている P2P ファイル共有システムでは，検索フェーズと転送フェーズの特徴から主に三つのタイプに分けられる．

(1) ブローカ利用検索・直接転送タイプ

ブローカ利用検索とは，特定のサーバに集められたピア情報を利用して検

索を実行する方法である。サーバは各ピアが所有するファイル情報などを収集し，ファイルインデックスなどを作成して管理する。ユーザはサーバを利用して目的とするファイルを発見した後，そのファイルを所有するピアと直接接続してデータの転送を行う。このタイプは，検索フェーズがクライアント・サーバ(C/S)モデルに近いことからハイブリッド型P2Pとも呼ばれている。サーバが情報を管理しているため，検索が効率良く行える利点があるが，負荷の集中や障害耐性など一部C/Sシステム同様の問題点も残っている。Napsterはこのタイプの代表的なアプリケーションである。

(2) ブローカレス検索・直接転送タイプ

ブローカレス検索とは，(1)のタイプのように，検索が特定のサーバを介して行われるのではなく，検索のクエリがピアを伝搬することにより実現される方式である。ピアがあるファイルの検索を行うと，その検索クエリは隣接ピアへバケツリレーのように伝搬し，発見されると直接ピア間で接続してデータの転送を行う。このタイプは，検索，転送ともピア間で行われるため，次の(3)のタイプと共にピュア型P2Pとも呼ばれている。サーバが不要なため，ランニングコストや障害耐性の面で利点があるが，検索時にある程度の計算処理・ネットワークリソースを必要とする。Gnutellaなどが代表的である。

(3) ブローカレス検索・キャッシュ転送タイプ

このタイプの代表的なアプリケーションであるFreenet[1]は，他のファイル共有アプリケーションと，利用の目的やシステムのコンセプトが大きく異なる独特の存在である。作者はインターネット上の言論・出版の自由を確保するためのシステムと位置付けており，匿名での情報発信・検索・受信が可能な点と，中央主権的な情報の管理，削除が不可能である点を重視している。検索は(2)のタイプと同様，ピア間でのクエリの伝搬により行われるが，目的のファイルが見つかった場合の転送は，検索にかかわったすべてのピアが，検索とは逆向きに対象ファイルのコピーを繰り返すことで実現される。つまり検索と転送にかかわったピアには，要求していないファイルが次々とキャッシュされていくことになる(ただし利用頻度により自動的に消去される)。Freenetでは独自の検索キーをファイルと関連付けて検索に用いるが，検索キーおよびファイル自体に暗号化処理等がされているため，キャッシュされ

た情報の中身を直接知ることはできない。他のアプリケーションとしては，Freenetを参考に作成されたといわれるWinnyがある。

16.2.3　ネットワーク・インフラへの影響

　一般的なインターネット接続サービスはベストエフォートタイプである。限られた帯域を複数のユーザが分け合って使うため，誰かが大きな帯域を占有すれば，他ユーザのデータ転送速度が低下するのは必至である。ベストエフォート・定額制のインターネット接続において，使った者勝ちの状況はP2Pファイル共有サービスが登場する前も同じであった。しかし，以前の利用方法で決定的に異なるのは，どんなヘビーユーザであっても，個人が自分の欲求を満たすために利用する情報量には限りがあり，発信する情報量も限られていたことである。たとえ高品質のVoD (Video on Demand) を楽しんだとしても，PCの前に座っていられる時間は限られるし，一度に3本を見ることは難しかった。また，アクセスが常時集中するような人気サイトを運営するユーザもごく限られていた。しかし前述のように，Winny等の一部のP2Pファイル共有システムでは，ユーザの意思とは関係なくファイルデータがローカル端末にキャッシュされるため，1端末で一晩に数十GBのデータが送受信される場合もあり，ネットワークには大きな負荷となっている。実際，P2Pファイル共有サービスのトラフィックが，ISP内部の80％を占めるとの報告もなされている[2]。さらに，光ファイバを自宅に導入しているFTTHユーザに対して実施されたアンケート[3]によると，P2Pファイル共有サービスを現在利用している人の割合は約14％，今後利用したいと考えている人の割合は約40％との結果がでた。つまり，これまでの3倍以上，FTTHユーザ全体の半数以上がP2Pファイル共有サービスを利用する可能性があるということである。

　ISPがバックボーン回線などの設備増強を行えば，そのコストはファイル共有を行わないすべてのユーザが負担することになり，不公平が生じることになろう。一部のISPは特定のP2Pファイル共有システムによる過度のトラフィックを制限すると明言[4]しているが，ISP各社で対応は分かれている[5]。これは特定利用形態を制限することによる逆の不公平感や，アプリケーションの認定方法，「過度」の判断基準，制御情報のユーザへの通知方法などの

問題があると思われる．これまでのベストエフォート・定額制の利用体系に対し，今後はユーザ間での公平なコスト負担や帯域配分などの議論が必要であろう．例えば，累積送受信データ量に応じてルーティング優先度を変動する仕組みや，定額制に従量的要素を組み入れた料金制度の導入等が考えられる．ISP内部のみならず，インターネットの運用コストを誰がどのように負担すべきか，改めて検討が必要になるのではないか．また，P2Pファイル共有サービスによる帯域の占有問題は，ISPばかりでなく一般の企業等にも広がっており，ファイル共有を行うアプリケーションなどを特定するツール[6]～[8]や，共有されるファイルを特定するツール[9]が使用されている．ただし，このようなツールを使ったパケットの解析は，検閲につながる危険性を持つ．P2Pファイル共有の規制をきっかけとして，必要以上にネットワーク監視や利用規制強化を行うのは好ましくなく，利用に関するルール作りなどの議論が必要であろう．

16.3 P2Pコンテンツ流通と著作権問題

16.3.1 ブロードバンド社会のコンテンツ流通

ブロードバンド回線とP2Pファイル共有システムは，かつてないほど柔軟で，自由で，便利なコンテンツの流通を可能にした．しかし一方で，CDなどからの不正なコピーがまん延し，著作権侵害の問題を深刻化させる結果となった．米国の調査[11]では，30歳以下のファイル共有利用者の7割が，著作権侵害となる違法ファイルの共有を支持している．また，RIAAはこれまで通信事業者やP2Pファイル共有サービス提供者を対象とした訴訟を行っていたが，近年は個人ユーザに対象を広げ，12歳の少女までもが対象となる事態となった[12]．

ブロードバンド社会において，本当の意味でディジタルコンテンツの流通が定着して発展していくためには，著作権の問題を解決した新しいコンテンツ提供サービスの構築が必要となる．以後の項において，コンテンツの著作権保護・管理に関する方式，技術について述べ，今後のコンテンツ提供サービスの方向性ついて考察する．

16.3.2 著作権保護・管理方式および技術

DRM（Digital Rights Management） DRMシステムは，コンテンツに暗号化やメタ情報添付などの処理を行い，ユーザ端末もしくはサーバの専用アプリケーション/ハードウエア装置と組み合わせて，それらのコンテンツに対する利用制御・管理を行うものである．一般的に各DRMシステム間での相互運用性は担保されていないことから，あるDRMシステム向けに処理されたコンテンツは，他のシステムでは利用することができない．したがって，保護の対象とするコンテンツ種別，ネットワーク環境，端末条件，課金方法，利用制御条件など，目的とするサービスに合わせて最適なシステムを選ぶ必要がある．

DRE（Digital Rights Expression）[*1] DRMがコンテンツおよび利用環境に特別な措置を行って，コンテンツの利用を制限・管理するenforcementの機能も有するのに対し，DREはコンテンツの識別情報，権利情報，利用許諾情報等を積極的にユーザへ通知するためのexpression機能のみを有する．ユーザの利用状況や履歴を管理したり，コンテンツへのアクセスを制御することはしない．DREは利用を制限するのではなく，むしろ一定のルールに従ったコピーや配布を促し，共有の概念を体現するための道具として適用される．プログラムの世界ではGPL等が普及し，オープンソースコミュニティが活性化した．

　このような情報の共有の概念を，画像，音楽，テキストなどの一般的な著作物へ拡張する試みがCreative Commons（CC）[13]により行われている．CCはローレンス・レッシグ教授が中心となって設立された団体で，著作者自らの権利主張と他者への利用許可が簡単に行える独自のライセンス（CCPL, Creative Commons Public License）を無償で提供し，コンテンツの流通と創作活動の活性化を支援している．CCPL Ver1.0ではAttribution（著作権帰属先の表示），Noncommercial（非商用目的の利用），No Derivative Works（派生作品の禁止），Share Alike（派生作品の同一条件許諾）という四

[*1] スタンフォード大学のローレシス・レッシグ教授が2003年1月に横須賀での講演で使用した表現．DRM，DRE双方のバランスを保った運用の重要性を説いた．lessig blog (http://www.lessig.org/blog/) Apr 13, 2003でも言及されている．

つのオプションを組み合わせた11種類が提供されており，簡単に選択するためのWebサイトも用意されている．

ポリシ制御　「伝えたい情報を/伝えたい時に/伝えたい相手に/指定した方法で提供したい」という情報提供側の要求と，「欲しい情報（だけ）を/いつでも/簡単に/自由に利用したい」という利用側の要求をポリシという形で表現し，情報の要求時にポリシを評価することにより，高度な情報制御を可能にする[14]．例えばオンラインショップが，「30歳以上の女性」ユーザを対象としたコンテンツを販売するとき，ユーザの認証情報や個人情報を得てポリシを評価し，適切な判断を行うことが可能になる．この際，ユーザが「自分の年齢と性別の情報は，特定のTTP (Trusted Third Party) 発行の証明書を保有するサーバからの問い合わせにのみ答える」というポリシを提示すれば，そのポリシも評価され，制御に反映される．情報の参照要求者の認証や登録情報に対する認証などで外部機関と連携することにより，ユーザは単にポリシの定義を行うだけで，信頼性の高い情報の交換が可能になる．

16.3.3 音楽配信サービスの現状と今後の方向性

近年，CDなどによる音楽のパッケージ販売が減少を続けている[15]．日本における生産金額も1999年を境に連続して減少し，2003年はピーク時から約32％の減少となった[16]．CD販売の不振はP2Pファイル共有による不正な流通が原因であるという見方がある一方，ユーザのライフスタイルの変化やニーズに合ったコンテンツが提供されないなどの構造的問題が原因であり，むしろNapsterなどに対する規制がユーザの音楽離れを助長したとの見方もあって真っ向から対立している．これまで大手音楽レーベルは，旧来のパッケージ販売主体の販売を優先し，オンライン販売には消極的であった．しかし少なくとも，Napsterとその後のP2Pファイル共有サービスの隆盛は，音楽のオンライン配信を受け入れる大きなユーザ層が存在していることを示唆するものである．今後，ブロードバンド・インフラの普及が進むにつれ，このようなユーザ層も増加することが予想され，これらの層をいかに合法的な音楽流通モデルへ取り込むかという点が重要な課題である．

現状の音楽配信サービスにおいて，ユーザが音楽コンテンツを利用する際に重視する点を四つの軸に分類し，それらの軸に沿って，従来のオンライン

音楽販売(以後,〈従来OL販売〉),P2Pファイル共有システムを用いたファイル共有(以後,〈P2P共有〉),CDなどによるパッケージ販売(以後,〈CD販売〉)サービスを検証する.

・コンテンツ入手に関する要件

  コンテンツの購入価格   (1)

  希望コンテンツ到達性   (2)

・入手コンテンツの保有・利用に関する要件

  安心度   (3)

  利用自由度   (4)

(1)は,そのサービスにおける音楽コンテンツの購入単価である.(2)は,希望するコンテンツに対して,「そのサービスで提供されている可能性」,「そのサービスを利用した際の発見容易性」,「入手に要する時間」を勘案した指標である.(3)は,入手したコンテンツの品質(音質など)やラベルと内容の一致信頼性,データソースの合法性などである.(4)は自らが入手したコンテンツに対し,再生やバックアップ,アルバム編集などの操作を,PCや携帯プレーヤなど環境を選ばずに実施できる自由度を指している.これら要件の決定には,音楽配信利用者のアンケート情報などを参考にした.

図16.1は,縦軸に価格,横軸に希望コンテンツ到達性として,各サービスをマッピングした図である.利用者の立場では,価格が安く希望コンテンツへの到達性が高くなる右下の領域に近づくほど好ましいサービスと言える.

まず日本市場における価格であるが,〈CD販売〉は,2〜3曲記録されたCDシングルの場合で1000円前後,10〜15曲程のアルバムでは2500〜3000円程度であるから,1曲当たり200円前後(アルバム),もしくは500円前後(シングル)となる.〈従来OL販売〉では,一般的に1曲当たり200〜350円程度が相場であり,〈CD販売〉と大差ない.ただし,ここで言う価格とは,ユーザが個々のコンテンツ入手に対する直接的な対価として支払う金額である.〈P2P共有〉では,サービスによりPCのリソース提供や見返りコンテンツの提供が必要であるなど,コストがゼロとは言えないものもあるが,基本的に個々のコンテンツ入手は無料である.次に希望コンテンツ到達性であるが,〈P2P共有〉で提供される楽曲数は圧倒的に多く,アーティストの

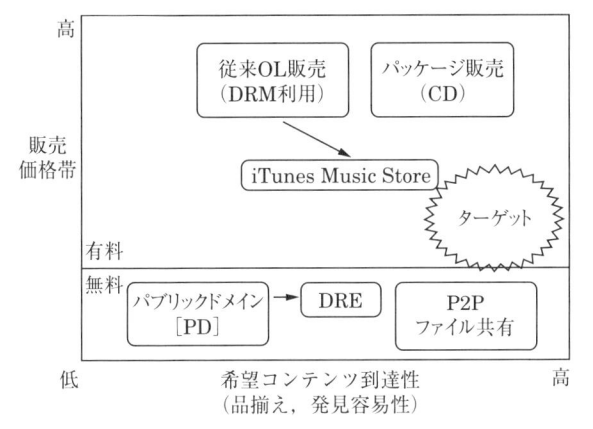

16.3 P2Pコンテンツ流通と著作権問題

図16.1 各種配信サービスの位置づけ(入手関連)

[図: 縦軸=販売価格帯(高/有料/無料/低)、横軸=希望コンテンツ到達性(品揃え,発見容易性)(低/高)。従来OL販売(DRM利用)、パッケージ販売(CD)、iTunes Music Store、ターゲット、パブリックドメイン[PD]→DRE、P2Pファイル共有]

所属レーベルや販売ショップなどを気にすることなく横断的に検索可能である。ときには，その他の手段では入手できないライブの映像や，リリース前の未公開コンテンツなどが提供される場合もある。〈CD販売〉は，各レーベルより提供される楽曲数は多いものの，ショップの規模などによりその場で入手可能な種類は限られる。

また図16.2では，ユーザの入手後のコンテンツに対する要件から，縦軸を安心度，横軸を利用自由度としてマトリクスを作成し，各提供サービスをマッピングした図である。利用者にとっては右上の領域が望ましいといえる。一般のCDは多くのオーディオ機器で利用でき，PCや携帯プレーヤへの転送も可能であるなど自由度は高く，オンラインでの入手に比べて，パッケージデザインや販売店から信用性の判断も容易で安心度も高いといえる。他方，〈従来OL販売〉は，専用サイトからの合法的なダウンロードというモデルであり，安心度はある程度高いが，DRMの設定により特定のPC等に再生環境を限定されていたり，携帯プレーヤの転送やCDへの焼付けを厳しく制限されるなど利用自由度が低い。〈P2P共有〉で提供されるコンテンツの多くが利用自由度が高いMP3などの汎用フォーマットであるのと比較すると，さらに利用が敬遠される原因とされている。

これらの比較を見る限り，安心度を考慮しない場合の〈P2P共有〉の優位性は圧倒的に高いことがわかる。〈CD販売〉の場合，任意のショップで対面

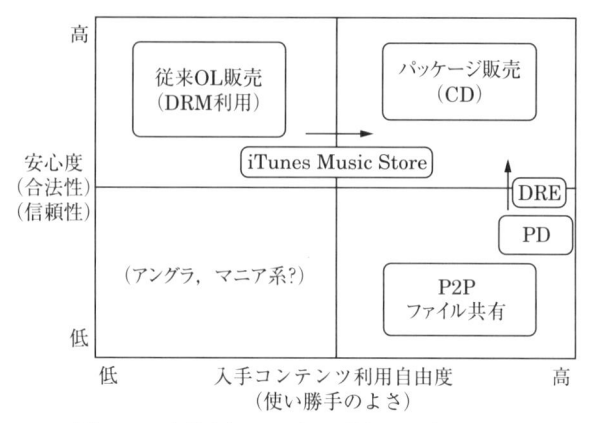

図 16.2　各種配信サービスの位置づけ（利用関連）

入手可能であり，ネットワーク環境を必要とする〈P2P共有〉とアクセスの容易さは一概に比べられない面もある。また，ポスターや写真の添付など差別化が可能であり，物理媒体，ジャケット自体がコレクションの対象となるなど独自の付加価値が存在するため，ある程度の価格差異であれば，一定規模で共存の可能性があると思われる。しかし，〈従来OL販売〉にはそれらの利点はなく，〈P2P共有〉サービスに取って代わるには程遠い状況であった。

　そのような状況で，2003年より開始されたiTunes Music Store[17)]のオンライン音楽販売は，〈従来OL販売〉にはない特徴を備えていた。一つは1曲99セントという低価格と，大手レーベルが提供した20万曲というコンテンツ量である。これは図16.1において，〈従来OL販売〉を右下にシフトさせたことを意味する。またもう一つは，緩いDRM条件の採用であった。CDへの焼付けや，ネットワーク内のほかPCにある音楽データを視聴することを可能にした。これは図16.2において，〈従来OL販売〉を右方向へシフトすることを意味する。iTunes Music Storeは開始1週間で100万曲以上のダウンロードを記録するヒットとなり，米国では類似のサービスも提供が開始されている。

　しかし，このような新規のオンライン配信サービスの登場で，〈P2P共有〉による不正なコンテンツ交換が消滅に向かうかどうかははっきりしない。例えばiTunes Music Storeにしても，フォーマットはAAC（Advanced Audio

Coding）によるのみで，そのまま書き出せる携帯プレーヤはiPod等に限定されるなどの制約が残っている．その他の音楽提供サービスとDRMの相互の互換性はなく，音楽サービスの囲い込みで提供形態の画一化につながる面も残されている．P2Pが特徴とする境界を意識しない検索や，自由なコンテンツの公開などが生かせる形で，今後のコンテンツ流通が進むことが望ましいと考える．

　クリエータがコンテンツを世に送り出す目的は，有名になりたい，お金持ちになりたい，自己満足，芸能界への憧れ，多くの人に鑑賞してもらいたいなど様々で，その優先順位はクリエータごと，コンテンツごとに異なるはずである．したがって，各々が目的を達成するための最適なコンテンツ流通媒体，ライセンス種別，DRMシステム，利用制約条件，品質，価格等を選択し，自由に公開スキームを決定できるようなることが望ましいと考える．例えば，通常の作品はCCPLで広く無料公開し，ライブ活動で収益を上げながら，時折DRM機能を持つSACD（Super Audio CD）やDVD‑Audioで限定アルバムを販売するといった方法の選択もある．多少ユーザの利便性が落ちても，人気があるから我慢して聞いてもらえると思えば，すべて強力なDRMで保護して公開してもよいし，広く聞いてもらうことが優先なら，すべてパブリック・ドメイン（Public Domain, PD）で公開してもよい．音質によりCCPL，緩やかなDRM，強力なDRMと分けて公開してもよい．

　このように，今後求められるP2Pファイル共有システムは，クリエータが前述の様々なスキームにより公開したコンテンツを，ユーザが意識することなくシームレスに検索でき，簡単に，安心して選択することができるものではないかと考える．次章にてシステムイメージの私案を示す．

16.4　P2Pコンテンツ共有システム

　図16.3に，様々な公開スキームに対応可能なP2Pファイル共有システムの一例を示す．このシステムを用いてコンテンツを公開する場合は，品質や利用条件を指定することにより，専用のPlug‑inで自動的に任意のファイル処理が行われ，共有可能なカプセル化が行われる．図の例では，オリジナ

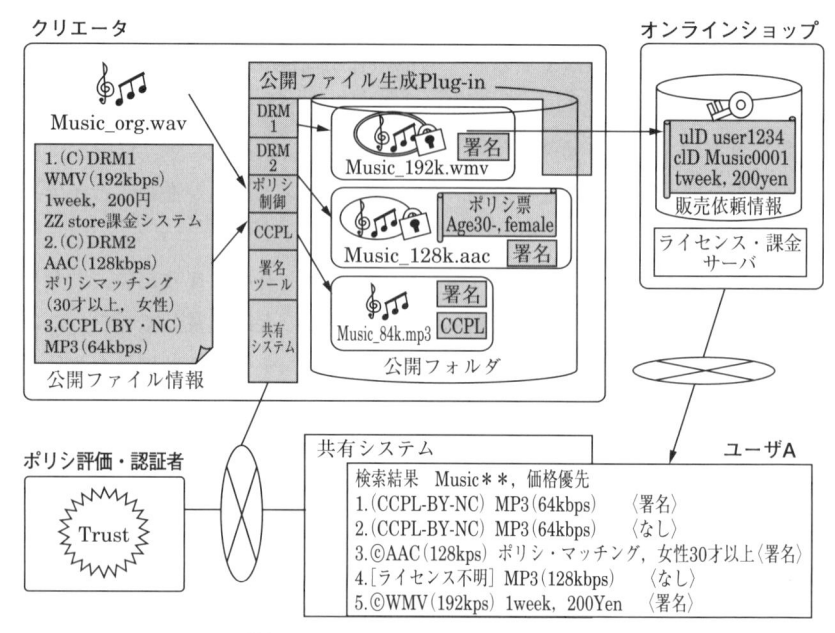

図 16.3 P2Pコンテンツ流通システム

ルのコンテンツから，(1) DRM1で強力な制限をかけた高音質ファイルの作成と，オンラインショップでの課金委託，(2) DRM2の緩い制約をかけた中音質ファイルの作成と，ポリシ制御による共有者指定，(3) 低音質ファイルのCCLPライセンス公開用ファイルの作成，が自動的に行われ公開されている。ユーザAのリストは，検索により前述の公開コンテンツ (Music) が発見された状態である。図中の検索結果例1，3，5が先の例で作成されたコンテンツ(3)，(2)，(1)である。検索結果には，ライセンスの種別と条件，品質の情報，コンテンツ公開者の署名などの情報が示され，ユーザAは自分に最も適した形式を選択しダウンロード可能である。

コンテンツは，例えばユーザAの「共有フォルダ1に」ダウンロードされたとする (図16.4参照)。ユーザAはそのフォルダから直接か，他のフォルダにコピー (または移動) して実行可能であるが，その際は外部のアプリケーションやフォルダに対して，共有可能なカプセル化状態を自動的に解除した状態で引き渡す。またカプセル解除と同時に，該当コンテンツのライセン

16.4 P2Pコンテンツ共有システム

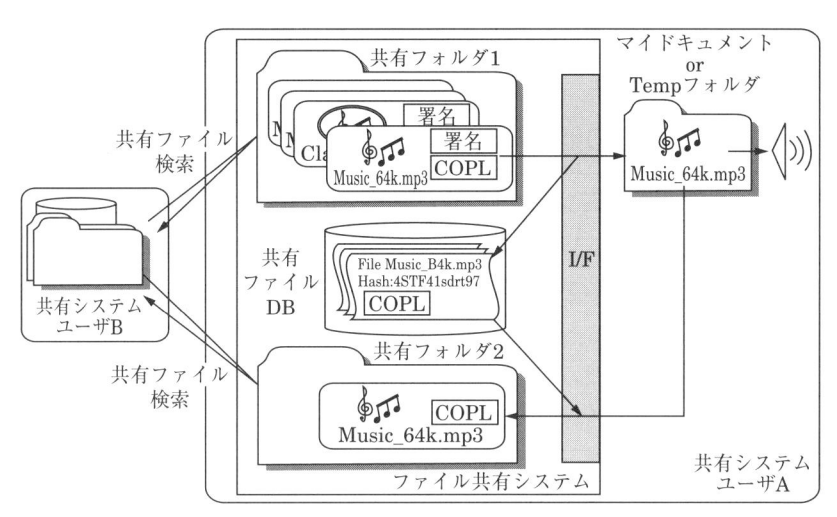

図 16.4 コンテンツの取り扱い方法

ス情報や公開条件がDBに蓄積される。図の例ではCCPLライセンスのMP3ファイルなので，通常のプレーヤで再生したり，携帯プレーヤに転送して楽しむことができる。次にユーザAがこのコンテンツを共有する場合であるが，入手したコンテンツを共有フォルダ内に消去せずに残していた場合は，そのままクリエータの署名がついたまま公開されるが，一度システム外にコピーしたファイルを再びシステムに戻した場合（「共有フォルダ2」のケース），DBに格納されているライセンス情報などが再び添付される。ただし，クリエータが行った署名は添付することができない。この状態は，図16.3の検索結果リスト2番のように表示される。CD等から不正にリッピングしたコンテンツが，CCPLで勝手に公開されることも考えられるため，コンテンツの認証を行うサーバとの連携も行う必要がある。

　上記提案のP2Pファイル共有システムにおいて，まったくライセンスなど付けられない状況で公開された場合（図16.3の例で，検索結果リスト4番に相当）は，今までのP2Pファイル共有サービスとなんら変わらない共有の状態となる。提案システムが異なる点は，ユーザが不審なファイルに手を出す必要がないと感じさせるだけの，信頼性のあるその他の選択肢が同時に表示され，そのどれを選んでも，シームレスな連携処理により，コンテンツ利

用が容易に行える状態が実現されていることである．

16.5 P2Pその他動向

16.5.1 ストリーミング配信

　音声や動画像のストリーミング配信は，通常ユーザ端末が直接配信サーバからデータを受け取るクライアント・サーバモデルである．したがって同時アクセス数が増加すると，配信サーバの処理能力および接続するネットワークの帯域を確保するため，必要な設備の増強が欠かせなくなってくる．現状ではミラーリングやキャッシュサーバの導入で対応している場合が多いが，多くの費用が発生する．そこで，P2P型のストリーミング配信方式が提案されている．その一つ，シェアキャスト[18]の配送モデルでは，サーバからストリーミングデータを受信した一次ユーザは，受信したデータを自らが再生に用いると同時に，別の二次ユーザへデータの転送を行う．二次ユーザが，三次，四次ユーザへデータの転送を行うことも，1ユーザが複数のユーザに転送することも可能である．上位ピアの消滅などによる接続先の変更は動的に行われるが，新たにP2Pネットワークに参加する際の接続先の検索には，ネットワークへの接続情報を管理する特定のサーバが必要である．

　P2P型ストリーミング配信では，配信データの品質確保，ネットワーク構成の最適化，接続管理サーバの負荷分散など，技術的な課題は残されているが，配信設備やネットワークの貧弱な一般インターネットユーザでも，ストリーミング配信による情報発信を行えるという点で興味深い技術である．また，大手放送局がChainCast[19]のシステムを利用して，人気ラジオ番組やプロ野球の生中継を行うなど，新たな放送媒体としての展開も注目される．今後は中継ユーザの貢献度測定，インセンティブ，広告，課金などの方法を検討し，新たなビジネスモデルの構築が必要と思われる．

16.5.2 モバイル・ユビキタス

　日本国内のIP接続可能な携帯電話の契約は，2004年9月末時点で約7230万件になる．そのうち約2260万件はCDMA2000x1，W-CDMA方式などの3G携帯となり，携帯電話のブロードバンド化も着実に進んでいる[20]．携帯

電話に搭載される CPU の処理能力，メモリ量，入出力装置も高度化し，JavaVM (Java Virtual Machine) などのプログラム実行環境により，様々なアプリケーションを実行することが可能になっている．一方でホットスポットなどによる Wireless-LAN 接続環境も整備されつつあり，屋外でより高速なネットワーク接続を利用することも可能である．このような状況により，これまでほとんど PC が対象であった P2P サービスを，携帯電話を含むモバイル端末で実現する方法が検討されている．モバイル端末における P2P サービスは，ファイル共有や分散コンピューティングなど PC 端末で考えられるサービスの他，モバイルの特徴である常備性を考慮したサービスや，端末位置情報やカメラなどの入力デバイスを活用したサービスが考えられる．

- 現在地に基づく情報の取得・発信（タウンガイド）
- コミュニケーション（モバイル・ブログ，チャット）
- アミューズメント（対戦型，協調型ゲーム）

現在でもいくつかのサービスは実現されているが，情報の発信，読み込みは集中サーバに対して行われるクライアント・サーバモデルである．一般的に端末（ピア）の移動・消失が頻繁に起こり，リソース，ネットワーク通信品質，端末操作性も限られているモバイル端末においては，効率的なピアの管理方法，リソースの配置方法，リソース検索・転送方法などの検討が重要である．

また，モバイル端末を ISP 経由でインターネット接続するのではなく，端末同士で直接無線通信することにより，情報の伝達を行うという試みもある[21]．マルチホップ無線ネットワークなどと呼ばれ，ピア間通信が連続して行われることで，結果として巨大な通信網を形成する．端末以外の集中管理的設備が一切必要ない究極の P2P とも言え，安価で耐障害性の高いシステムを形成することも可能である．課金やリソースの提供に対する対価，バッテリーなどの端末性能，セキュリティなどの問題があるが，災害時の通信手段などとしても興味深い試みである．

16.6 新しい流通モデルの創造

　常時接続のブロードバンド・インフラが普及していなければ，P2Pファイル共有による著作権侵害やネットワーク帯域占有などの問題がここまで大きくなることはなかったかもしれない．しかし一方で，FTTHユーザの半数以上がP2Pファイル共有サービスを利用中もしくは利用予定であるとの調査結果もあり，P2Pファイル共有サービスの存在が，ブロードバンド・インフラ普及のスピードを高めたとも言える．しかし，ブロードバンド回線が一部のヘビーユーザによる違法なコンテンツ共有で占有される状況は，コンテンツの提供者，インフラ提供者，一般ユーザいずれにとっても不幸である．16.3，16.4に述べたコンテンツ提供者側による多様な公開スキームの実現と，利便性の高いP2Pファイル共有システムの提供は，コンテンツ流通ビジネスにおける今後の方向性の一つを示すものである．

　また，新たなコンテンツ流通モデルとして，そのほか二つの方向性を挙げておきたい．一つはコンテンツの共有財産化モデルである．生み出されるコンテンツを，一般道路や公園といった共有財産と見なして自由な利用を保障し，代わりに利用者から利用量に関係なく一定金額を徴収する方法である[22]．徴収した料金は，再生プレーヤなどから集計される使用記録から計算された視聴率で，各クリエータに配分される．コピー防止や流通制御にかかる処理は不要であり，流通・管理コストの低減，ユーザ利便性の向上が期待できる．もう一つはコンテンツ流通フローへのユーザ埋め込みモデルである[23],[24]．コンテンツを一般ユーザによるP2Pで配信し，仲介した利用者Peerに対して最適な報酬を与えることで，流通コストの最小化と効率化を実現する．ユーザには，正当な手段によるコンテンツの入手と再配信による利益還元という新たなインセンティブが生じ，結果として流通拡大の恩恵を提供者・ユーザの双方で享受可能となる．これらの流通モデルにはいずれも多くの問題点が存在し，早期実現には難しい面があるのはたしかである．ただし，ユーザへの啓蒙活動と法律での抑制に頼り，旧来のビジネスモデルを維持するだけでは，コンテンツ流通の発展は限られたものになるであろう．「コンテンツは誰のものか？」，「ネットワークは誰のものか？」とう出発点に立ち，これ

らの方法を含め，新たなコンテンツ流通モデルの検討に取り組む必要があると思われる。

一方，P2Pファイル共有は，大手のコンテンツ提供者が大量のコンテンツを流通させるためだけの手段ではなく，個々のユーザが負担と権限を受け持ち，自由に情報発信するための有効な手段であることを忘れてはならない。Creative Commonsの取り組みなどによって，個人が質の高い情報を発信する機会が増加し，プロ・アマを超えたコラボレーションが活性化する可能性もある。その際，個人が安心して情報の発信・利用を行うためのプラットフォームや認証技術等，システムの整備も必要になるであろう。ネットワークを介した活発なコンテンツの流通が，新たなコンテンツの創作の場となり，さらなる価値創造へとつながっていく。これこそがブロードバンド時代のコンテンツ流通ではないだろうか。

参考文献

1) I. Clarke, et al.:"Freenet : A distributed anonymous information storage and retrieval system", LNCS 2009, pp.46 - 66 (2001).
2) 亀井 聡 他:"P2Pファイル共有の実態と課題", 信学技法 CQ - 2003 - 40 (2003.7).
3) gooリサーチ結果(No.51):第2回FTTHユーザの利用実態調査, http://research.-goo.ne.jp/Result/0308cl08/01.html
4) plala : http://www.plala.or.jp/
5) 総務省　情報通信(IT政策)調査研究会:"次世代インフラ研究会 次世代IP網WG資料", WG2-1.
6) PACKETEER : http://www.packeteer.com/
7) Allot Communications : http://www.allot.com/
8) AssetMetrix : http://www.assetmetrix.com/
9) Audible Magic : http://www.audiblemagic.com/
10) 曽根原登 他:"ブロードバンド社会とディジタル流通技術", 画像電子学会誌, Vol.32, No.5, pp.737 - 744 (2003).
11) CBS NEWS/NEW YORK TIMES POLL, ONLINE MUSIC SHARING, September 15 - 16 (2003).
12) http://news.com.com/2100 - 1027 - 5073717.html
13) Creative Commons : http://creativecommons.org/
14) 森賀邦広 他:"コミュニティサービスにおける共有情報の管理と活用", NTT技術ジャーナル, Vol.14, No.12, pp46 - 49 (2002).
15) IFPI : http://www.ifpi.org/site - content/press/20030409.html, http://www.ifpi.-

org/site-content/press/20031001.html
16) 日本レコード協会：http://www.riaj.or.jp/data/quantity/
17) iTunes Music Store: http://www.apple.com/itunes/store/
18) シェアキャスト：http://www.scast.tv/
19) ChainCast Networks : http://www.chaincast.com/
20) 電気通信事業者協会：http://www.tca.or.jp/
21) スカイリー・ネットワークス：http://www.skyley.com/
22) 藤井治彦, 塩野入理："視聴率による利益配分方コンテンツ流通方式の提案", 情処研報, EIP14-4, pp.23-30（2001）.
23) 堀岡力 他："Peer-to-Peerコンテンツ流通方式の検討", 信学技報, Vol.103, No.573, pp61-66（Jan.2004）.
24) 高山国彦 他："報酬を用いたPeer-to-Peerコンテンツ流通方式に関する検討", 信学技報, Vol.103, No.573, pp67-72（Jan.2004）.

第17章

超高精細(SHD)映像配信サービス

NTT未来ねっと研究所　藤井哲郎

17.1 はじめに

　光通信技術の急速な進展により，フレキシブルで非常に広帯域なブロードバンドNW（ネットワーク）が実現され，IT技術が社会に対して新しい変革をもたらそうとしている。特に，教育・医療・印刷・博物学などの世界で，すでにHDTVを超える画像品質が求められ，通信とコンピュータが融合した新しい情報環境を実現すべく新たな取り組みが進められている[1]。また，従来の放送の概念では考えられないような超高品質かつ超大容量映像コンテンツのネットワーク配信も可能となり，よりリアルで高品質な映像情報がブロードバンドNWを介してエンドユーザまで直接流入する時代に突入しつつある。

　コンテンツの王様である映画もすでにネットワーク配信の対象となり，数々の配信実験が繰り返されてきている。最も高品質なディジタルシネマとして，HDTVの4倍の解像度を有する800万画素ディジタルシネマも開発され，ハリウッドを巻き込んでエンターテイメントの世界に超高精細映像の新しい流れを生み出そうとしている[2]〜[5]。これをさらに推し進める要素として，超高精細動画カメラの開発がある[6]。超高精細動画像カメラの登場により，サッカー，野球のようなスポーツから，オペラ，ミュージカル，演劇，オーケストラのエンターテインメントまでが対象となり，鑑賞に値する映像を遠く離れた場所まで伝えることが可能となりつつある。まさに，ネットワークのブロードバンド化により，高臨場感をキーワードにエンターテインメ

ントの新しいディジタルの世界が作り出されようとしている。このような，超高精細な映像コンテンツを流通させるための，ブロードバンドNW時代の映像流通プラットホームの現状について以下本章で述べる。

17.2 ブロードバンドNW映像流通プラットホーム

映像メディアの高品質化の進展状況と，それに対応したブロードバンドNWの進展状況を述べる。

17.2.1 映像の高品質化

液晶がパソコンのコンソールとして広く採用され，インタフェースがディジタル化され，その画面が非常な勢いで高品質化している。現在パソコンで使われている様々な画素数の規格を図17.1に示す。現時点でのパソコンの最高品質のディジタル映像は，QXGA（2048×1536画素）である。この品質をより高品質化するために，走査線数2000本クラスの液晶ディスプレイがIBMあるいはシャープにより開発され，医学・教育・CADなどの高品質画像が要求される分野ですでに使われ始めている。このような高品質な液晶ディスプレイが接続されたパソコンに1枚数千円のGbE（ギガビットイーサ）を装着すると，簡単にブロードバンドNWを体感できるシステムに変身し

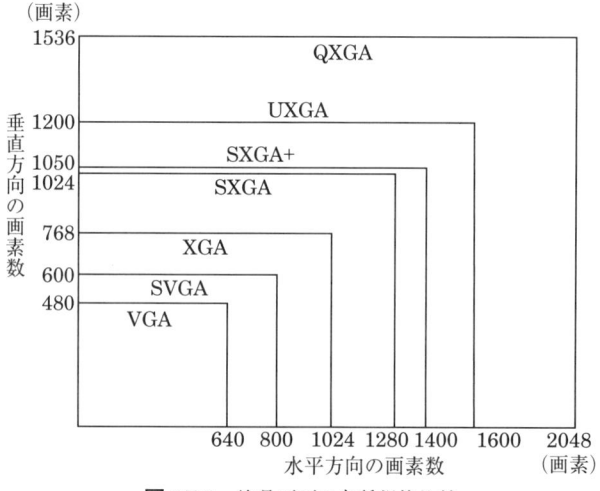

図 17.1 液晶画面の各種規格比較

てしまう．しかも，これらのパソコンへの画像入力機器であるディジタルカメラも猛烈な勢いで高品質化が進み，すでに解像度500万画素があたりまえとなっている．さらに，1371万(4536×3024)画素の高級ディジタルカメラも登場している．誰もがどこでも超高精細な静止画像をディジタルで手軽に取り扱える時代になってきている．

これに対して，既存の動画像の様々なフォーマットを示したのが図17.2である．動画像の録画・再生は，静止画像とは異なり非常に高速の転送レートが継続して必要になる．そのために高精細化は制約を受け，ながらくHDTVが最高品質であった．その解像度はフル解像度で200万画素(1920×1080画素)である．このHDTVの枠を打ち破る超高精細な画像メディアが最近開発されてきている．これは，走査線数2000本を超えるプロジェクタおよび液晶ディスプレイの登場，磁気ディスクが大容量化かつ高速化されたこと，さらにネットワークがブロードバンド化されてきたことなどが大きな要因である．例えば，NTT研究所[4),5)]および通信総合研究所(CRL)[6)]が開発を進めるネットワーク配信・伝送を前提とした800万画素超高精細画像システム．さらにNHK研究所が開発を進める，4000本級超高精細映像システムなどがある[7)]．特に，NTTのシステムは映画を明確なターゲットとしており，エンターテイメントの枠をディジタル映像技術で広げようとするものである．

このような映像の超高精細化のキーコンセプトは，ブロードバンドNW

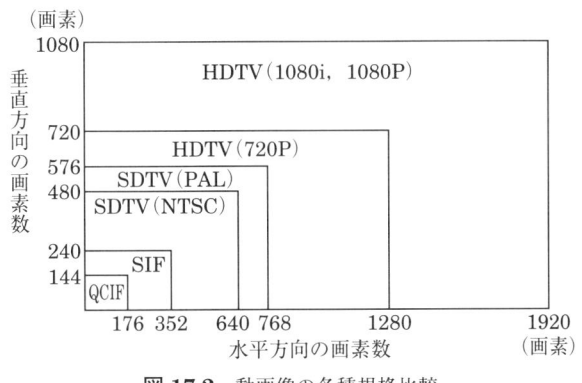

図 17.2 動画像の各種規格比較

と融合して新たな映像流通プラットホームを構築しようというものであり，映像の特徴として，以下のような点が挙げられる．

（1）完全ディジタル方式の採用
（2）スキャンライン数が2000本以上
（3）順次走査方式（Progressive）の採用
（4）画像のサンプリングが正方格子状
（5）大画面をターゲット

このようなコンセプトに基づき，新しい超高精細映像の開発が進められている．

17.2.2　ブロードバンドNW流通プラットホーム

今日のインターネットの爆発的増加を支えるNWの大容量化は，光通信技術により支えられている．最新の大容量化のアプローチは，一本のファイバの中に複数の波長の異なる光波を多重化して伝送する方式である．一波のみを用いる既存の光通信では，単一の光波での伝送速度を向上させる必要があり，高速化に限界があった．これに対して，複数の波長で並列に伝送を行うことにより大容量化を実現しようというものであり，WDM（Wavelength Division Multiplexing）と呼ばれている．さらに高密度化を進める技術の進展も著しく，数十Gbpsの通信を百波以上多重化する技術の実用化も進められている．これは，物理的に一本の光ファイバが突然百本になったのと同じ意味を持つ．

光通信の高速化および大容量化の急激な進展は，バックボーン・ネットワークの制御方式の見直しをも求め始めている．すなわち，コンピュータと親和性の良いIPネットワークの大容量化が必須の課題となり，これを解決する制御方式が求められている．これを実現するために，光レイヤーとIPレイヤーの統合管理を目指したフォトニックMPLSルータの開発などが進められている[8]．これらはIPネットワークで必須であるルーティングを光信号の波長を基に実行したり，光信号のままルーティングするといった新しい制御方式の確立を目指している．

これらの技術革新により，ネットワークの低コスト化と広帯域化が確実に進んできた．また加入者の光ファイバ化も進められ，2004年8月末には

17.2 ブロードバンドNW映像流通プラットホーム

160万人が加入し，利用している．これと同時に，ネットワークに接続される端末も直接イーサネットに接続される傾向にある．現在，1GbitのGbEカードはすでに数千円で購入できる状況であり，一般ユーザもブロードバンドNW環境を簡単に享受できる状況となりつつある．この環境の変化はシステム開発にも大きな影響を与えており，映像端末ですら独自プロトコルを用いた独自装置を開発するのではなく，汎用パソコンに映像アプリケーション用のボードを差し込み，TCP/IPプロトコルを用いたアプリケーションプログラムを開発する方式に変わってきている．

前述の800万画素超高精細ディジタルシネマのファイル容量（Cineon Format）は非圧縮の場合，2時間の映画で約6.5Tera Byteに達する．これをMotion JPEG2000あるいはMPEG-2等で1/10〜1/30に圧縮した場合には，ファイル容量は約200〜500GByteの容量となる．さらに，これをストリーム伝送した場合には150〜500Mbpsの速度が必要となる．これを，様々なメディアのストリーム伝送速度と比較した様子を図17.3に示す．音声に限れば従来の64Kbpsの速度で十分であったが，音楽をスムーズに伝送するために500Kbps程度必要となった．テレビ会議程度の動画品質を求めれば，約1.5Mbps必要となる．通常のテレビの画像品質程度の品質が必要となると，6Mbpsの速度が必須となる．HDTVを伝送するには，22Mbps程度が要求される．さらに超高精細映像に関しては150〜500Mbpsの伝送速度が要求される．しかも，これらすべての映像および音声の伝送がIPネ

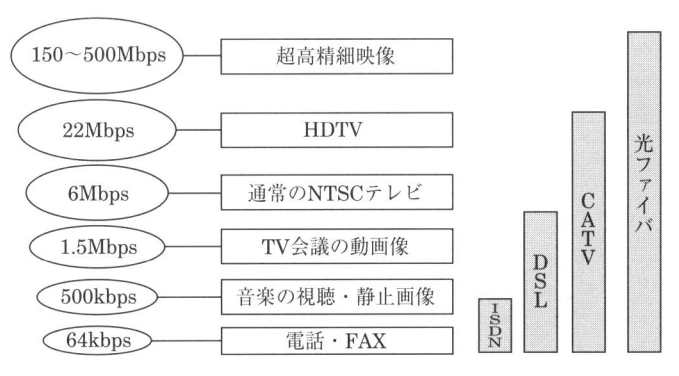

図 17.3 各種コンテンツごとに要求される回線容量とアクセス回線の関係

ットワークに統合される方向である。

現在，インターネットの爆発的な普及により，IPを用いた様々なアプリケーションおよびコンテンツ流通が存在するが，高品質映像配信がこれらIPを用いたNWコンテンツ流通においてどのようなポジションに位置付けられるかを図17.4に示す。これは，縦軸に1個当たりのコンテンツの容量を，横軸に予想されるアクセス数をとって描いた図である。同図より明らかなように，IPを用いたコンテンツ流通は大雑把に3種類に分類できる。Webをベースにしたコンテンツ流通であるB2C（ビジネスから一般ユーザへ）の一般的タイプ，「Gnutella」「WinMX」「Winny」等により生み出されているP2P（ピア・ツー・ピア）ベースに流れる少し粒度の大きいコンテンツ流通，さらに超高精細映像に代表される大容量ストリーミング（あるいは，プログレッシブ）配信による非常に粒度の大きいコンテンツ流通である。これらは，Webをベースに送られているコンテンツ流通量とほぼ同じ容量の新しいトラフィックが高品質映像流通により生み出されることを示唆しており，これに対応したネットワークの制御機能を早急に整える必要があることがわかる。

その要件とは，
(1) QoSに代表される品質制御機能の充実
(2) ノード系のなお一層のコストリダクション

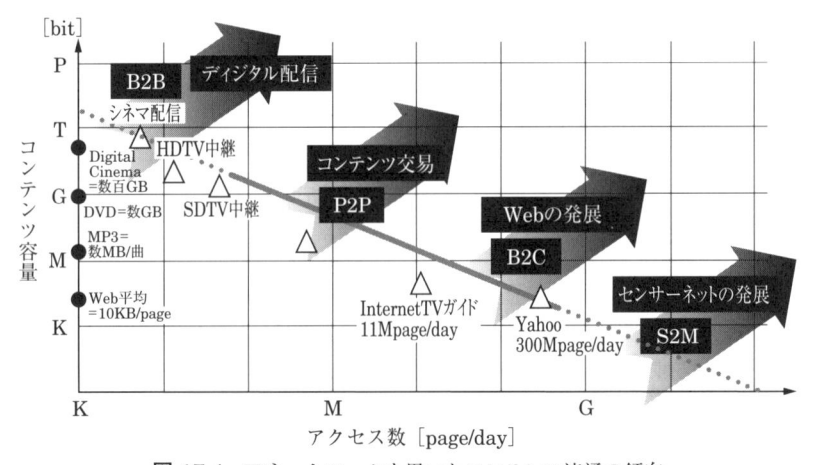

図17.4 IPネットワークを用いたコンテンツ流通の傾向

(3) アクセス系の大容量化

などであろう。これらの課題を克服すべく，IPネットワークのみならず様々な視点よりNW制御技術の見直しを進めていく必要がある。これにより，ブロードバンドNWを活用したコンテンツ流通があらゆるクラスでより活性化されるのである。

17.3 超高精細映像に関する標準化の進展

ディジタルシネマの観点に立つと，35mmフィルムの配給と同様に世界中に同一のフォーマットで配信できることが重要である。この観点より，標準化動向をハリウッド関係者は非常に注視している。まず，ディジタルシネマから超高精細映像の標準化動向を眺めてみる。

17.3.1 ディジタルシネマの進展・標準化状況

1998年にアメリカのFCCにおいて，HDTVの規格として映画を念頭においた1秒間に24フレームを表示するプログレッシブスキャンの1080/24P方式が制定された。この規格に準拠して，ディジタルカメラ，VTR，ディスプレイといった各種ツールが揃いはじめ，ディジタルシネマの新しい動きが始まった。1080/24P方式のHDTV用カメラで撮影し，フィルムレス制作・上映を初めて実現したのが「Star Wars - Episode II」である。今までに，ディジタル上映が試された映画の作品数は世界中で60本に達し，ビジネス評価が始まったところである。

このディジタルシネマの側面は，大きく以下のように四つに分けられる。

(1) ディジタル制作
(2) ネットワーク配信
(3) ディジタル上映
(4) フィルム・アーカイブ

近年制作されるほとんどの映画では，コンピュータ上でのディジタル特殊効果が必須となっており，(1)である映画制作の側面においてすでにディジタル化はかなり浸透している。このプロセスをハリウッドではDigital Intermediate (DI) と呼んでいる。(2)の配給に関しては，ハリウッドを中

心にビジネスモデル構築に向けた取り組みが始まったところである。(3)に関しては，TI(Texas Instruments)社のDLP型を中心とするHDTVクラスのプロジェクタを設置した映画館が全世界でやっと180館を超えたところである。(4)は，文化の継承という意味でヨーロッパなどで重要視されている側面である。これらすべての面からディジタルシネマの実現に向けた取り組みが進んでいる。

ハリウッドを中心にディジタル配給への期待は大きく，SMPTEにおけるCommittee on Digital Cinema TechnologyのDC28と呼ばれるワーキンググループで基本検討が進められてきている。ITU-Rでは，2002年3月よりTask Group 6/9として正式な活動が開始された[9]。ディジタルシネマの画像符号化に関する検討は，画像符号化の国際標準化会議であるMPEGで2年半にわたり進められていたが，2002年12月に突然その活動を打ち切った。これは，ハリウッドが自らの手で標準化をリードすべくDCI(Digital Cinema Initiative, LLC)なる組織を自ら形成して標準化を牽引していくことを明確に打ち出したことに起因する。この他にも，ヨーロッパではディジタルシネマの普及を目指してEDCF(European Digital Cinema Forum)が形成され，その活動を始めている。

1080/24Pを採用したHDTV規格の解像度は，1920(横)×1080(縦)画素である。この解像度では，オリジナル35mm映画ネガフィルムの品質を失うことなく完全にディジタル化することは無理である。これは，ASC(American Society of Cinematographers)からITU-Rに対するリエゾン文書の中で明確に述べられている。これらの意見を反映して，ディジタルシネマに要求される品質のレベルを4段階に分類する試案がEDCFの技術部会から提案されている。その分類を以下に示す[10]。

レベル1：35mmオリジナルネガの画像品質を完全に維持できる方式
レベル2：35mm上映用フィルムの画像品質
レベル3：HDTV 1920(横)×1080(縦)画素［テレビ品質］
レベル4：Standard TV

レベル1に対応するにはHDTVを超える超高精細映像が必要となり，例えばNTTが提唱している解像度800万画素(3840×2048画素)の超高精細

画像システムがこれに該当する。このHDTVの約4倍の解像度を有する超高精細画像システムを用いれば，35mmフィルムの品質を維持したままディジタルシネマが実現できる。ハリウッド関係者は，この方式を横方向の解像度をもとに4Kディジタルシネマと呼んでいる。

　このレベル1に対応する超高精細ディジタルシネマの実現を目指して，2001年2月，日本においてディジタルシネマ・コンソーシアム(DCCJ)が結成され，活動を開始している。同コンソーシアムは，35mm映画フィルムの品質を完全に保ったまま非常に高品質な2000本の解像度で映画のディジタル化を実現し，アーカイブ・映画配信などを世界に先駆けて行うことを目標としている。東京大学の青山友紀教授を会長に，産官学と映画関係者が集まった強力なコンソーシアムを形成している[2]。DCCJはすでにハリウッドにおいて映像評価実験を行っており，ハリウッド技術関係者から超高精細ディジタルシネマとして高い評価を受け，DCIが進めるディジタルシネマの標準化に大きな影響を与えている。

17.3.2　LSDIの標準化動向

　2003年3月に開催された，ITU-R TG6/9の会合で作り出された言葉がLSDI(Large Screen Digital Imaginary)である。また，2003年4月のNAB2003にて開催された，ディジタルシネマ・サミットで生み出された言葉がODS(Other Digital Stuff)である。意味は，"pre-feature material, live events, HDTV screenings"すなわち，ディジタルシネマ以外への大画面映像システムの活用である。これらに共通するのは，劇場のような環境下における，高品質で大きなスクリーンを用いたエンターテイメントのための配信システム標準化である。これにはディジタルシネマのみならず，高臨場感ライブ中継，スポーツ，ミュージカル，演劇などが想定されている。ITU-Rは基本的に放送の世界における標準作りであり，劇場へのこのような配信の規格作りを始めている。実質的な標準化はこれからであるが，ディジタルシネマのみならず，放送の観点からも標準化が進められようとしている。

　これらの概念を大きく進展させたのは，プロジェクター技術の大きな進歩であろう。つまり，DLPあるいはD-ILAというデバイス技術に基づく新型プロジェクターの登場である。これまでの高解像度のプロジェクターは

CRT管を用いて構成されていたため，画面の明るさに限界があり，映画館で実際に使うには至らなかった。しかし，TI社は画素数分の微少な鏡を百万個並べたDMD（Digital Micromirror Device）の開発により，非常に輝度の高い映像を得ることに成功した。日本ビクターも，D-ILAと呼ばれる高解像の反射型液晶を用いることにより明るい映像を実現した。これにより，映画館のような環境での使用に耐えうる非常に高精細な明るいプロジェクタが登場し始めた。TI社のDLP型では2048×1080画素の解像度が実現されており，日本ビクター株式会社のD-ILAでは3840×2048画素が実現されている。なお，プロジェクタと同様に高解像度の動画カメラの開発も進み，プロトタイプではあるが日本ビクター株式会社およびオリンパス株式会社より2000本の解像度を有する動画カメラの開発も2002年に報告されている。これらはLSDIによるライブ中継を可能とする映像入力装置である。

17.4 超高精細ディジタルシネマの配信実験

HDTVの品質を超えるディジタルシネマの配信実験として，800万画素の超高精細ディジタルシネマによるネットワーク配信実験がNTTにより試みられている[3]〜[5]。

- 2001年10月東京シネマショーでの予告編配信・上映
- 2002年3月国際ディジタルシネマシンポジウムでの2時間ハリウッド映画のディジタル配信・上映（300Mbps）
- 2002年10月 Internet2大会（ロサンゼルス）での長距離伝送実験（3000kmの伝送）

これらの実験に用いられたディジタルシネマ配信システムの詳細を紹介し，その実験内容を紹介する。

17.4.1 ディジタルシネマ配信システムの構成

2002年3月に開催されたディジタルシネマ国際シンポジウム2002において，800万画素ディジタルシネマ配信システムを1Gビットのメトロイーサに接続し，IPストリーム伝送による完全ディジタル配信・上映実験を行った[3]。東宝東和の協力のもとに，101分のハリウッド映画「トゥームレイダー」

17.4 超高精細ディジタルシネマの配信実験

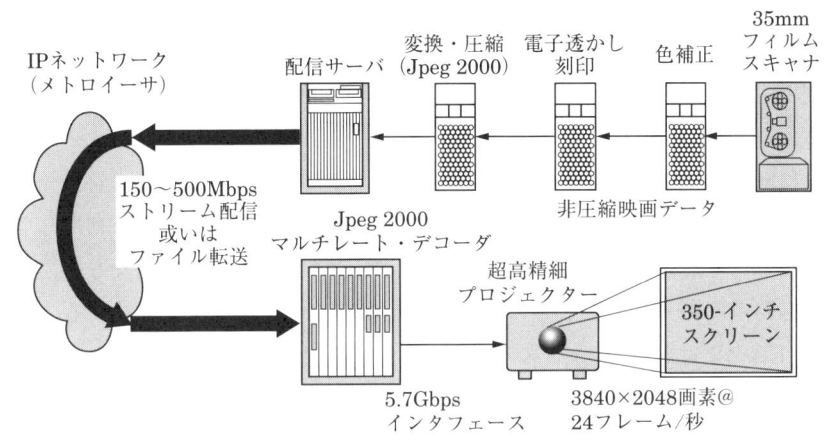

図 17.5 800万画素超高精細ディジタルシネマ配信システムの構成

を完全ディジタル化しての配信実験であった。このシステム構成を図17.5に示す。本節では配信システムの概要を述べる。

(1) フィルム・ディジタル化

ハリウッド映画「トゥームレイダー」の素材はデュープ・ネガで提供された。このデュープ・ネガを使って日本国内用の上映フィルムが実際にプリントされた。デュープ・ネガはIMAGICAのディジタル・フィルムスキャナーIMAGER XEを用いて1コマごとにスキャンしてディジタル化した。これはCCDを採用した高解像度フィルム・スキャナーで，35mmフィルム(4p)を最大4096×3112画素，14ビットRGBで取り込むことが可能である。同作品はシネマスコープ（アスペクト比2.35：1）であり，プロジェクタの表示可能な最大サイズとして，3840×1634画素で取り込んだ。総コマ数は144000フレームである。さらに色補正を行い，RGB形式のTIFFデータをフレームごとに得ている。これがディジタル・マスター・データとなる。

(2) 符号化処理

ディジタル・マスター・データに，ネットワーク配信を行うために最初に処理すべき作業は，ディジタル権利管理(DRM)のための「電子透かし」を入れることである。電子透かしはその名前から推察できるように，人間の目では見ることができないけれども，特別な透かし検出装置にかけると刻印され

た権利関係を読み取ることのできる電子的なマークである。

　次に，この大量のデータを人間の視覚では映像品質の損失がわからない範囲で圧縮を行う。これは「Visually Lossless Coding」などと呼ばれている。本配信実験で利用している符号化方式はJPEGである。一個のフレームごとに画像を圧縮・符号化する方式である。テレビのような動画像の符号化には，高圧縮を目的としてMPEG-2と呼ばれるフレーム間の相関を利用して圧縮する方式もある。しかし，①動画像の一コマごとの編集が行えない，②伝送路誤りが発生したときに，その影響が前後のフレームに波及する，③MPEG-2では2000本クラスの解像度に対する規格が未定である，などの問題点があり，JPEGで約1/10〜1/15程度に圧縮して高品質を実現した。その結果，圧縮された画像のデータ量は約160ギガバイトとなっている。この配信用データがNTT東日本のデータセンター（飯田橋）に設置されたコンテンツ配信サーバー上にアップロードされ，上映会場である銀座ヤマハホールへ配信された。

　音声に関しては，6チャンネルで編集された素材をDA-88規格のマスターテープによりディジタル素材として提供を受けた。音声の総容量は約3ギガバイトであり，映像情報に比べると十分容量が少ないので，非圧縮のまま配信に用いた。

(3) マルチレート・デコーダ

　コンテンツ・サーバーよりネットワークを介して配信されたディジタルシネマのデータを受け取り，高速に復号化し，800万画素の画像を再生する装置がマルチレート・デコーダー（復号装置）である。この装置はリアルタイムで処理を行う必然性のため，ハードウェアで実現されており，内部は32個のJPEG演算ユニットを並列に動作させて高速処理を実現している。出力画像のサイズは要求に応じて可変であり，このような柔軟性は並列信号処理構成とFPGAを中心とするフレキシブルな回路構成を全面的に採用することにより実現している。

　2002年3月の実験に用いたマルチレート・デコーダーは，JPEGを採用しているために各画素はRGB各8ビットでの表示となっている。コンピュータグラフィックスの表示には10ビットが望ましいと言われている。これは

JPEG方式をJPEG2000という最新方式に変更することにより対応できる。同年10月のインターネット2における伝送実験では，RGB各10ビットの画像データを用いたJPEG2000方式のマルチレート・デコーダを用いた[5]。

(4) 超高精細プロジェクタ

国際シンポジウムが開催された銀座ヤマハホールのスクリーン幅は約8mであり，対角で表すと約350インチのスクリーンになる。スクリーンの背面にスピーカが配置されており，スクリーンは穴あきである。このスクリーンに解像度800万画素で24フレーム/秒の映画をディジタルで上映するために，日本ビクターで新しく開発されたD-ILA方式反射型液晶プロジェクタを用いた。これは1.7インチD-ILA素子をそれぞれRGB用に3枚用いて実現されたプロジェクタである。D-ILA素子は，シリコン基板上に垂直配向の液晶を挟む形で細かく分割された反射画素電極と透明電極が配置されている。反射画素電極は電極であるとともに，液晶を通過した光源からの光をほぼ100％反射させる鏡の役目も果たしており，開口率92％を実現している。これにより，5000ANSIルーメンの大光出力と750：1の高コントラスト比を実現している。

17.4.2 超高精細ディジタルシネマ配信実験

ネットワークの大容量化に伴い，より高品質な映像が簡単にIPネットワークを介して通信できるようになりつつある。本書では，超高精細ディジタルシネマに関する配信実験の現状を述べる。

(1) 転送方式について

例えばVoIP（Voice over IP）にみられるように，IPプロトコルを流用することによりユーザは通信費用の大幅なコストダウンが期待される。同時に，装置開発に関しても汎用品を活用することにより大幅な開発費用のコストダウンが期待できる。またブロードバンドNW自身も，TCP/IPプロトコルを利用した使い勝手の良い高速ネットワークを目指している。この三者の利害が一致し，IPを活用したブロードバンドNWがますます普及すると考えられる。このような状況にあるので，超高精細ディジタルシネマの配信についても，今後IPネットワークを用いたシステムがますますコストの面で有利になると考えられる。

ここで，ディジタルシネマの配信を考えるときに，あらかじめスケジュールに従い，各映画館まで事前にファイル転送を行う方式と，上映ごとにストリーム配信を行う方式が考えられる。これはネットワークのコストと著作権処理に絡んでのコントロール方式により選択されることになる。複製の管理に関しては様々な意見があり，ファイル転送・保存・上映・消去の管理運用を難しいと問題視する向きもある。

　なお，ファイル転送は一般に低速でもよいと考えられ，衛星通信を用いた方式などが検討されている。しかし，日本でも最新作の「ハリーポッター」では約900本程度のコピーが作成・配給されており，数百 Giga Byte のファイルを900本も伝送するためには，ブロードバンドNWの活用が不可欠となることは容易に推察できる。

(2) メトロイーサによるIPストリーム配信実験

　2002年3月のハリウッド映画「トゥームレイダー」の800万画素ディジタルシネマ上映実験では，配信方式として非常に画期的なIPストリームを用いたネットワーク配信を行った。映像配信システムはすべて高性能な汎用品であるGbEを用いて構成し，これを効率的に活用できる高速伝送用プロトコルを組み込んだ専用のソフトウェアを開発した。特にこの実験では，NTT東日本のセンター（飯田橋）に設置されたコンテンツ・サーバーより，上映会場である銀座ヤマハホールにメトロイーサ（NTT東日本が提供するビジネス用IPネットワーク）を介して，TCP/IPストリーム方式を用いて配信した。その伝送レートは平均で約300Mbpsであり，光ファイバーを用いて放送と同じような感覚で，しかもオンデマンドによりディジタルシネマを鑑賞することが可能となった。ただし，その帯域はBSディジタルにおけるハイビジョン放送より一けた上の値となっている。なお，メトロイーサとは，伝送路としてイーサネットプロトコルを用いて構成されるアーバンエリアのネットワークサービスである。

(3) Internet 2 での配信実験

　2002年10月にロサンゼルスで開催された次世代インターネットであるInternet 2に関する会議において，800万画素超高精細ディジタルシネマの長距離・高速配信実験をイリノイ大学，南カリフォルニア大学と共同で行っ

17.4 超高精細ディジタルシネマの配信実験

た。実験は，シカゴの配信サーバーよりロサンゼルスに設置したディジタルシネマ上映システムまで約3000kmの長距離を300Mbpsの速度にてIPストリーム配信するというものである[5]。IPネットワークのパスは，次世代高速ネットの実験網であるInternet 2の，高速バックボーンであるABILINEを経由して南カリフォルニア大学までルーティングされた。ネットワークの構成図を図17.6に示す。同図より，6段のルータを介しての中継であることがわかる。また，Internet 2に関しては，実際に他のヘビー・ユーザとネットワークをシェアしながらの配信実験でもあった。配信した素材は800万画素の超高精細ディジタルシネマであり，イリノイ大学NCSAのスーパーコンピュータで精密に計算して描き出された宇宙をビジュアル化した「NOVA」という作品と35mmフィルムより解像度2000本にてディジタル化した「明日からの記憶」(大森一樹監督)の一部を用いた。

超高精細ディジタルシネマ配信システムには，すべて高性能な汎用ギガビットイーサ(GbE)のボードが装着され，符号化方式としてはJPEG2000を

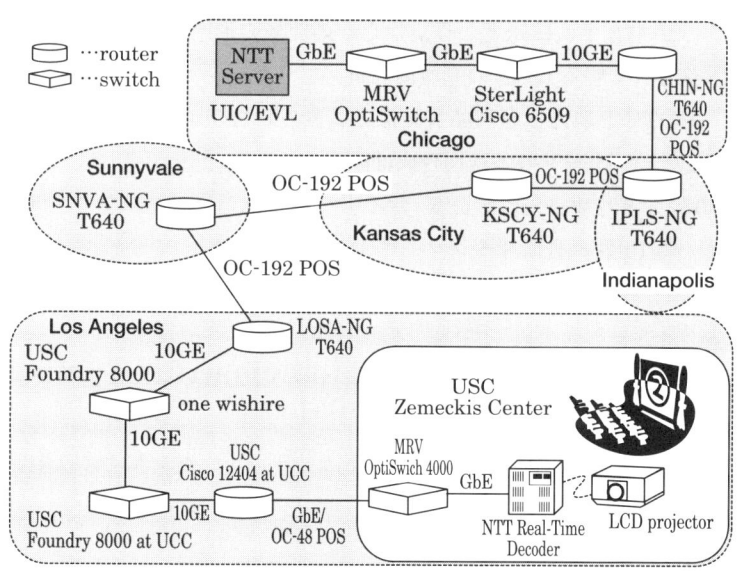

図 17.6 Internet 2において800万画素の超高精細ディジタルシネマをシカゴからロサンゼルスまで3000kmの距離を300Mbpsの速度でIPストリームで配信実験に成功 (RTT=59msec, マルチTCPストリーム伝送)。

用いた．ネットワーク伝送方式としてはTCP/IPプロトコルを用いたが，伝送帯域を共有しているインターネット環境下において一本のTCPストリームでは十分な速度が出ないため，長距離高速伝送用に開発された64本のマルチTCPストリーム方式を用いて多重化して伝送した．これにより，一般のインターネットで使われているIPネットワークを介して非常に高精細な映像情報を問題なく長距離伝送できることが示された．

以上紹介したように，ディジタルシネマの配信ですらIPプロトコルを用いてIPネットワークを介して配信が行われようとしている．今後ますます様々なメディアがIPネットワークに統合され，低コストで伝送されるものと考えられている．

17.5 生ライブ中継実験

800万画素クラスの動画像カメラの登場により，ディジタルシネマ以外にも，様々な高品質コンテンツの伝送実験が開始されている．中でもライブ中継は，リアルタイム伝送という点からその究極の形態である．まさにITU-Rで議論されているLSDIの究極高品質アプリケーション例である．現在までに，HDTVを超える超高品質画像で試みられたライブ中継実験を以下に示す（ただし，HDTVの多画面合成は除く）．

- 2002年8月29日SKF松本（サイトウ・キネン・フェスティバル松本）からNTT武蔵野研究センターへオペラの生中継
- 2002年9月7日SKF松本からNTT武蔵野研究センターへオーケストラ演奏（ベートーヴェン「第九」）の生中継
- 2003年3月1日国立競技場（新宿区）からCRLけいはんな情報通信融合研究センターへのサッカー生中継

いずれも，800万画素クラスの動画用カメラを用いた，非常に臨場感あふれる映像の伝送実験である．

17.5.1 HIKARIライブ実験

2002年8月19日から9月12日に長野県松本市で開催された，2002SKF松本（2002サイトウ・キネン・フェスティバル松本）において公演された題

目の中から，8月29日のオペラ，ブリテン「ピーターグライムズ」，および9月7日のコンサート，ベートーヴェン交響曲第九番ニ短調「合唱付き」〈作品125〉の模様を，会場である長野県松本文化会館からNTTの光ファイバ網を通じて，NTTの武蔵野R&Dセンター講堂に映し出し，音響を含む高臨場感の伝送がどこまで可能かの配信実験を行った。この実験では800万画素の超高精細ディジタルカメラで撮影した動画コンテンツを，光ファイバ網を通して遠隔地に配信し，同じく800万画素超高精細ディジタルプロジェクタに映し出すという世界初の試みであった。また，オーケストラの音楽を鑑賞に値する高品質な品質で遠隔地に伝送するという観点から，非圧縮の音響伝送装置を使用した。これはステージ系のコンテンツをどこまで忠実に遠隔地で再現できるかという検証のためである。

　演出家の意図を尊重して，カメラワークなしでステージ全景が映し出せるという条件より，HDTVの4倍の解像度を有する800万画素動画像カメラを用いての実験となった。これはオリンパスにより新しく開発されたばかりのプロトタイプカメラであり，RGB三板式のHDTVカメラに追加のG信号用CCDを画素ずらし技術を用いて組み込み，さらに二次元ディジタルフィルタ技術を適用することにより実効解像度1600本を実現している。このカメラの出力は30フレーム/秒のプログレッシブスキャン方式である。このカメラは画面を4分割して出力しており，4チャネルのHD-SDIで出力される。この各HD-SDI出力を，NEL社のMPEGエンコーダシステムHE1000により各チャネルごとに約35Mbpsまで圧縮し，音響信号をこれに多重化して伝送した。高品質な伝送を目的としているので，ジッタの少ないATM回線を用いることにした。また，映像に関しては2チャンネルごとにATM156Mの回線に余裕を持って収容し，松本市から武蔵野市への配信を行った。ここで，問題になるのが4画面の同期である。MPEG-2方式にてフレーム間の圧縮を用いた場合，各チャネルごとの画像符号化に関して処理時間にずれが生じ，四分割の画面の同期が問題となってしまう。これを解決するために，マルチビジョン映像の同期化装置を，送信側のエンコーダの前と，受信側のデコーダの後に組み込んだ。これは時刻とフレーム番号を刻印し，それを元に4画面の同期をとるマルチビジョン用の装置である。また，音響信号に関

しても，映像と同期をとるために遅延装置を組み込み，260msの遅延を与え，映像と音楽との同期をとった[11]。

配信実験の結果は「ホールの感じが味わえた」，「思っていた以上に迫力があった」と概ね好評であった。また，舞台監督からは，まさにこのような映像メディアが欲しかったとのコメントがあった。その一方で，画像に関しては明るさの要求，音響に関してはCD的であるなど，いくつかの課題も明らかになった。今後のビジネス展開に向けてさらなるシステムの改良が期待されるところである。

17.5.2 サッカー中継実験

独立行政法人通信総合研究所がハイビジョンの4倍の解像度を持つ800万画素超高精細CMOS動画像カメラを完成させ，2003年3月1日および22日にこれを用いた超高精細画像ライブ伝送実験に成功した[6]。カメラの実解像度はハイビジョンの4倍である800万画素（3840×2048画素）であり，30フレーム/秒のプログレッシブスキャン方式を採用している。撮像管としてはCCDではなくCMOS素子技術を用いている。同カメラの構成はRGB三板式であり，各RGB信号ごとに800万画素の解像度を実現している。高解像度CMOSの採用により，RGB三板式動画カメラを実用レベルまで小型化することに成功している。

伝送方式としては，800万画素の画像を四つのサブ画像に分割し，ハイビジョン用のMPEG-2画像伝送装置を4台並列に用いて高解像度の画像の伝送を実現した。伝送路は通信・放送機構（TAO）が運用する研究開発用ギガビットネットワーク（JGN）を用いており，ATM 600Mbpsの回線を用いた伝送である。4台の画像伝送装置の同期のために，特殊な装置は用意していない。そのために，ハイビジョン用MPEG-2画像伝送装置をフレーム間非圧縮モードに設定し，各フレームでの符号処理時間を一定内に押さえ，単純に受信側に同期バッファをおくだけの構成としている。これは，低遅延のATMの特性を活用した構成であるが，ビットレートはフレーム間圧縮のモードより高くなる。

サッカー中継の内容は，ゼロックス・スーパーカップでのジュビロ磐田vs.京都パープルサンガの試合である。競技場の全景が映し出され，同時に

選手の背番号までがわかるという超高精細な画像ならではの臨場感あふれる試合を,遠く離れたけいはんなの研究施設に映し出し,成功を収めた。

光通信技術とディジタル技術が熟成し,ブロードバンドNW時代を迎えようとしている。これにより,インターネットがさらに高速化・大容量化を遂げ,映像に関しても超高精細画像までを含めてこのうねりの中に取り込まれようとしている。今後,従来の放送では考えられなかった多種多様の新たなブロードバンド映像サービスが生まれてくることを期待する。

参考文献

1) S. Ono, N. Ohta, and T. Aoyama : "Super High Definition Images beyond HDTV", Artech House Publisher, (1995)
2) T. Aoyama, S. Ono, K. Hagimoto, and T. Fujii : "The Emergence of Next Generation Digital Cinema ― Digital Cinema Consortium in Japan", Asia Display/IDW 2001, October pp.16 - 19 (2001).
3) 藤井,中村:"超高精細ディジタルシネマとそのネットワーク配信",映画テレビ技術,No.599, pp.33 - 37 (2002 - 7).
4) 藤井,白井,山口,野村,藤井,小野:「800万画素超高精細動画像のIP伝送システムとそのディジタルシネマ配信への応用」,画像学会 (2002 - 7).
5) Yamaguchi, Shirai, Fujii, Nomura, Fujii, Ono : "SHD Digital Cinema Disribution Over a Long Distance Network of Internet2", VCIP2003, (July 2003).
6) 通信総合研究所プレスリリース「800万画素超高精細カメラ映像のライブ伝送実験に成功～800万画素CMOS動画像カメラを実用レベルで完成～」http://www2.crl.go.jp/pub/whatsnew/press/030415 - 2/030415 - 2.html, (2003 - 4).
7) 浜田,金澤,岡野,「走査線4000本級超高精細映像表示装置および映像補正装置」,電子ディスプレイ研究会, (2002 - 9).
8) 佐藤,滝川,古賀:「次世代ブロードバンドIP網を実現するフォトニックMPLSルータ」, NTT R&D, Vol.50, No.103, pp.738 - 749 (October 2001).
9) 藤井「映画が変わる－ディジタルシネマの世界～ITUにおける標準化活動と日本における動向～」, ITUジャーナル, Vol.32, No.9, pp.36 - 39 (2002 - 9).
10) EDCF Technical : "IBC 2002 Technical report", http://www.digitalcinema-europe.com/technicaldocs/IBC%2002%20EDCF-T%20Status%20Report.pdf
11) 市森:「HIKARIネットライブ共同実験」, NTT HIKARI SYMPOSIUM 2003, (2003 - 2).

第18章

映像通信（TV会議）サービス

NTTレゾナント研究所　石橋 聡

18.1 はじめに

　マルチメディア通信という言葉が使われるようになって久しいが，その代表例として常にあがってきたTV電話・TV会議サービスは，期待された割には世の中に普及してこなかった。様々な阻害要因が挙げられているが，品質とコストが利用者のニーズに合っていなかったことが最大の原因であった。ところが，昨年来TV会議端末の出荷が大きく伸びてきている。昨今の情勢不安や地域的な疫病流行も後押ししているが，ブロードバンドネットワークを利用し，低コストと高品質を両立させた製品化が進んでいることが大きな要因と考えられる。さらに，ADSLやFTTH利用者の増加で，ビジネス利用だけでなく，ビデオチャットなど個人向けサービスも広がりつつある[1]。本章では，TV電話・TV会議サービスを中心に，普及の兆しが見えてきたブロードバンドネットワークを利用した双方向映像通信のサービスおよび技術動向について紹介する。

18.2 映像通信の変遷

　わが国における映像通信サービスは，図18.1に示すように，約30年前のアナログ映像技術によるTV電話・TV会議サービスに始まる。その後，ディジタル電話網（ISDN）により，ナローバンドではあるが公衆サービス化され，現在のブロードバンドを利用したTV電話・TV会議サービスに至っている。

	映像通信サービス	主な技術
1970年代	・(テレビ電話サービス，日本万国博覧会)	・アナログ映像伝送技術
1980年代	・(専用線テレビ会議サービス，東京～大阪) ・回線交換型テレビ会議サービス	・映像コーデック(符号化LSI) ・映像回線交換技術
1990年代	・ISDNテレビ電話・会議端末 ・LAN用テレビ電話端末 ・インターネットTV電話	・ISDN 64kbps～1.5Mbps ・ISDN用TV電話標準 H.320 ・動画符号化標準 H.261 ・LAN用TV電話標準 H.323 ・動画符号化標準 H.263 ・動画符号化標準 MPEG-2 ・ソフトウェアコーデック
2000年代	・PC利用TV電話ソフト(ビデオチャット) ・ASP型テレビ会議サービス ・ブロードバンド双方向映像通信サービス	・動画符号化標準 MPEG-4 ・ブロードバンド技術 　高速アクセス(ADSL，FTTH) 　常時接続，定額・低額接続 　VPN，セキュリティ

図 18.1　映像通信サービスの変遷

18.2.1　アナログ映像通信

1970年の日本万博において，アナログ映像伝送技術を用いたテレビ電話が実験された。これがわが国におけるテレビ電話のスタートである。その後，東京(帝国ホテル)～大阪(ロイヤルホテル)間で映像専用線を用いた国内初のテレビ会議サービスが開始された。1980年代には，公衆網ではないが，映像回線の回線交換技術が開発され，特定ユーザ間でテレビ会議が行えるようになった。当時，国内で数十ユーザに利用された。

18.2.2　ナローバンドTV電話・TV会議

1980年代末にISDNとそれを利用したテレビ電話端末構成方式(H.320)，動画圧縮方式(H.261)が相次いで国際標準化された。ISDN網の整備が進められると共に，各社よりテレビ電話，テレビ会議端末が商品化された。これにより，公衆電話網を利用して，電話感覚で誰とでも映像通信ができるようになった。

1990年前半は，ISDNと平行して企業内を中心にLANの整備が進展し，LAN上での映像通信のニーズが高まってきた。ISDN向けの映像通信技術をベースに，映像・音声データをパケット化して通信する技術(H.323)の標準化と，各社でLANの輻輳回避技術が開発され，企業内LANやインター

ネットを利用するテレビ電話，会議端末も製品化された。

18.2.3 ブロードバンド双方向映像通信

1990年後半から2000年にかけ，インターネットを中心にIPネットワークが急速に伸び，PCの処理能力向上とあいまって，PC上のソフトウエアで手軽にTV電話(ビデオチャット)ができるようになった。そして，この2～3年のブロードバンド技術進展で，ADSLやFTTHアクセスにより，常時・高速に，定額・低料金でインターネット利用が可能となり，低コストで高品質な双方向映像通信が実現された。また，ASP型のサービスが提供されるようになり，専用端末などを購入することなく，手持ちのパソコンだけでTV会議ができるようになった。

18.3 ブロードバンド映像通信とそのしくみ

ここでは，「ブロードバンド通信」を，ADSL以上の高速アクセスによるIPネットワーク上での通信と定義し，その上での双方向映像通信とそのしくみについて解説する。

18.3.1 ブロードバンド時代の映像通信サービスとその特徴

図18.2にTV会議サービスの端末画面例を示す。このように，複数の地点(多地点)を同時接続し，参加者全員があたかも同じ会議室にいるかのように，高品質な映像と音声をリアルタイムでやりとりして会議が行える。また，必要に応じて，会議資料を画面上で共有・閲覧できる。ある参加者のパソコン上のアプリケーションを全員で共有して，編集などの共同作業を行うこともできる。さらに，特定の参加者とテキストメッセージの交換による対話も可能である。

表18.1にブロードバンド映像通信によるTV電話・TV会議の特徴を示す。基本的な機能は従来のナローバンドでのTV電話・TV会議と変わらないが，ブロードバンド映像通信の大きな特徴は，(1) TV放送に近い映像・音声品質，(2) 通信料定額制による利用コストの低減，(3) パソコン利用によるパーソナル化，Webなど他のツールとの連携強化による利便性向上が挙げられる。

第18章 映像通信(TV会議)サービス

図18.2 PC利用多地点TV会議端末の画面例

表18.1 ブロードバンドTV電話・TV会議の特徴

		従来のTV電話・TV会議	ブロードバンドTV電話・TV会議
利用NW		アナログ電話網，ISDN	インターネット(ADSL, FTTH接続)，構内LAN
端末		専用端末，専用MCU	専用端末，専用MCU，パソコン(ソフトウェア)
通信速度，品質		128kbps以下が中心で，音声は携帯電話品質以下，映像は小画面のコマ送り的な簡易動画像	最大で数百kbps～数Mbpsの通信速度，固定電話以上の音声品質，TV放送に近い滑らかな動画像が可能
コラボレーション機能		単純な映像音声のやりとり，書画カメラによる資料共有	電子ファイルでの資料共有，Webや電子メールなどパソコンツールと連動
コスト	通信費	従量制	定額制
	設備費運営費	端末等の初期導入コスト，メンテナンスコストが高い	パソコンがあれば，ASP型サービス利用で初期コストは殆ど不要
その他		国際基準に準拠(H.320)し，異メーカの機種間でも相互接続可能	専用端末タイプは国際標準準拠(H.323)が多いが，パソコンタイプは独自仕様が多く，異機種間での相互接続不可

18.3.2 双方向映像通信の仕組み

IPネットワーク上で，端末Aと端末Bが相互接続し映像・音声をリアルタイムでやりとりするには，従来の電話網での通信同様，
(1) 相手のNW上のアドレス（電話番号に相当）を知り，発呼・呼接続する（セッションを張る）
(2) 相互にリアルタイムで映像・音声信号を送受し合う

ことが必要である．図18.3にIPネットワーク上でのTV電話のしくみを示す．TV電話端末AからTV電話端末Bへ発呼する場合，まず端末Aは呼制御サーバ（詳しくは後で述べる）へ接続要求を出す．呼制御サーバは端末Bへ端末Aからの接続要求を伝えるともに，端末Aへ端末Bのネットワーク上のアドレスを通知する．端末Bが接続要求に応じることで，端末Aと端末Bのセッションが張られる（呼接続）．一旦セッションが張られると，端末Aと端末Bは，呼制御サーバを介さずに直接相手のアドレスに対して映像・音声の信号を送信し合う．

次に，図18.4にIPネットワーク上での多地点TV会議のしくみを示す．3地点以上の複数の端末を同時接続する場合，各端末が直接相互通信（P2P接続）するのではなく，MCU（Multi point Control Unit）と呼ばれる会議サーバを経由することが多い．TV会議端末は，各々がまずMCUへ呼接続し，各端末の参加者の映像信号と音声信号をMCUへ送信する．MCUでは，一

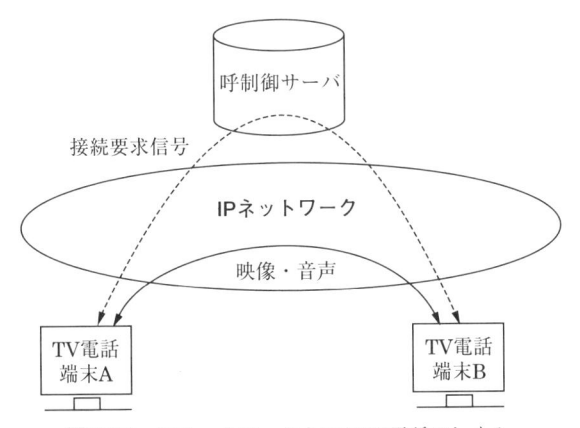

図 18.3 IPネットワーク上でのTV電話のしくみ

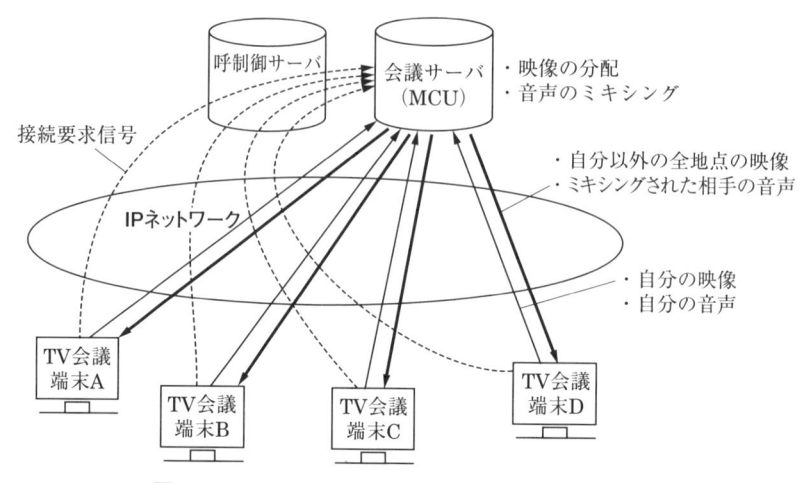

図18.4 IPネットワーク上での多地点TV会議のしくみ例

部あるいは全部の参加者の音声信号をミキシングし，各端末へ送り返す（この際，送信先端末の音声信号は引き算する）．映像については，全参加者の映像信号を複製し各端末へ分配する．なお，MCUを介さずに，複数の相手端末と同時にP2P接続（メッシュ接続）して多地点通信する場合もある．

18.4 IPネットワーク上での呼接続

前述したように，電話網における交換機が持つ呼接続機能がIPネットワーク上でも必要である．ここでは，その代表的な方式であるH.323とSIPについて概説する．

18.4.1 H.323[2]

H.320がディジタル電話網（ISDN）上でのマルチメディア端末の呼接続を制御するプロトコルであるのに対し，H.323はIPネットワーク上での呼接続プロトコルである．通信関連の標準化団体であるITU-Tで国際標準として策定された．呼接続とは，相手がネットワーク上のどこにいるかを探し，自分と相手がどういった通信手段（映像，音声などメディアの種別，通信速度など）で接続できるかをネゴシエイションし，「呼を確立する」あるいは

「呼を張る」ことである．H.323による呼接続では，一般的に「ゲートキーパ」と呼ばれる専用装置を介して行う．これまでインターネットの世界では呼接続という概念は薄く，パケット単位で相手のアドレスへ個々にデータを送りつけるだけであったが，電話同様「相手を呼び出す」必要があるサービスを行うために，こういった仕組みが必要となってくる．こうすることで，通信相手を特定したり，呼び出しをしたり，時間や通信量単位の課金を行ったりすることが可能となる．またIPネットワークは，回線交換型のISDNなどと違い，パケット通信である上に，通信速度の変動や一部のパケットが廃棄されることもある．このような条件下で，回線交換に近い通信品質を実現する必要がある．こういったサービスの特性やネットワーク特性に対処するために，H.323が策定された．H.323では，呼接続の規定だけではなく，実際の通信に利用されるメディアの符号化方式も規定することで，相互接続性の向上を図っている．映像符号化はH.26xシリーズ規格，音声符号化はG.7xxシリーズ規格で定める符号化方式を用いるよう規定されている．

18.4.2 SIP[2]

SIP (Session Initiation Protocol) は，マルチメディア通信の呼接続制御を目的としたプロトコルである．インターネット関連の標準化団体であるIETFで策定された．前述のH.323同様，相手を呼び出して通信するための制御を行う．SIPにおける呼接続規定はH.323とほぼ同じで，接続相手のネットワーク上の位置，通信路の確保，呼の確立などである．SIPがH.323と大きく異なる点は，テキストベース（文字コード）で制御のやりとりを行うことである．Webで用いられているHTMLの表現と似ており，インターネットで用いられる他のプロトコルとの親和性が高い．また，SIPは単に呼制御を規定するだけであり，呼の確立後の実際の通信で用いるメディア（映像・音声）の符号化方式については規定していない．したがって，メディアの符号化方式としては，前述のH.26xやG.7xxに加え，MPEG方式や独自方式など様々な方式が用いられている．呼制御のために，H.323がゲートキーパを用いるのに対し，SIPではSIPサーバと呼ばれる装置を用いる．

18.4.3 NAPT，FW通過の問題

H.323やSIPを用いて呼接続し双方向通信を行う上で，インターネット特

有の問題がある。図18.5にNAPT（Network Address Port Transration）やFW（Fire Wall）を経由した接続例を示す。NAPTとは，ブロードバンドルータなどに装備されている機能で，インターネット上のグローバルIPアドレスとルータ配下のプライベートIPアドレスを変換する。また，TCP/UDPのポート番号の変換も行う。FWとは，社内LANなどローカルなネットワークを，インターネットなど安全性が保持されていないネットワークから守るための機能で，不要なパケットをフィルタリングする。TV電話・TV会議端末が直接インターネットに接続されている場合は問題ないが，NAPT付きルータやFWを経由して接続されている場合，SIPサーバや端末相互間で相手のIPアドレスが確認できない，TCPやUDPパケットがフィルタリングされてしまうなどで呼接続ができない，映像・音声信号が送受できない，などの問題が発生する。図中の表に例示するように，この問題への

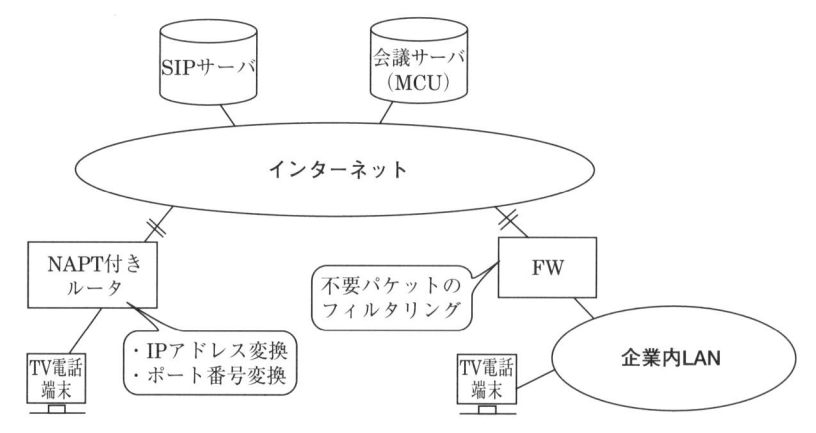

主な対処方式	概要	ユーザメリット	ユーザデメリット
STUN方式	STUNサーバとクライアントによりNAPTを通過	既存ブロードバンドルータをそのまま利用可	FWには対応不可
HTTPトネリング方式	HTTPに信号・メディアをカプセルしNAPT/FWを通過	ほとんどの環境で利用可能	品質劣化著しい（特にリアルタイム系）
UPnP方式	UPupルータとクライアントでNAPT等を通過	家庭用として国内での普及が見込まれる	UPnP対応ルータが必要
ALG方式	ALGでSIPシグナリングに同期してNAPT/FWを制御	クライアントで意識不要	SIP対応ALGが必要
MIDCOM方式	SIPプロキシとNAPT/FWが連動	クライアントで意識不要	MIDCOM対応ルータ必要

図 18.5　NAPT，FWを経由した映像通信

様々な対処方式が検討されているが，一長一短あり，抜本的な解決策はまだなく，現時点では個々のケースに応じて対処法を選ぶ必要がある。「安全」と「便利」という相反する条件を両立させる困難な問題であるが，ブロードバンドサービス普及の根幹技術の一つである。

18.5 双方向映像通信[3]

図18.6に，インターネット上での映像通信のモデルを示す。送信側端末のマイクとカメラから入力された音声信号と映像信号を，リアルタイムに受信側端末へ伝送し，受信側端末のスピーカとモニタディスプレイで再生する。入力された音声・映像信号はディジタル符号化され，それぞれパケット分割される。音声と映像のパケットは多重化され，インターネットを経由して受信側へ送られる。この際，インターネットの特性である，(1)信号遅延，(2)ジッタ（伝送時間のゆらぎ），(3)パケット落ちを想定して伝送する必要がある。信号遅延は，ルータやハブでのパケットリレー処理，送受信のバッファリング処理により発生する。ジッタは，転送ルートの違いやトラフィックの変化で遅延時間がゆらぐことで起こる。また，パケットは必ず相手に届くと

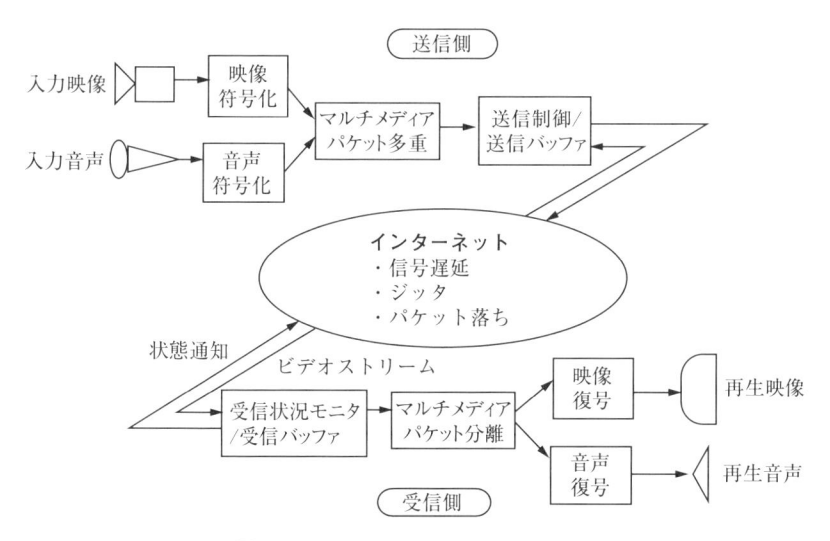

図 18.6 インターネット上での映像通信モデル

は限らず，途中の経路で廃棄されることがある。リアルタイム通信では，これらの影響により音声の途切れや映像の乱れが発生することがある。これを抑止するため，送信側・受信側双方にバッファを設ける，パケットロスに強い音声・映像の再生方式を用いる，などの工夫がなされている。

また，通信容量とメディアの符号量の関係も考慮する必要がある。現在，ブロードバンドと呼ばれるIPネットワークでは，ADSLで数百kbps程度，FTTHで最大数Mbpsの通信容量が想定されている。電話品質の音声の場合，8bit精度，8kHzでサンプリングした場合，非圧縮(PCM)で，音声信号のビットレート64kbpsとなる。これに対し映像は，VGAサイズ(640×480画素)で秒30コマ，1画素当たり16bit精度として，ビットレートは約150Mbpsとなり，音声に対して圧倒的に大きな通信容量を必要とする。このため，圧縮符号化方式と呼ばれる映像符号化技術が適用され，可能な限り原信号の品質を劣化させずに，ビットレートを大幅に削減して伝送する。図18.7に，映像通信に用いられる国際標準映像符号化方式を示す。品質劣化は大きいが数十kbps程度で映像伝送が可能なH.263から，ハイビジョンクラスの映像をほとんど品質劣化なく伝送可能なMPEG-2など，用途に応じて適用される。MPEG-4やH.264は最新の符号化方式で，最近のTV電話・TV会議サービスでは広く利用されている。なお，一般に最新の方式ほど符号化効率(圧縮率と映像品質のバランス)が高いが，処理負荷も大きく，こ

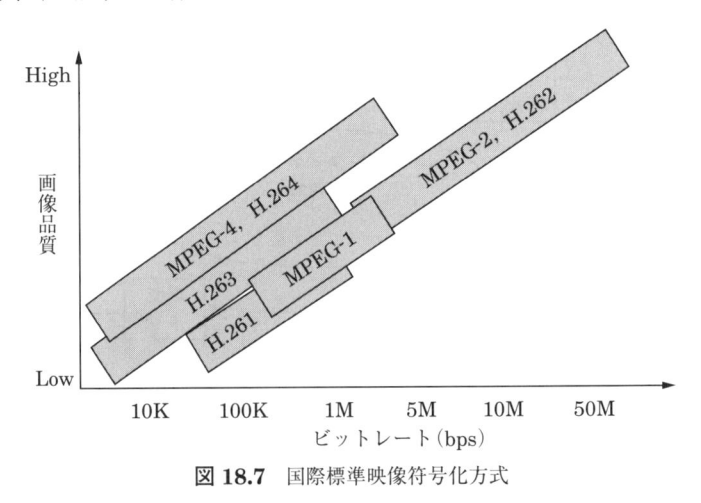

図18.7 国際標準映像符号化方式

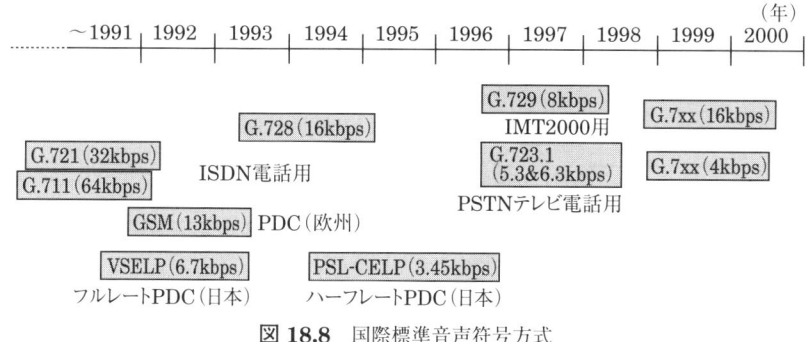

図 18.8 国際標準音声符号方式

れらの方式をソフトウエアで実現する場合，端末装置の処理能力などにも配慮したシステムを構成する必要がある．

図18.8に，音声通信に用いられる国際標準音声符号化方式を示す．音声の伝送については，ブロードバンドでは通信容量の問題はないが，アナログ電話，携帯電話などTV電話・TV会議以外の様々な音声通信サービスとの相互接続などを考慮して，方式を選択しなければならない．

18.6 会議支援機能

TV会議等では，単純な映像と音声を介した対話機能だけでなく，説明資料の提示や議事の記録など，会議を支援する付加的な機能が利用されることが多い．これらを会議支援機能と呼ぶ．

表18.2に会議支援機能の例を示す．最も代表的な機能は資料共有機能である．会議参加者全員の端末画面上に同じ資料を表示して，プレゼンテーションや一部を指し示して議論を行うことができる．資料共有の実現方法は2通りある．一つは資料の電子ファイルを共有し，これを個々の端末のWebブラウザやワープロソフトで同期させて表示させる方法．もう一つは，資料ファイルは共有せず，資料提供者のパソコンの画面イメージを参加者へ配信し共有する方法である．前者は電子ファイルを配布するので，個別に自由に資料閲覧ができるが，個々の端末に表示ソフトが必要である．後者は表示ソフトが不要であるが，パソコンの画面のビットマップを送信するため大きな

表 18.2 主な会議支援機能

機能名	概　要
ファイル転送	会議資料等の電子ファイルを相手に転送する。
資料共有	参加者全員の端末の画面上に，同じ会議資料を表示（共有）する。ページめくり等を遠隔で同期して行うことができる。
ポインタ共有	共有した資料上に，マウスカーソル等のポインタを表示し，議論の箇所等を指し示す。参加者個々のポインタを同時に表示できる。
ホワイトボード共有	参加者全員の端末の画面上に，共通のホワイトボードを表示する。自由に文字表示や描画ができる。
アプリケーション共有	特定の参加者のパソコン上で動作しているアプリケーションを，参加者全員で共通に利用できる。文書の共同編集作業に有効。
相手カメラ制御	相手のカメラを遠隔操作（ズーム，パン，チルト）できる。遠隔講義や遠隔監視等に有効。
会議録画・再生	会議で流れている全参加者の映像・音声パケットをキャプチャし蓄積する。後で再生できる。
テキストチャット	IM（インスタントメッセンジャー）と同様に，特定の相手あるいは全員とテキストでのメッセージを交換する。ログとして残すこともできる。
暗号化通信	送受する音声・映像信号を暗号化し，セキュリティを向上させる。
音声端末接続	映像通信はできないが，アナログ電話や携帯電話等の音声端末から会議に参加できる。

通信容量を必要とする。

　このほか，会議支援機能として，会議中に特定の相手とテキストでのメッセージ交換，会議の録画再生，暗号化通信，電話（固定電話や携帯電話）からの音声だけでの会議参加などがある。特に，会議の録画再生では，符号化されたディジタル信号をそのまま記録可能であるため，コピーや編集・改ざんが容易に行える。このため，参加者のプライバシー保護や著作権，情報セキュリティ確保について配慮されたものにする必要がある。また，固定電話を始め，携帯電話やISDNのTV会議等従来の通信サービスとの相互接続も重要な機能であり，出先からのオンラインでの状況報告や，本部と現場間でのスピーディな意思決定を可能にする。

18.7　TV会議製品とサービスの動向[1]

　現在，提供されているブロードバンドTV電話・TV会議サービスは，専

用のTV電話・TV会議端末や会議サーバ(MCU)を購入し会議システムを構築して利用する形態と，手持ちのパソコンに専用ソフトウエアをダウンロードし，ASPで提供される会議サービスを利用する形態がある。専用端末については，市販製品のほとんどがH.323方式に準拠しており，異なるメーカ間の相互接続性が高く，また，H.323準拠のMCUに接続することで多地点会議ができる。ただし，装置コストが高く，従来のように離れた会議室同士をつないで，それぞれ複数人で利用することが多い。これに対し，パソコン利用のものは，オフィスの自席での個人利用を想定したものが多い。会議用の専用ソフトウエアは無料のものが多く，同時に接続する数に応じて料金が設定されるサービスが主流である。また，パソコン利用のものは，前述の呼接続方式や音声・映像の符号化方式がベンダ間で統一されておらず，すべてが独自方式のものも多い。このため，一企業などに閉じて利用する場合は問題ないが，企業間あるいは顧客などと通信する場合は相互接続性の問題が生じることがある。ブロードバンドTV電話・TV会議サービスが，現在の電話サービスのように普及するためには，どのような端末からでも，どのようなネットワーク経由でも相互通信可能となることが重要である。

18.8　今後の方向

　ブロードバンドTV電話・TV会議サービスについて，その仕組みの概要と核となる技術について述べた。これらサービスは，ようやく普及に向けたスタート地点に立ったばかりであり，サービス品質のさらなる向上が望まれる。今後解決すべき技術課題を品質の観点から整理すると，以下のように考えられる。

(1) **接続品質**　IPネットワーク上での呼制御を実現し，相互接続性の確保，ユーザ認証・従量課金などの端末管理を可能にすること。

(2) **伝送品質**　IPネットワークの特性(伝送遅延，ジッタ，パケットロス等)を考慮し，遅延が少なく途切れやノイズのない高品質双方向リアルタイム映像・音声伝送を実現すること。

(3) **安心品質**　ユーザの利便性や操作性を阻害することなく，外部ネッ

トからの攻撃を防御し，なりすましや盗聴の防止を実現すること．

具体的には，①相互接続性確保，②ユビキタス性の実現，③高品質化，④会議支援機能の充実，⑤セキュリティ強化などが急がれる課題である．上記①については，現在ITU-Tで，呼接続を統一的に扱う規格H.350の検討が進められている[4]．②については，TV電話機能を有する第3世代携帯電話との相互接続を可能にするゲートウエイ装置[5]が製品化されつつあり，これにより，移動中でも多地点TV会議に参加可能となる．③については，インターネット経由でTV放送並みの品質で通信可能なサービスが始まっている[6]．また，TV電話の新しい機能として，通信開始時に，いきなりカメラで撮影した自分の映像を送るのではなく，アバタと呼ばれるマンガやCGで作成した似顔絵で対話し，状況に応じて自分の映像に切り替えられるものが開発されている[7]．

今後ブロードバンド映像通信がより身近なものになるには，いつでも，どこでも，誰とでも，簡単に，高品質に，安心して，安価に通信できるための，さらなる技術開発がなされることが不可欠である．これらがネットワークの進展[8]と相まって，ブロードバンドビジネスの活性化につながると考える．

参考文献

1) 帰ってきたテレビ電話：日経コミュニケーション，2003年6月9日号，No.392, pp.61-78 (2003).
2) 大久保栄，川島正久：「要点チェック式H.323/MPEG-4教科書」，IEインスティテュート(2001).
3) 酒井善則，石橋 聡：「ディジタル情報表現の基礎－音声・画像の符号表現」，サイエンス社(2001).
4) http://middleware.internet2.edu/video/docs/H.350/
5) 「3G-324Mゲートウエイパッケージ」http://nttiivs.ntt-me.co.jp/what/news2003/3g324m0303.html
6) 「WarpVision(ワープビジョン)」のサービス提供開始について http://www.ntt-bb.com/newsrelease/newsrelease.cgi?id= 49
7) 3Dキャラクタの顔表情によるリアルタイムコミュニケーションソフトウェア「FaceCommunicator^R-BBE」を販売開始 http://www.oki.com/jp/Home/JIS/New/OKI-News/2003/10/z03068.html
8) "光"新世代ビジョン―ブロードバンドでレゾナントコミュニケーションの世界へ― http://www.ntt.co.jp/news/news02/0211/021125.html

第19章

e-Learningサービス

東京電機大学　髙橋時市郎

19.1　e-Learningの問題点

　1990年代，インターネット技術の急速な発展により，教育は大きく変貌すると期待された。World Wide Web(WWW)を経由して，世界中どこにでも，マルチメディアで作成されたインタラクティブな電子教材を容易に配信できる。その上，学習進捗管理までもWWW上で行える。「いつでも，どこでも」学習できる環境を提供できるWBT(Web-based Training)システムは，教育改革の担い手として大いに注目を集めた。しかし，当時，WBTによる学習で次の二つの点が大きな問題となった。一つは，ネットワーク，PCを含む情報通信インフラ環境の問題であり，もう一つは，良質のコンテンツがまったく不足していることであった。

19.1.1　情報通信インフラ

　当時のアナログ電話回線やISDN回線を主体とした数十～128Kbps程度の通信インフラストラクチャでは，マルチメディアコンテンツを配信するには不十分であった。今となっては問題にならない数十～数百KB程度のコンテンツのダウンロードと，動画を含むマルチメディア教材の扱いにPCの能力が追いつかないことが深刻な問題であった。小中学校の1クラス数十人が同時にアクセスした場合，数百KBの教材をダウンロードして表示するだけで十数分が費やされ，それを活かした学習には至らないありさまであった。

　こうした問題は，1990年代後半になって到来したブロードバンドネットワーク技術と，その普及を推進した学校インターネットプロジェクトやe-

Japan戦略などの後押し政策によって，解決されつつある．

　平成12年度現在，インターネット接続率は，小学校で約80%，中学校で約90%，高等学校で100%であるが，平成15年度末には接続率100%到達が見込まれている．総務省が推進してきた「学校インターネット」プロジェクトによって，全国の小中高4万校中，約半数の1万8千校が高速ネットワークで常時接続されているなど，教育現場での通信インフラの整備は着実に進んでいる[1]．

19.1.2　教育コンテンツ

　もう一つの深刻な問題は，コンテンツである．良質のコンテンツを開発するための様々な施策をもってしても，21世紀となった現在，なお抜本的な解決を見ていない．誰もがわかる良質な教育コンテンツの制作には手間がかかり，コストが高いことが社会的に認識された．

　このコンテンツ問題の打開策として期待されたのが，大学等での講義をアーカイブし，WWW経由で配信する方法である．これによって，コンテンツ制作コストの大幅削減が期待された．時あたかもブロードバンドネットワーク時代の到来である．数百Kbps～数Mbpsという大容量の映像コンテンツ配信が可能となったのである．多くの著名大学がこの方式を採用して，e-Learning市場に参入を企画した．この流れは，キラーコンテンツを渇望していたブロードバンドネットワーク企業の思惑とも合致したため，一段と加速された．つまり，教育は再びブロードバンドネットワーク時代の一翼を担うものと期待されたのである．

　事実，米国では，このストリーミングメディアによるe-Learning方式を中核とした大型投資が2000年に相次いだ．例えば，バーチャルテンプル，ニューヨーク州立大学オンライン，コロンビア大学ファソムコンソーシアム等．しかし，その多くは見直しや撤退を余儀なくされているのが現在の状況である．

　その理由は，ブロードバンドネットワークの特質と教育との相性を考慮しなかった短絡的戦略によるところが大きい．教える側から学ぶ側への知識の転送という一方向性の学習者モデル，overlayモデルだけでは，多様な教育スタイルに対処できない．高度な学習者モデルや教育のあるべき姿を探る本

質的な議論よりは，進展するIT技術を教育現場にどう持ち込むかにフォーカスが当たっていた面は否めないであろう．

19.1.3　ネットワークを活用した教育スタイルの模索

こうした反省に立って，教える側と学ぶ側とのインタラクションに注目が集まりつつある．特に，学習者の興味・関心を喚起し，それをいかに持続させるか，学習の意味付けを与える教師のかかわり方の重要性が見直されている．ブロードバンドネットワークは，そうした教師と学習者との双方向性を別の形で実現できる新しい可能性を秘めている．最新のe-Learningシステムは，こうした認識に立って，教える側と学ぶ側のデリケートなインタラクションをシステムとしていかに実現するかに力点が置かれている．

例えば，スタジオで収録した講義とライブで収録した講義をアーカイブ化して配信した場合，どちらが好ましいのであろうか．一般にスタジオ講義よりも，ライブ講義の方が受講者の満足度は高い[2]という報告がある．前者は教える側のペースと論理とで講義が進む傾向が否めないのに対し，後者は目の前の受講者の反応を見て講義内容の理解度を推し測りながら講義できる．このささいな差が学生の満足度につながっているようだ．講義の難しさもここにある．

非同期型教育システムの代表であるWBTを同期型スタイルで使おうとする動きも活発である[3]．この動きはWBT本来の趣旨に逆行するような話である．極論すると，e-Learningはその最も優れた特長の一つである非同期性をある程度犠牲にして，同期あるいは疑似同期によって生じるインタラクションを重要視しようとする傾向にあるようだ．

次節以降では，まず，教育スタイルやコンテンツとネットワークとのかかわりを考察した後，ブロードバンドネットワーク時代に対応した先進的事例を紹介する．

19.2　遠隔講義

遠隔教育の利点は，遠隔地に分散した人的資源を有効に活用できる点にある．遠隔地に複数の支店や営業所のある企業では，遠隔教育の必要性はます

ます増えるであろう。商品や技術，サービスのサイクルが短くなっている。これまでは，関係する人員をその度に一箇所に集めて集合型研修を行ってきた。しかし現在は，時間的にも，経済的にも，それが困難な時代になってきている。

複数の遠隔地にキャンパスが分散する大学や，同じ専門分野をもつ大学同士が提携して，遠隔地間を高速ネットワークで結んで講義が行われている[4],[5]。ネットワークさえあれば，世界中の大学とも講義を交換し，多種多彩で専門的な講義を自分の興味や学力レベルに合わせて受講することが可能となるので，学ぶ側の受ける利益は大きい。一方，教える側にとっても，利益は大きい。専門の異なる教員同士が協調して，関連する学問分野を違った視点からとらえて教えることができるので，教える側の負担増を招くことなく，学生の興味・関心を喚起できる利点がある。

遠隔講義で問題となるのは，遠隔地間の一体感をどのようにして保持するかであろう。そのためには，ブロードバンドネットワークの最も際立った特長の一つである，高速性が重要になる[6]。つまり，

(1) ネットワークを介していることを感じさせない程度の極低遅延であること

(2) 遠隔地講義室の，学生の顔の表情が読めるくらいに映像・音声が高品質であること

が求められる。このため，AV機材はもちろん，ネットワーク設備を含むIT機材を装備した高度な講義室を設置する動きが盛んになっている。

|事例| 京都大学−UCLA[4]

京都大学と米国カリフォルニア大学ロサンゼルス校（UCLA）とは，1999年以来，海を隔てて遠隔講義をリアルタイムに行うプロジェクトを継続してきている（図19.1）。両地点の講義室の映像・音声は，数フレームの極低遅延で高速MPEG-2 CODECによって圧縮伸張され，IP Over ATMで伝送される。両者は，2003年から4MbpsのATM国際専用回線で結ばれている。

遠隔講義では，講義をする教員以外に，カメラの切り替えや質問者にマイクを手渡す作業を行う補助員が必要で，これがコスト増を招く要因になって

19.2 遠隔講義

図 19.1 京都大学－UCLAの遠隔講義風景

いる．京都大学では，画像・音響処理技術を基にした講義自動撮影システムを研究開発し，ほぼ実用に近い水準まで高めてきた．講義室には複数台のカメラや魚眼レンズカメラ，マイクロフォンアレーが設置され，講義中の講師や受講者，講義室全体の様子を観測している．得られた観測映像・データを実時間処理して，講義を自動撮影している[4]．このシステムでは，次の機能が実現されている．

- 講師や受講者の振る舞いを，実時間で逐次追跡・観測する機能
- 観測映像やデータを基に，実時間で様々なアングルから撮影する自動カメラワーク機能
- 質疑応答時に，発言者の動きと音声から発言者の位置を同定し，カメラやマイクを自動的に切り替える機能

また，

- 講義終了と同時に，講義映像と教材とを自動的に対応付けてアーカイブする機能
- 学内への配信・閲覧を可能とする機能

も備わっている．

このシステムはすでに実運用に供されており，安定した運用実績がある．IT技術に不案内な教員でも，補助者なしで使えるレベルに達している．現在，最も注目を集めている最先端システムであり，今後の発展が期待される．

19.3 遠隔協調学習システム

上述の遠隔講義室のような重装備でなく，手軽な装備で実現できるシステム開発が活発である。いわゆるIP TV会議システムをベースにして，遠隔地間で，ゼミ・輪講形式の講義，教師と学生間や研究者同士の討論など，協調作業を行うスタイルの講義が増えている。最近では，PCベースのデスクトップTV会議システムの開発と教育での活用が盛んである。遠隔地の相手と高品質な映像・音声で通信しながらアプリケーションを共有し，協調作業をするためのシステムである。

こうしたシステムを使った教育では，少人数だが，いろいろな人が進行役も定めずに，自由に非同期に発言するスタイルとなる。そこで，

- H261やMPEG-4レベルの画質での実時間送受信機能
- 発言者以外にも複数人の参加者の顔映像の実時間送受信機能
- 討論の妨げにならない程度（数百ミリ秒以内）の音声の低遅延がインターネット経由でも実現される機能
- 参加者全員，あるいは指定された人のみが書き込むことができ，その結果を共有できる電子白板機能
- 発言がキーとなってマイクが入る仕組みなどのユーザインタフェース
- 同期してのページめくりや新しい資料の配布，資料を共有する機能

などの諸機能が必須となる。

|事例| Net Office HIKARI[7]

NTTで開発されているこのシステムは，IP TV電話にIT技術で構築された様々なコミュニケーション手段がバンドルされた，デスクトップTV会議システムである（図19.2）。

映像と音声はソフトウェアエンコードされ，数十～百ミリ秒以下の低遅延で伝送される。音声はサーバ上でミックスされ，同じ会議室にいるような臨場感がある。発言する際にもボタンなどを押す必要もなく，音声レベルを巧みに処理して，自然な感じで発言することができる[7]。

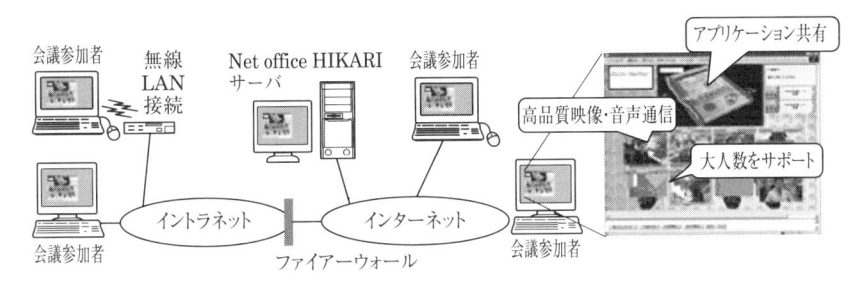

図 19.2　遠隔協調学習システムの構成図［NTT東日本：許諾を得て転載］

19.4　アーカイブ型講義配信

　現在，多くの大学で，実時間の講義をアーカイブ化して蓄積しておき，それを外部に配信する，いわゆる「遠隔講座」事業が推進されている．今後，増加が見込まれる社会人学生と生涯学習を見据えての取り組みという面もあるが，それ以上に，大学の生き残りをかけて，積極的に大学をアピールする姿勢が鮮明になりつつある．早稲田大学と東北大学の例を次に紹介しよう．

事例　早稲田大学[8),9)]

　早稲田大学のアーカイブ型講義配信は，二つの異なる形態で行われた．一つは遠隔講座，もう一つはインターネット講座である．

(1) オープンカレッジ遠隔講座[8)]

　遠隔講座は，リアルタイムに行われる集合型学習である．自宅で学ぶ在宅型の個人学習ではない．各地に開設された教室に通学して学ぶスタイルである．遠隔講座では，通信衛星を利用して，リアルタイムで講義が配信される．その広帯域ゆえに，臨場感あふれる映像と音声での配信が可能である．

　また，ディジタル化された学術データベースと講師の講義映像とを組み合わせることによって，より奥深いコンテンツを提供可能である点も魅力である．

　講義中は各教室の事務員がFAXで，講義後は自分でインターネットやFAXを使って，質問や感想をやりとりして，双方向性を実現した．

(2) インターネット講座「現代版早稲田講義録」[9]

　ブロードバンド時代の到来を見据えて，生涯学習講座「現代版早稲田講義録」をインターネット経由で配信する事業も展開した。学ぶ意欲があれば，誰でも，いつでも好きな時間に，自分の都合に合わせて受講できる。

　この講座を支えるのは，ブロードバンドネットワークである。ブロードバンドの高速大容量通信という利点を生かして，高精細な講義映像や詳細な写真資料などを使用した理解しやすい講座を実現した。大容量の講義資料もダウンロードできるので，容易に受講準備ができる。

　ここで見逃してはならないことは，定額制・常時接続の学習に及ぼす利点であろう。受講期間内であれば，何回でも繰り返して講義を見ることができる。こうした反復学習により，疑問点を解消し，理解を深めることができるなど，ブロードバンドの利点は大きい。

事例　東北大学のインターネット大学院ISTU構想[5]

　東北大学では，国立大学初のインターネットによる全学規模の大学院教育，ISTU（Internet School of Tohoku University）を進めている[5]。2002年4月から工学研究科などで講義がスタートし，2007年までに14の大学院研究科などで講義科目の40％を開設することが目標である。インターネットスクールの学生は正規の東北大学大学院生であり，近い将来，修士号や博士号の取得も可能になる予定である。

　大学へ通うことができない社会人や遠隔地に住む人への専門教育はもちろん，通学生も一部の単位をインターネット講義で取得できるなど，IT時代にふさわしい多様な学習方法が選択できるようになる。

　講義の中身で選ばれる時代を念頭に，教官の顔が見える多彩な学習コンテンツ制作にも力を入れている。そのために，ISTUでは，

- 大講義室での講義アーカイブを中心としたオンデマンド型
- 小規模ゼミのように教員と学生が積極的に意見を交わす形態のリアルタイム型
- これらを実現するため，映像配信用ストリーミングシステム，Web会議システム，資料の配信・検索管理機能などを複合したe-Learningシ

ステム
を導入している。

ISTUの最大の特色は，教育情報学大学院に研究部と教育部とを設けて，ブロードバンドとIT時代の教育研究，IT教育専門家を有機的に結合して，育成しようとするところにある．すなわち，教育情報学研究部では，教育情報学研究の専門機関として，VU(Virtual University)，WBT，e-Learningなどのプラット・フォームと，そこに載せるコンテンツの研究開発を行う．一方，教育部では，ISTUを実習の場として活用し，実践的な知識や技術の収得を目指す仕組みになっている．

19.5 アーカイブと連携した遠隔添削システム

コンテンツクリエータの育成を担う芸術系大学でも，IT遠隔教育システムを使った遠隔指導への取り組みが積極的に進められている．

事例 京都精華大学[10]

日本で最初のマンガ学科を創設した京都精華大学では，NTTが開発したインターネット漫画添削システムを使って，実用化実験を行った．京都精華大学マンガ学科の教員は，大学教授と創作者の二足のわらじをはくのが常態である．教育の場は京都に，創作の場は東京に，と地理的に離れた場所での分業となってしまうことも多い．地理的隔絶を克服するために，インターネットを活用した遠隔添削の可能性を試みた．

遠隔添削の手順は図19.3に示すようである．学生は，出された課題に則って作品を制作し，スキャナで読み込んで，ディジタル画像にする．画像ファイルとコメントをインターネット経由で添削サーバサイトにアップロードする(図19.4(a))．教員も同様にインターネット経由で添削サーバにアクセスして，画像化された作品をブラウザで表示する．タブレットやタブレットPC等を使って，作品に電子的に朱筆を入れて，添削指導する(図19.4(b))．朱筆を入れた画像とコメントをインターネット経由で添削サーバに再アップロードする．添削結果を学生が読み，その指導結果を受けて，次の作品に取

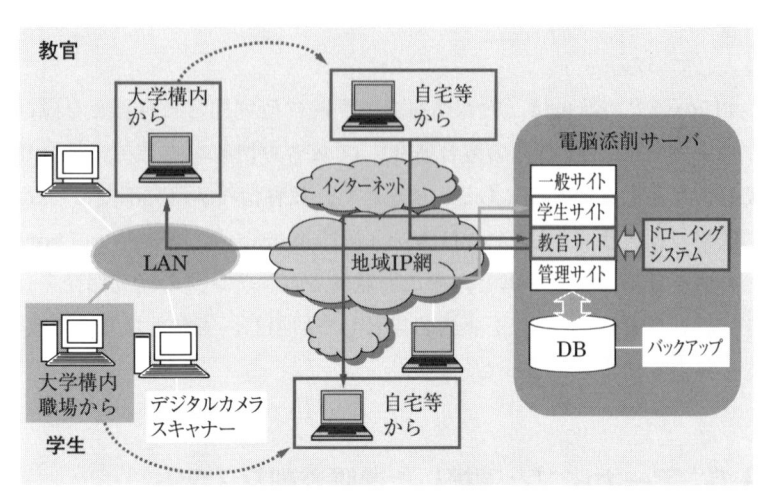

図 19.3　アーカイブと連携した添削システムの構成図

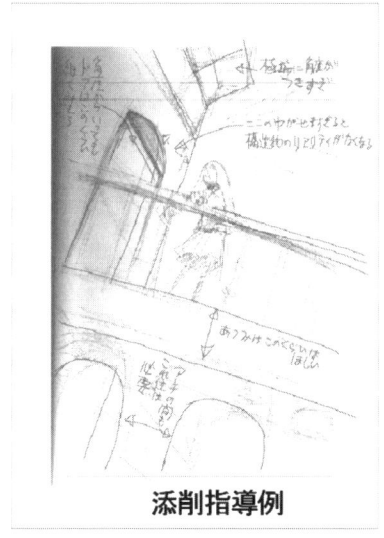

(a) 学生の作品　　　　　　　　(b) 添削指導例

図 19.4　電脳添削システムを使ったサイバー漫画添削の実践例
　　　　［京都精華大学・NTT：許諾を得て転載］

り組む。こうしたサイクルが繰り返されて，漫画創作の修行を積んでいく。

　この添削システムを使うことにより，地理的に離れていても，即座に添削指導を行うことができるので，学生のやる気を損なうことなく，マン・ツー・マンできめ細かい指導ができたと高い評価を得ている。この添削システムを使った指導は，教員，学生のみならず，作品のやり取り，添削指導結果の送り出しや受け取りなど，通信添削に伴う煩雑な事務処理を自動化できるので，従来型の通信教育にも適用可能である。

19.6　WBT学習者の同期式学習支援方式

　「いつでも・どこでも」勉強できる環境を目指したWBTであるが，人の持つ怠惰な一面を増幅させることもある。WBTでの学習は，向学心に燃える学習者には福音となるが，怠惰な学習者には，先延ばしの口実を与えるだけである。事実，WBTで学んでいる途中でのささいなつまづきが原因で，学習が停滞したり，最悪の場合は期間中に学習が終了しないで学習を放棄したりする。こうした状況を打開するために，リアルタイム・メンタリング方式が考案・実用化されて，効果を上げている[3]。

事例　MESIA[3]

　MESIAと名付けられたリアルタイム・メンタリング方式では，学習者は学習する場所の自由度は与えられるが，学習する時間を指定される。つまり，インターネットに接続できればどこでも構わないが，火曜の午後7時から8時半までの間に学習しなさい，という具合だ。指定された時間帯は，メンターと呼ばれる指導者がネットワーク越しに学習者の振る舞いを見守っていてくれる。もし，学習者がつまづいた場合，多くの場合，学習者はどうしてよいか分からず，Web教材のページを見続けたり，マウスやキーボードを使って課題に答えられなくなってしまう。MESIAはそうした学習者のつまづきが原因と思われる振る舞い（学習者の反応がなくなる状態など）を自動的に検出し，メンターにアラームを上げる（図19.5）。

　それを受けて，メンターは，チャットなどで行き詰まった学習者との対話

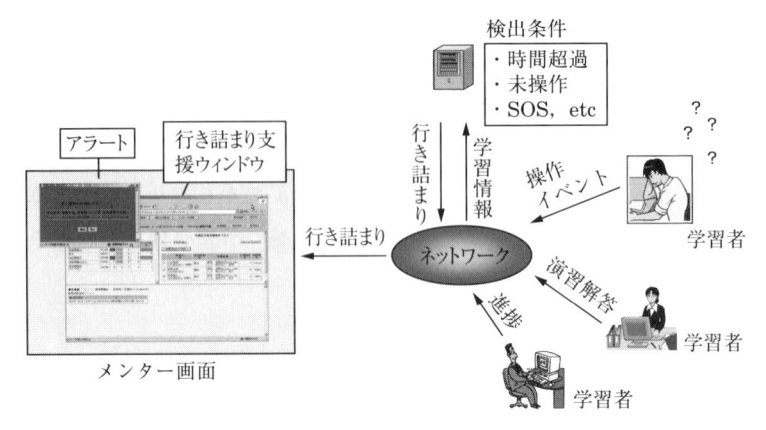

図 19.5　行き詰まり検出画面の例

図 19.6　アドバイスの画面例

を通じて具体的にアドバイスして，学習困難状態の打開に努める（図19.6）。
　この方式によれば，それまで70％前後であった学習完了率が100％に改善されたという。こうした方式は，定額制・低料金によって常時接続が可能となったブロードバンドネットワークならではの学習支援スタイルである。

19.7 e-Learningの将来と課題

ブロードバンドネットワークの到来によって，教育はその活躍の場を広げつつある。教育のスタイルを，実時間の講義やゼミなどの同期型と，WBTに代表される非同期型の二つに大別する分類は意味を失いつつある。IT技術によって講義アーカイブのインタラクティブ性を高める工夫や，学習時間を制限する代わりに，指定した時間帯にメンターをオンラインで常駐させ，行き詰まりを解消する方式など，両者の融合を目指す動きが活発である。

教師の頭の中にある知識構造を学習者にできるだけそのままの形で移すという，これまでのoverlay型の学習者モデルに代わる学習者モデルや，双方向性を活用した新しい学習スタイルの模索が必要とされている。

最近，SCORM[11]に代表される標準規格に則った学習履歴を解析して，学習支援に役立てようとする動き[12]も注目を集めている。特に，学習者の思考スタイルを分析して，学習者に合った学習指導を行う方式[13),14]が注目されている。今後の発展が期待される。

ブロードバンドと並んで，ユビキタス学習環境を目指す動きも活発である。無線LANスポットの普及によって，文字どおり，いつでもどこでも学習が可能となっている。家でも学校でも車中でも食堂でも駅でも，ノートPCと無線LANがあれば勉強を続けることができる。その際，機材やネットワーク帯域などの環境の違いをどのように吸収して，均質な学習環境を保障するかが次の課題となろう。

参考文献

1) 先進学習基盤協議会（ALIC）編著：「e-Learning白書2002/2003年版」オーム社 (2002).
2) http://www.nakahara-lab.net/2003_onlinecourse_kenshu/pdf/20030609_nakahara.pdf
3) 玉城幹介他："ヒューマンインタラクションを重視したe-Learningの技術動向", 信学誌, Vol. 86, No. 11, pp. 826-833 (2003).
4) 中村素典他："TIDEプロジェクト（UCLA-京都大学間遠隔講義）", 信学総全大2002, KD-1-1 (2002).
5) 東北大学インターネットスクール, http://www.istu.jp/

6) 曽根原登他："ブロードバンド社会とディジタル流通技術", 画像電子学会誌, Vol.32, No.5, pp. 737-744 (2003).
7) Net Office HIKARI, http://www.ntt-east.co.jp/tms/category/hikari.html
8) 早稲田大学, http://www.wls.co.jp/business/remote/index.html
9) 早稲田大学, http://www.wls.co.jp/service/index.html
10) 杉山武志他："Webを利用した画像添削システムの開発と授業実践", 信学総全大2002, D-15-8 (2002).
11) SCORM, http://www.elc.or.jp/scorm/scorm_top.htm
12) 桂麻希子他："WWWを用いた学習における学習履歴可視化システムWebFolioの開発", 情報科学技術フォーラムFIT2003, LN-005 (2003).
13) 瀬下仁志 他："Webを利用した調べ学習活動における学習スタイルの可視化・分析", 信学技報, Vol.103. No. 697 (ET2003-121), pp.137-142 (2004).
14) 森谷友昭 他："学習活動別時間に基づくWeb調べ学習履歴の分析", 情報科学技術フォーラム講演論文集FIT2004, K-040 (2004).

第20章

コラボレーション映像制作サービス

NTTメディアラボ　渡部保日児

20.1 はじめに

　ネットワークを利用したコラボレーション映像制作は，ブロードバンド普及以前からも存在し（主に海外であるが），多く利用されるとともに一時的には事業として成り立ったものもある。一方では，実験レベルにとどまり，その普及を妨げる主たる要因としてネットワークコスト（回線料金）があげられた時期もある。そのような経緯の中，今や，コストパフォーマンスに優れた「ブロードバンド」（利用媒体によって想定ビットレートは異なるであろうが）は広く普及しているが，制作ワークフローの中に「コラボレーション映像制作」が前面に登場することはない。一方「コラボレーション映像制作」が，制作ワークフローとして浸透するためには，まずネットワークで流通できるコンテンツ，映像を豊富にしていく必要があり，さらに，情報制作，映像制作という知的生産活動が，スタジオ間のみならずPeer間で自由に知的コラボレーションできる環境が必要であることは言うまでもない。

　本章では，ディジタル情報流通システムが情報産業インフラとしてのブロードバンドを利用する「コラボレーション映像制作」のあり方を示すために，まず「コラボレーション映像制作」とはどのようなものを想定しているかを示し，コラボレーションにかかわるツールについて概観し，ブロードバンド普及以前から展開されている（された）いくつかのコラボレーション映像制作を列挙する。その後，ブロードバンド時代に利用されているコラボレーション映像制作の形態と動向を示し，数少ない事業としての継続事例および新

規事業をあげる．最後にまとめとして，今後の予想を述べる．

20.2 グループウェア

本章では，「コラボレーション映像制作」とは「映像コンテンツ制作の過程においてネットワークを用いて協調作業を行う制作形態」と定義し，その協調作業を行うためのツールから動向を探ることとする．まず，映像制作に限らず，複数の人々が協調可能な作業環境を提供するものとしてグループウェアがあり，グループウェアには，対象とする協調的作業環境によって様々な種類がある．映像制作のためのグループウェアとしては，映像制作の一連の作業工程において利用できる「ネットワークツール」が主なものである．これらの多くは，次節で述べるように「クリエイティブ」作業工程に寄与するツールとなっているが，グループウェアの中でも，「電話(IP電話)」，「TV会議(チャットやネットミーティング)」，「メール」(これらは基本的な協調作業環境を提供)が代表的なネットワークツールといえる．

20.2.1 電話(IP電話)とTV会議(チャットやネットミーティング)

映像コンテンツの制作過程において，各制作工程によって異なるものの，最も時間を費やすのが打ち合わせ(ミーティング)であり，この点から電話およびTV会議は「コラボレーション映像制作」の主たるツールである．従来は固定電話(または専用)回線を媒体とする電話やTV会議が主たるツールであったが，ブロードバンド普及を背景に，インターネットを利用したIP電話やラップトップPCを用いたネットワーク会議ツールが利用されるようになってきた(「チャット」のように文字ベースのリアルタイム通信もある)．これらは，「映像制作」に限ったことではないがブロードバンド時代の有効な協調作業ツールである．

20.2.2 メール

メール(または「メッセージ」)は，利用時間を共有しない点で，電話，TV会議とは異なるツールとして利用される．ブロードバンド普及以前からのインターネット利用においては，メールを用いた一対一または一対多の通信が行われ，併せて「添付ファイル」などの利用によって制作素材(画像やプ

レゼンテーションファイルの場合が多い）の伝送も行われるようになった。また，個人が複数のメールアドレスを使い分けることで作業分割を行うなど各種の工夫も加わり，今やなくてはならない協調制作ツールである。ラップトップPCのみならず，携帯電話やPDAによるメールツールの日常化もブロードバンド時代のネットワークを用いた協調作業に寄与している。しかし，これも電話やTV会議ツール同様，必ずしも「映像制作」に限ったことではない。

20.3 コラボレーション映像制作の歴史

　先に述べた電話，TV会議，メールも有効な協調映像制作ツールであることを前提に，ここでは，主にネットワークを利用したアプリケーションとして「クリエイティブ」協調作業環境の実現を目指したいくつかのツール（または事業）を概観する。ここで挙げるもの以外にも様々なコラボレーション映像制作ツールが開発されているが[1]，少なくとも実験（事業）レベルに到達したものを抽出している。なお，これらの実験サービスおよび事業が開始したのはバックボーンネットワークのATM化が主流となった1995年以降であるのも特徴である。理由として，OC-3(150Mbps)レベルのATM光ケーブルの安価な利用が可能になったためである。一方，これらの事業は，2001年前後までにはほとんどのサービスが実験および事業を終了している。この理由として，まず，20.2に述べた基本的なグループウェア（電話，TV会議およびメール）の利用者数に比較して，コラボレーション映像制作サービスの利用者数はけた違いに少ない上に，インターネットのブロードバンド化とともに，アプリケーション提供者が専用ネットワークの利用料から利益を得ることが難しくなったためと思われる。すなわち，サービス提供者にとって，コラボレーション映像制作ツールの開発および提供・運用のための費用を回収する目途がまったく立たなくなったことが大きな原因である。また，コラボレーション映像制作ツールを搭載するPCの高機能化・低廉化は，アプリケーションおよびネットワークサービスに対する利用者のコスト意識の変革を促し，高価なサービスを購入する意欲を減退させたことも事実である。

20.3.1 DRUMS

米国において，長距離キャリアであるスプリント社が提供した協調映像制作環境である（すでに事業は終了している）。端末として，当時コンピュータグラフィックス産業においてプラットホームとして使われた多くのマシンを輩出したシリコングラフィックス社のIndyを用い，ローカル回線にスプリント社のT-1回線（日本のINS-1500相当）を用いた協調制作ツールを提供していた。サービス開始当時は，ロサンゼルスのポストプロダクションとニューヨークの広告代理店間での利用など，多くの事例がアナウンスされたことがある。スプリント社にとっては，自社のT-1回線の普及を促すための事業展開手段であった。DRUMS（当時スプリント社の社員は，「ドラム」と呼んでいた）は，コラボレーションツールとしてIndyを用いたTV会議およびグラフィックス素材のアノテーション環境を提供し，DRUMS専用の映像素材データベース（または映像ライブラリ）やコミュニティの運営を行っていた。

事業が成功を見なかった要因としては，当時低廉化傾向にあったIntel系CPUをもつPCをないがしろにしたことにより，コンピュータグラフィックス業界が急速にシリコングラフィックス社のマシンからIntel系CPUマシンへと切り替えたことに対応できなかったこと，およびスプリント社の事業方針との不整合によるものと思われる。また，インターネットのブロードバンド化によって，T-1（1.5Mbps）回線を用いるメリットが失われつつあった。さらに，ユーザへの対応の悪さも特徴であった。

20.3.2 JazzMediaNetwork

（旧）ベルカナダ，テレグローブが主体となって実験サービスを提供した。最高270Mbpsのリアルタイム映像伝送（D-1ディジタル映像）の伝送をサポートし，リモート編集やリモートコピーなども可能としたことが特徴であった。地域的には限定したサービスであった。素材データベースやEC（電子商取引：eコマース）プラットホームの提供も話題となったが，まったく事業性を無視した無謀な実験サービスとしかいえないものである。早々に撤退を余儀なくされたようである。

20.3.3 その他

MediaOneは，US Westが提供した270MbpsのD-1ディジタルリアルタイム映像伝送可能な映像ネットワークサービスであるが，実験的提供が行われたにすぎない。

Video Courier Serviceは，AT&Tにより提供されたディジタルビデオ映像の転送サービスであるが，45Mbpsの回線を15分単位で提供されたこと以外，詳細は不明である。

NVIAは，次世代映像制作ネットワークシステム（NVIP：Next generation Video Information Platform）としてNTT東日本が国内のCGプロダクションやポストプロダクションとコンソーシアムを構成し，ネットワークを利用したディジタル映像制作環境の構築を目指したものである[2]。「人材・育成」，「企画」，「制作・編集」，「流通」過程およびその後の「素材のマルチユース」等を目指して機能開発および実証実験を行ったものであるが，事業としての成功の見込みは得られなかった。この理由は，NVIAコンソーシアム参加者の意向は，比較的遠隔地間で，低価格のディジタル映像制作環境の共有（サービス）であったためである。NTT東日本は，地域を限定した（例えば，都内のような近距離内）協調映像制作環境の提供を目論んでいたものの，コンソーシアム参加企業間でネットワークを利用するまでの協調作業ニーズは存在しなかった。また，ディジタル映像制作環境を提供する開発ツール（NVIP）を用いた評価実証実験が，すべてのNVIAコンソーシアム参加企業間で行われなかったことにも原因がある。

20.4 コラボレーション映像制作の動向

前節におけるいくつかの試みから，「コラボレーション映像制作」を行うためのネットワークを利用した協調映像制作支援ツールなどによる事業化成功例はまったくないということがわかる。多くがキャリア（回線事業者）が主体となっている実験事業であり，高価な固定回線の販売や囲い込みを目的化していたことが，ブロードバンド普及の流れに沿っていなかった結果と思われる。さらに，映像制作産業全体の中で，ネットワークを用いる「コラボ

レーション映像制作」を(サービス価格[サービス提供者への料金]を負担した上で)必要とする利用者数が，当初の予測をはるかに下回っていたことも大きな原因と思われる．VAN(Value Added Network)としての「コラボレーション映像制作」サービスも，利用者数が増えない限り成り立ち得ない．インターネットのブロードバンド化とPCの高機能・低廉化によって，ますますキャリア(回線事業者)のサービス価格設定が難しくなっている．このような状況において，「コラボレーション映像制作」という点で現在も事業を継続しているもの，および近年事業を開始したものを以下に示す．ただし，これらの事業においては，英国のThe Mill社(http://www.mill.co.uk/)のように，WAM!Net(4.1)との協調関係をもちながら，Beam.TV(4.6)へも出資しているような関係もある．また，CPN(4.4)は，一時期WAM!Net(4.1)を利用していた時期もあるなど，それぞれが排他的に事業を進めているわけではないことも特徴である．

20.4.1　WAM!Net

　WAM!Net(http://www.wamnet.com)は，「コラボレーション映像制作」というより「遠隔グラフィックス作成サポート」が主たる事業である．しかし，遠隔グラフィックサポート機能をネットワークを用いた映像制作に適用した事業でもある．WAM!Netの「コラボレーション映像制作」を利用するためには，WAM!Netのセンタと利用者間に専用線(ATM専用線を用いることが多い)を構築し，利用者側にNAD(Network Access Device)と呼ばれる専用端末を用意する(NADの内部にはシリコングラフィックス社のO-2，拡張ディスク，およびシスコ社のATMルータが装備されている)．WAM!Netの主たるサービスは，素材伝送であり，NAD～WAM!Netセンタ～NAD間での素材の転送過程をすべて記録し，素材の転送状況確認(「トラッキング」と呼ばれる)ができるとともに，基本的に専用線でありQoSを含めセキュリティが確保されていることが大きな特徴である(インターネットを利用した情報サービスもWAM!Netのサービスメニューでは提供されている)．また，WAM!Baseというサービス項目によって，リモートレンダリングサービス機能も提供され，主要な三次元モデリングツールの生成するモデルデータをもとに，並列計算機を用いてコンピュータグラフィックス生成

（レンダリング）を行う機能をもつ．具体的には，SoftImageやMayaといったコンピュータグラフィックスモデリングアプリケーションが生成するモデルデータ（ほとんどの場合，アニメーション制御データを含むことになるが）から大量のコンピュータグラフィックス画像を短時間に生成することができる．さらに，WorkSpaceサービスでは，ファイルストレージや映像ライブラリサービスなどもある．

WAM!Netは国内のポストプロダクションにおいても利用されており，海外とのコンピュータグラフィックス素材の転送や映像素材の伝送に利用されている．

先に述べた実験サービスレベルの「コラボレーション映像制作」時期を含め，WAM!Netは事業としてかなり長い間サービスを提供しているが，ブロードバンド普及にともない専用線を用いる通信コストの上昇およびNADという専用端末の設置スペースの問題などをかかえている．また，レンダリングサービスやライブラリサービスなども，Intel系CPUをもつPCの低廉化および個々のPCの装備するハードディスクの大容量化により，その特徴を生かすことができていない．

20.4.2 SOHOnet

英国通産省，ビデオトロンおよびBTにより提供され，ロンドンの5社のポストプロダクション間に運用されたATM OC-3（155Mbps）によるネットワークサービスである．1995年BTが実験を開始し，現在は，Sohonet Ltd.（http://www.sohonet.co.uk）が事業を行っている．数年前に，回線速度をOC-12（600Mbps）に上げ，現在はEthernet接続のために利用されている．オーストラリアのFibre Pty Ltd.（http://www.fibre.org.au/）との連携を通して，ハリウッド映画制作にも利用されている．

20.4.3 Vyvx

Williams社（石油パイプラインの会社）により提供され，全米に張り巡らされた光および衛星による映像伝送系サービスである．本サービスは現在WilTel Communications（http://www.wiltel.com/）社より提供されている．Vyvxは，アメリカの放送局，衛星中継所，スタジアム，競技場，コンベンションセンターなど，生ソースのありそうな場所に，端子盤を持ち，中継車

を持っていけば，すぐに放送に使えることが特徴で，非常に利便性の高いサービスを提供している．ローカル回線は，SBC (旧Pac Bell, http://www.sbc.com/) や Verizon (旧Bell Atrantic, http://www.verizon.com/) を利用している．全米の映像コンテンツの伝送をおさえ，スポーツ中継などでも，利用率は非常に高く，生ニュースの65％は使っているとの報告もある．日本にも待ち望まれる環境である．グローバル展開として日本も視野に入っていたようだが，その後の展開は不明である．

20.4.4 CPN

CPN (Creative Production Network, http://www.nttls.co.jp/nml/cpn.html) では，Telestream (http://www.telestream.net) 社の ClipMail/Pro 端末を用いて，海外との映像素材の転送サービスを主に行っている．国内の広告代理店などが海外のCGプロダクションやポストプロダクションに制作業務を発注した際，従来，海外からの映像素材伝送は国際宅配便を用いたビデオテープによるやりとりが主であったが，昨今では，国際間に関しては，ClipMailを用いた「テープレス」素材伝送が用いられるようになっている．ClipMailは，MPEG映像を用いる端末装置で，実務レベルで利用できるものとしてこれほど普及をみたものはない．1998年のNABでの発表会場において，100セットを超える受注があったことでも有名である．基本的には，ハードディスクを備えたMPEG-1またはMPEG-2のCODEC (符号化器，復号化器) であり，エンコード素材のIPベースでの伝送機能を備える (操作は，タッチパネルモニタまたはPC上のNetworkControllerアプリケーションから行う)．この端末の優れた点は，MPEG-1やMPEG-2といった符号化などをまったく意識させることなく，一般のポストプロダクション業務のワークフローに導入可能であったことである．また，ネットワークもブロードバンドインターネットというベストエフォートネットワークを用いることで，テープ～ClipMail～ブロードバンド～ClipMail～テープという素材伝送ワークフローが浸透した．CPNでは，ClipMailを用いる映像素材伝送のメニューも備えるが，海外のポストプロダクションにおけるClipMailの普及に伴い，ポストプロダクション間でのブロードバンドを用いたベストエフォート伝送による国際間映像伝送のニーズの高まりが大きい．

20.4.5 ED-NET

サービスとしては，概ねCPNと同等である。米国のED - Net (http://www.ednet.net/) 社によってClipMail Networkサービスが提供されている。

20.4.6 Beam.TV

Beam.TV (http://www.beam.tv) は，ネットワークを利用した映像素材伝送のプラットホームを目指している。最近では，カンヌ映画祭の作品のエントリーにも利用されるようになった (http://archives.canneslions.com/)。Beam.TVを利用するすべての映像素材を永久にディジタル化して蓄積しておくことが可能となっており，今後，映像作品のライブラリとしての利用が見込まれている。通常のWebブラウザを経由して利用できる上に，BEAM BOX (MPEG - 1, MPEG - 2, MPEG - 4のCODECおよびハードディスクを内臓) という専用のセットトップボックス (STB: Set Top Box) 端末を用いてエンコード作業を行ったり，サーバからエンコード素材をダウンロードして蓄積したりしておくことも可能となっていることが特徴である。映像素材伝送に関して，Beam.TVは代理店〜ポストプロダクション間の仲介役を果たしてくれる。

20.4.7 オン・ビット

2002年2月にソニー，東北新社，オムニバス・ジャパンの3社により，映像制作業界の専用ネットワークの構築・運用，およびネットワークを利用した新たな映像制作ワークフローを提供するサービス事業会社として，株式会社オン・ビット (http://www.onbit.co.jp/) が設立された。また，後に葵プロモーション，イマジカ，太陽企画，ティー・ワイ・オー，電通テック，ピクト，ピラミッド・フィルムの7社からさらなる出資を受け，ブロードバンド時代の映像産業全体に寄与する"オープン・ネットワーク"の確立に向けて，業界標準をも目指している。オン・ビットにより提供されているネットワークを利用した映像制作のプラットホームでは，まず，ネットワーク上のストレージと制作支援ツールを利用し，制作者間での安全な映像や情報の共有，映像伝送，遠隔試写および各種用途に応じた映像フォーマットの変換を実現するdotBOX (ドットボックス) サービスが利用できる。次に，映像制作者向けに業界関連会社・制作クリエーターなどの情報やeコマース・サー

ビスを提供するサイト MediaEpoch（メディアエポック）の開設・運営が可能となる。さらに，オン・ビットでは，dotBOX サービスを利用する際に必要となる専用回線の提供とその回線を利用したインターネット接続や業界法人向けの LAN 構築サービスも事業内容となっている。ここで，dotBOX で提供される機能は，特に CM 制作において利便性が高く，多くの CM 作品で実績をあげているといわれているが，株主である各 CM 制作プロダクションの経営者たちは，こういった新しいワークフローに対する現場の対応力を高める必要性を感じており，積極的な活用によるノウハウ習得を制作現場に促してきた結果でもある。プロデューサーたちのみならず，制作にかかわるスタッフが自ら使いたくなるような魅力的な機能を提供し，かつネットワークを使う必然性と結びつかないと，本格的な普及に至らない可能性がある。

20.5 これからのビジネス動向と技術

　ブロードバンドによるコラボレーション映像制作の動向として，ネットワークを用いた協調映像制作ツールに焦点を当てて，いくつかの実験システムから現在利用されているものまで，特徴を簡単に述べた。いくつかの実運用システムがあるものの，コラボレーション映像制作が事業として難しいものであることがわかる。これは，制作に携わる側のネットワーク利用に対する意識によるところも大きいが，いくつかの実験システムがそうであったように，実際に利用する立場（機能だけではなくそのトータルコストを含めて）に立ったシステム構築がなされていないことに大きな原因がある（先に述べたように，キャリア主体の開発ツールに事業成功例はない）。ハードウェアは処理能力および記憶容量（補助記憶を含めて）が毎年数倍の比率で進化することで，確実にコストパフォーマンスは向上していく。さらに，数年前とは異なり，ブロードバンドによって，ネットワークのコストパフォーマンスも向上するようになった。このような状況においては，固定的なプラットホームを前提とした協調映像制作ツール類の陳腐化は非常に激しい。今や，映像制作産業においてはコスト意識の改革が進んでおり，映像制作ツールに対する制作現場の目は非常に厳しくなっている。一部の制作ツールにいまだ存

20.5 これからのビジネス動向と技術

在する「高価なハードウェアに高価なソフトウェアツール」というのは，ブロードバンドによるコラボレーション映像制作にはあり得ないため，ツールのライセンス費用およびネットワーク利用料からの直接的な投資回収を目指すビジネスは成り立ち得ない．

現在は，インターネットを利用したメールやメッセージング（携帯電話を含めて）なしで，多くの業務が成り立たない一方で，利用者に利用するだけの動機を与え得るコラボレーション映像制作ツールが存在しない，または存在していてもそれが使える状況にないだけである．今後，コラボレーション映像制作においても，しかるべきネットワーク（ブロードバンド）を利用できる協調映像制作ツール（オープンソースということもあり得る）が出現し，IP電話，メールやメッセージングのように当り前に利用されるようになる．とすれば，まずボランティア（「自発的」に）としてそういった協調映像制作ツールを開発し，映像制作産業に使ってもらえるようにすること（ツールが使える環境を容易に構築できること）がまず必要であり，協調映像制作サービスから直接事業として成功することを望むこと自体が不合理ともいえる（20.3で述べた失敗例は，当然といえる結果である）．オープンソースによる開発が継続し得たり，市場のダイナミズムから波及する事業が成り立つようになり得ると考えるべきである．

一方，20.4に述べた事業で概要を説明した，ClipMailやBEAMBOXといった専用端末も，一旦，映像制作業務に受け入れられるレベルになると，その普及は非常に早い．映像制作に携わる立場の利用者が，ネットワークを使った映像伝送を当然のように利用し，映像素材の共有を図っている現実がある．一般には，ラップトップPCが汎用的に何でもできて望ましいように思われがちであるが，業務を遂行する側からみると，必ずしもそうではないことがわかる．ある場所で，ある機能を確実に提供してくれる専用機が，トータルコストの削減にいかに有効であるかがわかる．ブロードバンドによるコラボレーション映像制作に関して，端末ハードウェア（制作現場になじむSTBやCODEC）が果たす役割も大きい．

このような状況から，20.4に述べた現在利用可能なツール類やサービスは，映像制作産業の中で，これからの進歩・進化に大いに期待できるところ

であり,ブロードバンドによるコラボレーション映像制作の動向を探る点で目を離すわけにはいかない。

参考文献

1) 稲陰, 玉山, 斎藤："ネットワーク型映像制作ソフトウェア群の開発" http://www.ipa.go.jp/SPC/report/02fy-pro/report/835/paper.pdf
2) NTT東日本："次世代映像制作ネットワークシステムの開発および実証実験" http://www.ipa.go.jp/NBP/ITX2001-1/result/PDF/jisedai/045.pdf

索　引

【英数】

1080/24P 方式 …………………… 249
AAC ………………………………… 235
ADS ………………………………… 81
ADSL ……………………………… 80
ARIB（社団法人電波産業界）…… 151
ASC (American Society of Cinematographers) … 250
ASP (Application Service Provider) … 220
ATM ………………………………… 111
AVC 符号化方式 ………………… 136
Backdoor ………………………… 64
Beam.TV ………………………… 299
Best Effort ……………………… 109
B-ISDN …………………………… 110
Blu-ray Disc …………………… 149
B-PON …………………………… 84
BS ディジタル放送 ……………… 146
CAS ………………………………… 41
CCPL (Creative Commons Public License) … 230
CDN ……………………………… 102
Chain Cast ……………………… 238
cIDf ……………………………… 53, 222
CoFIP …………………………… 55
Copy Once ……………………… 147
CPN (Creative Production Network) … 298
Creative Commons (CC) ……… 230
ⓓマーク ………………………… 18, 28
DAM ……………………………… 167
DBA ……………………………… 86
DCI (Digital Cinema Initiative) … 250
DiffServ ………………………… 107, 117
Digital Commons ……………… 45
DLP ……………………………… 250
DMD (Digital Micromirror Device) … 252
DoS (Denial of Service) ……… 65
DRE (Digital Rights Expression) … 230
DRM (Digital Rights Management),
　－技術 ……………… 5, 37, 204, 230
DRUMS …………………………… 294
Dublin Core …………………… 157, 222
DVD ……………………………… v, 145
DVD Forum ……………………… 53

EBU ……………………………… 158
e-Commerce …………………… 160
EDI (Electronic Data Interchange) … 207
ED-NET ………………………… 299
e-Learning ……………………… ix, 278
EPG (電子番組表) ……………… 150
Ethernet ………………………… 108
FDDI …………………………… 108
Freenet ………………………… 227
FTP ……………………………… 108
FTTH …………………………… 80
FW (Fire Wall) ………………… 270
FWA ……………………………… 91
GEM ……………………………… 157
GIS (Geographic Information System) … 184
Gnutella ……………………… 226, 248
GPL ……………………………… 230
H.261 …………………………… 127
H.263 …………………………… 132
H.264 …………………………… 135
H.323 …………………… viii, 264, 268
HDD ……………………………… v, 145
HDTV (方式) ………… viii, 127, 132, 243
HSAC …………………………… 137
IDS ……………………………… 72
IEEE802.11b …………………… 90
IEEE802.11g …………………… 90
IntServ ………………………… 111
IP Multicast …………………… 41, 109
IPMP …………………………… 53
iPod ……………………………… 235
IPR-DB (Intellectual Property Rights Database) … 208
IPv4 …………………………… 113
IPv6 …………………………… 113
IP-VPN ………………………… iv, 95
IP セントレックス ……………… 100
IP ネットワークの動向 ………… iv, 95
IP 電話 ………………………… 100
ISDN …………………………… 110
ISP ……………………………… 109
JavaVM (Java Virtual Machine) … 239
Jmeta …………………………… 159
JPEG …………………………… 254

LBS(Location-Based Services) ……184
LSDI(Large Screen Digital Imaginary)…251
MCU(Multi point Control Unit) ……267
Motion JPEG2000 ……247
MPEG ……v, 127
MPEG-1 ……127
MPEG-2 ……129
MPEG-4 ……52, 132
MPEG-7 ……135
MPEG-7 ……138
MPEG-21 ……140
MPLS ……99
Napster ……43, 225
NAPT(Network Address Port Transration)…270
NVIP(Next generation Video Information Platform)…295
OLT ……81
ONU ……81
OPIMA ……53
P/meta ……159
P2P(Peer-to-Peer) ……vii, 12, 161, 225
P2P接続 ……267
PDP(液晶) ……147
PDS ……81
PON ……82
QoS(技術) ……iv, 107, 296
QXGA(2048×1536画素) ……244
RDBMS(リレーショナルデータベース)…184
RDF(Resource Description Framework)…171
REVP ……107, 113
RFID ……177
RIAA(全米レコード協会) ……43, 225
RSS(RDF Site Summary) ……172
SDMI ……53
SHD ……viii, 243
SIP(Session Initiation Protocol) ……269
SIPサーバ ……269
SIPプロトコル ……viii, 269
SMPTE ……250
SOHOnet ……297
SQL ……185
STB ……166
TDM ……83
TV Anytime Forum(TVAF)…53, 151, 158, 222
URI(Universal Resource Identifier)…172
VAN(Value Added Network) ……296
VoD(Video on Demand) ……228

VoIP ……iv, 95-96, 100, 107
VPN ……95, 97
W3C ……172
WAM!Net ……296
WBT(Web-based Training) ……277
WDM(Wavelength Division Multiplexing)…85, 166, 246
Webアプリケーション ……65
Web会議 ……101
WIDE SAN ……106
WinMX ……248
Winny ……228, 248
XML(eXtensible Markup Language)…171
XMLスキーマ ……139
XrML ……158

【ア】

アーカイビング ……218
アーカイブ ……278
アクセスNW ……iv, 80
アクセス制御方式 ……37
アニメーション制御データ ……297
アノテーション環境 ……294
アフィリエイト ……14, 203
安心品質 ……275
意味 ……210
意味構造(オントロジ) ……169
意味的情報理論 ……170, 180
インセンティブ ……20, 44, 203, 240
インターネット放送 ……155
インタラクション ……279
動き補償 ……127
映像アーカイブ ……129
英日翻訳 ……180
遠隔グラフィックス作成 ……296
遠隔講座 ……283
遠隔添削 ……285
エンコード素材 ……298
エンターテイメント ……223, 243
エンタープライズグリッドコンピューティング…195
オープンソース ……230, 301
オピニオンリーダ ……202
オン・ビット ……299
オントロジ ……171
オントロジ記述言語 OWL(Web Ontology Language)…172
オントロジ層 ……181

【カ】

改ざん……………………………………63
課金………………………………………116
学習者モデル……………………………278
学術データベース………………………283
加工………………………………………219
価値………………………………………210
価値交換…………………………………203
価値流通………………………………vii, 200
可変長符号（VLC）……………………129
観光モデル………………………………219
観光立国…………………………………214
カンヌ映画祭……………………………299
規制………………………………………116
キャッシュ………………………………227
教育………………………………………214
教育コンテンツ…………………………278
協調作業…………………………………292
共有…………………………………273, 282
共有財……………………………………240
口コミ……………………………………202
グラフィックス素材……………………294
クリエイティブ…………………………292
クリエイティブ・コモンズ……………45
グリッドコンピューティング…………226
クロスサイトスクリプティング………66
ゲートキーパ……………………………269
検索技術…………………………………169
権利管理保護（Rights Management and Protection）…164
権利記述言語（XrML）………………140
権利処理…………………………………217
権利データ辞書（RDD）………………141
権利表現言語（REL）…………………140
権利流通…………………………………204
言論の自由………………………………28
広域LAN……………………………98, 99
公開スキーム……………………………240
公衆送信権………………………………220
国際標準…………………………………53
個人情報…………………………62, 67, 204
個体化……………………………………54
コピーマート……………………………58
コピー制御情報…………………………38
コピー制御方式…………………………37
コミュニケーション……………………170

コミュニティ………………………200, 294
コモンズ…………………………………26
コラボレーション…………………ix, 291
コンテンツ………………………………2
コンテンツID……………………4, 46, 206
コンテンツIDフォーラム（cIDf）……140
コンテンツ記述（ContentDescription, Segmentation）…164
コンテンツ個体化……………………iii, 49
コンテンツ参照識別子…………………163
コンテンツ配信……………………95, 96
コンテンツ流通………………………vii, 198
コンピュータグラフィックス…………294

【サ】

サーバ型放送方式………………………152
サービスポータル………………………222
サービス品質……………………………275
三次元モデリング………………………296
シェアウェア……………………………26
シェアキャスト…………………………238
シグナリング……………………………110
ジッタ……………………………………271
私的利用…………………………………37
氏名表示権………………………………28
従量制……………………………………9
従量制課金………………………………198
証券化……………………………………13
消尽………………………………………21
情報経済システム………………………ii
情報財……………………………………2
情報セキュリティ………………………274
情報の意味的統合（Semantic Integration）…175
情報流通………………………………vii, 200
所有権……………………………………216
所有や利用………………………………5
人工知能…………………………………174
シンジケーション………………………167
信頼性……………………………………232
推論………………………………………174
スキャナ…………………………………70
スケーラビリティ………………………115
ストリーミング…………………………107
ストリーミング配信……………………238
ストレージサービス……………………105
セキュリティ……………………………61
セキュリティホール……………………64

セキュリティポリシー……………74
セッション ……………………267
接続品質 ………………………275
接続料 …………………………117
セマンティックウェブ…………vi, 169
セマンティックウェブサービス …176
相互運用性(interoperability)……174
素材伝送 ………………………296
素材販売 ………………………219

【タ】

体化 ……………………………19
対抗要件 ………………………20
タイムシフト視聴 ……………148
地域活性化 ……………………215
地域ブランド …………………215
地域文化 ………………………215
遅延 …………………271, 280, 282
知識表現 ………………………174
地上波ディジタル(放送) …132, 145, 146, 155
知的財産 ………………………214
仲介 ……………………………14
超流通 ……………………58, 161
著作権 ………………216, 226, 274
著作権法 ………………………18
著作権保護(IPMP) ……………141
著作財産権 ……………………220
著作(者)人格権 ……………28, 220
通信用衛星(CS) ………………132
定額制 …………………………9
ディジタル・インフラ …………i
ディジタルＴＶ放送(DirecTV) ……vi, 129
ディジタルアーカイブ ………vii, 213
ディジタルエンターテイメント …153
ディジタルシネマ ……………vii, 243
ディジタルシネマ・コンソーシアム(DCCJ) …251
ディジタルミレニアム著作権法……44
ディジタル技術 ………………i, 3
ディジタル財 …………………2
ディジタル時代の著作権 ……ii, 18
ディジタル著作権管理(DRM)技術 …ii, 35
ディジタル放送 ………………155
データベース …………………183
データ圧縮 ……………………127
データ統合 ……………………175
デファクト標準 ………………143

TV会議 …………………………viii, 263
TV電話 …………………………viii, 263
TV放送 …………………………41
テレビ電話端末構成方式(H.320) ……264
電子透かし ………………………5, 220
伝送品質 …………………………275
同一性証明 ………………………5
動画圧縮方式(H.261) ……………264
匿名 ………………………………227
匿名性 ……………………………37
特許 ………………………………27
ドッグイヤー ……………………26
トラップ …………………………71
トラフィック ……………………198
トランザクション ………………203

【ナ，ハ】

なりすまし ………………………62
ネゴシエイション ………………268
ネットワークストレージ ………161
ネットワーク認証 ………………38
パーソナルレポジトリ …………178
配信 ………………………………273
ハイビジョン方式 ………………130
配布コスト ………………………37
ハイブリッド型P2P ……………227
パケット落ち ……………………271
バックドア ………………………64
発見容易性 ………………………232
発行ID …………………………206
パブリック・ドメイン(Public Domain, PD) …29, 235
ハリウッド映画 …………………297
光アクセス ………………………81
ビジネススルー …………………181
ピュア型P2P ……………………227
標準TV信号 ……………………132
品質確保 …………………………238
品質 ………………………………280
ファイアーウォール ……………71
ファイル共有 ……………………225
風説 ………………………………62
フェアユース ……………………44
フォトニックMPSルータ ………246
不正アクセス ……………………iii, 61
不正コピー ……………………ii, 36, 216

不正コピーの探索技術 ·····················5
不正探索 ·································206
物権 ····································220
プライバシー ·····························62
プライバシー保護 ··········11, 193, 274
ブラウジング(BML) ·················146
フリーソフトウェア·····················26
フレーム間予測 ·······················127
ブローカ ······························227
ブロードバンド ···························6
ブログ(Blog, Weblog) ··············172
プロダクション ·······················298
プロパティ ···························172
文化遺産オンライン構想 ···········214
ベータマックス訴訟····················43
ベストエフォート ····················228
放送衛星(BS) ·······················132
法と技術 ································ii
ポータルサイト ······················214
ホームサーバ ························152
ポストプロダクション ···············298
ホットスポット ·······················239
ポリシー ······························120
ポリシ制御 ···························231

【マ】

マーケティング ······················191
マッピング ···························159
マルチホップ無線ネットワーク ·······239
マルチメディア ···············263, 277
マルチメディアコンテンツ ············221

マルチユース ·······················295
見返りコンテンツ ····················232
無形財 ································19
無線LAN ·······························90
メタデータ ················vi, 11, 157, 217
メタデータ管理 ···················vi, 183
メタデータ標準化 ····················217
メタ言語(DDL) ······················139
モブログ ······························177
模倣 ·································219

【ヤ，ラ，ワ】

有形財 ································19
ユーザNW ··························92, 93
ユビキタス ·····························80
ユビキタスコンテンツ ················177

ライセンス ···························205
リアルタイム・メンタリング方式 ······287
リゾルブ ······························160
リムーバブルHDD ····················149
リモートレンダリング ················296
利用自由度 ···························232
利用許諾 ······························220
リンク解析 ···························169
レゾナント・コミュニケーション·······80
ロジック層 ···························181

ワークフロー ························181
ワイヤレスアクセス·····················89
ワン・ソース・マルチ・ユース············25

<監修・執筆>

曽根原 登（監修，まえがき，第1,3,14,16章）NII国立情報学研究所
小松 尚久（第1章）早稲田大学理工学部
酒井 善則（第1章）東京工業大学大学院
林 紘一郎（第2章）情報セキュリティ大学院大学
高田 智規（第3章）NTTサイバースペース研究所
山本 隆二（第3章）NTTサイバースペース研究所
阿部 剛仁（第3,16章）NTTサイバースペース研究所
青木 輝勝（第4章）東京大学 先端科学技術研究センター
安田 浩（第4章）東京大学 国際・産学共同研究センター
森井 昌克（第5章）徳島大学工学部
佐藤 登（第6章）オリジン電気株式会社
佐野 浩一（第6章）NTT-AT
藤生 宏（第7章）NTTサイバースペース研究所
星 隆司（第7章）NTTコミュニケーションズ株式会社
山岡 克式（第8章）東京工業大学 学術国際情報センター
妹尾 孝憲（第9章）松下電器産業株式会社
大野 良治（第10章）シャープ株式会社
岸上 順一（第11章）NTTサービスインテグレーション基盤研究所
赤埴 淳一（第12章）NTT第三部門
林 徹（第13章）日本オラクル株式会社
大村 弘之（第14章）NTT東日本電信電話株式会社
堀岡 力（第14,15章）NTTサイバースペース研究所
萬本 正信（第15章）NTTサイバースペース研究所
山本 奏（第15章）NTTサイバースペース研究所
黒川 清（第15章）NTTサイバースペース研究所
塩野入 理（第16章）NTT情報流通プラットフォーム研究所
藤井 哲郎（第17章）NTT未来ねっと研究所
石橋 聡（第18章）NTTレゾナント研究所
髙橋 時市郎（第19章）東京電機大学
渡部 保日児（第20章）NTTメディアラボ

ディジタル情報流通システム
コンテンツ・著作権・ビジネスモデル

2005年1月30日　第1版1刷発行	編　者　画像電子学会 監　修　曽根原 登
	発行所　学校法人　東京電機大学 　　　　東京電機大学出版局 　　　　代表者　加藤康太郎
	〒101-8457 東京都千代田区神田錦町2-2 振替口座　00160-5-71715 電話（03）5280-3433（営業） 　　　（03）5280-3422（編集）
印刷　三立工芸㈱ 製本　渡辺製本㈱ 装丁　鎌田正志	ⓒ The Institute of Image Electronics Engineers of Japan　2005 Printed in Japan

＊無断で転載することを禁じます。
＊落丁・乱丁本はお取替えいたします。

ISBN 4-501-53870-8　C3055